高等学校数据结构课程系列教材

数据结构实践教程(C♯语言描述)

李春葆 主编

尹为民 蒋晶珏 喻丹丹 安杨 编著

清华大学出版社

北 京

内容简介

本书以实践项目为指南,系统地介绍各种常用的数据结构以及排序、查找的各种算法,阐述各种数据结构的逻辑关系、存储表示以及运算操作,并采用 C♯语言实现了所有的实践项目。

全书既注重数据结构原理,又注重项目实践,内容丰富,概念讲解清楚,表达严谨,逻辑性强,语言精练,可读性好。

本书是《数据结构教程(C♯语言描述)》(李春葆等,清华大学出版社)的配套实践指导教程,也可以单独用作实践型数据结构课程的教材。本书既可作为高等院校计算机相关专业本科生、专科生的教材,也可作为广大从事计算机应用的科技人员的参考书。

图书在版编目(CIP)数据

数据结构实践教程:C♯语言描述/李春葆主编.--北京:清华大学出版社,2013.6(2021.1重印)
高等学校数据结构课程系列教材
ISBN 978-7-302-30172-1

Ⅰ.①数… Ⅱ.①李… Ⅲ.①数据结构-教材 ②C语言-程序设计-教材 Ⅳ.①TP311.12
②TP312

中国版本图书馆 CIP 数据核字(2012)第 223304 号

责任编辑:魏江江　王冰飞
封面设计:杨　兮
责任校对:时翠兰
责任印制:丛怀宇

出版发行:清华大学出版社
　　　　　网　　址:http://www.tup.com.cn,http://www.wqbook.com
　　　　　地　　址:北京清华大学学研大厦 A 座　　　　　邮　　编:100084
　　　　　社 总 机:010-62770175　　　　　　　　　　　邮　　购:010-83470235
　　　　　投稿与读者服务:010-62776969,c-service@tup.tsinghua.edu.cn
　　　　　质量反馈:010-62772015,zhiliang@tup.tsinghua.edu.cn
　　　　　课件下载:http://www.tup.com.cn,010-83470236
印 刷 者:北京富博印刷有限公司
装 订 者:北京市密云县京文制本装订厂
经　　销:全国新华书店
开　　本:185mm×260mm　　印　张:25　　　　　字　　数:606 千字
版　　次:2013 年 6 月第 1 版　　　　　　　　　印　　次:2021 年 1 月第 7 次印刷
印　　数:5201~6200
定　　价:39.50 元

产品编号:049838-01

前言

　　数据结构是一门实践性很强的课程,很多抽象的原理和算法通过上机实验和调试可以得到深入的理解和体会。本书是《数据结构教程(C♯语言描述)》(李春葆等,清华大学出版社)的配套实践指导教程,讲授教程中所有实践项目的设计原理和设计过程,也可以单独用作数据结构课程的实践教程。

　　全书由 10 章构成,各章内容如下:

　　第 1 章绪论,介绍数据结构概念和抽象数据类型的实践项目设计过程。

　　第 2 章线性表,介绍线性表的各种存储结构的实践项目设计过程和线性表综合应用的实践项目设计过程。

　　第 3 章栈和队列,介绍栈和队列的各种实践项目设计过程。

　　第 4 章串,介绍串的两种存储结构和模式匹配的实践项目设计过程。

　　第 5 章数组和广义表,介绍数组、几种特殊矩阵、稀疏矩阵、递归和广义表的实践项目设计过程。

　　第 6 章树和二叉树,介绍树和二叉树的实践项目设计过程,以及树形结构综合应用的实践项目设计过程。

　　第 7 章图,介绍图的两种存储结构、图遍历、图应用(包括图的最小生成树、最短路径、拓扑排序和关键路径等)的实践项目设计过程,以及图综合应用的实践项目设计过程。

　　第 8 章查找,介绍线性表查找、树表查找和哈希表查找的实践项目设计过程。

　　第 9 章内排序,介绍各种内排序的实践项目设计过程和排序综合应用的实践项目设计过程。

　　第 10 章外排序,介绍外排序的实践项目设计过程。

　　本书结构清晰,内容丰富,图文并茂。书中的实践项目全面覆盖并超越教育部制定的《高等学校计算机科学与技术专业实践教学体系与规范》中数据结构课程的实践教学要求,所有实践项目程序均在 Visual Studio.NET C♯ 2005/2008 环境中调试通过,在实践项目设计时遵循面向对象的软件工程方法。

　　本书的编写工作得到湖北省教育厅和武汉大学教学研究项目《计算机科

学与技术专业课程体系改革》的大力支持,特别是国家级名师何炎祥教授和主管教学工作的王丽娜副院长给予了建设性的指导,国家珠峰计划——武汉大学计算机弘毅班的两届学生和众多编者授课的本科生提出了许多富有启发的建议,清华大学出版社魏江江主任全力支持本书的编写工作,作者在此一并表示衷心感谢!

本书是课程组全体教师多年教学经验的总结和体现,尽管作者不遗余力,由于水平所限,仍存在错误和不足之处,敬请教师和同学们批评指正,欢迎读者通过 licb1964@126.com 邮箱跟作者联系,在此表示万分的感谢!

编　者

2013 年 3 月

CONTENTS

目录

绪　　论　　第1章

计算机科学与技术专业学生最基本的能力之一体现在软件开发上,数据结构是从事软件开发的最基础课程之一。本书采用 C♯ 语言描述算法,要求读者具备一定的 C♯ 语言面向对象的程序设计知识。本章介绍数据结构和算法概念以及 C♯ 语言设计数据结构实践项目必备的程序设计技能。

1.1　软件开发过程

在我们使用的计算机上安装有各种各样的软件,如 Windows、Office 等。从软件开发的角度看,软件是计算机程序和设计程序的各种文档的集合,程序是为了用计算机解决某个问题而采用程序设计语言编写的一个指令序列。尽管程序是软件的重要组成部分,但软件并不简单地等同于程序。

1.1.1　软件生命周期

软件开发应遵循软件工程思想,软件工程是为了开发可靠而有效的软件所建立和使用的完善的工程化原则。软件产品从形成概念开始,经过开发、使用和维护,直到最后消亡的全过程称为软件生命周期。最基本的软件生命周期依次由需求分析、总体设计、详细设计、编码、测试和维护等多阶段构成,各阶段的基本任务如表 1.1 所示。

表 1.1　软件生命周期

阶　　段	基　本　任　务
需求分析	定义用户要求,建立系统的逻辑模型
总体设计	也称为概要设计,将软件需求转化为数据结构和软件的系统结构
详细设计	将解法具体化,建立数据对象和数据对象之上的各种运算
编码	将详细设计的结果转换成某种计算机语言书写的代码
测试	通过各种类型的测试使软件达到预定的要求
维护	使软件系统持久地满足用户的需要

1.1.2　软件开发模型

所谓模型就是一种开发策略,这种策略针对软件工程的各个阶段提供了一套范型,使软件开发项目的进展达到预期的目的。软件开发模型也称为软件过程模型或软件工程范型,是跨越整个生命周期的系统开发、运作和维护所实施的全部过程、活动和任务的结构框架。

瀑布模型也称为传统生命周期模型,如图 1.1 所示,是软件工程中应用最广泛的过程模型,它提供了一个模板,使得分析、设计、编码、测试和支持的方法可以在该模板的指导下应用。

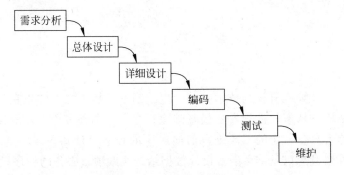

图 1.1　软件开发的瀑布模型

瀑布模型尽管存在阶段间的顺序性和依赖性、开发周期长等诸多缺点,但它是其他软件开发模型的基础,从它演变出快速原型法、增量模型和螺旋模型等现代软件开发模型。

1.2　数据结构的定义

数据结构主要讨论数据组织和数据处理的基本方法,是软件开发的基础。本节从数据结构的定义过渡到数据结构程序设计方法。

1.2.1　什么是数据结构

数据结构是指数据对象及其数据元素之间的关系。数据对象是有限个性质相同的数据元素的集合,如大写字母数据对象是集合 $C=\{'A','B','C',\cdots,'Z'\}$,1~100 的整数数据对象是集合 $N=\{1,2,\cdots,100\}$。默认情况下,数据结构中的数据都指的是数据对象。

从定义看出,数据结构可以看作是相互之间存在着特定关系的数据元素的集合。数据元素之间的关系包含逻辑关系和存储关系两方面,数据元素之间的逻辑关系构成逻辑结构,数据元素之间的存储关系构成存储结构。通常数据结构包括如下几个方面:

(1) 数据元素之间的逻辑关系,即数据的逻辑结构,它是数据结构在用户面前呈现的形式。

(2) 数据元素及其关系在计算机存储器中的存储方式,即数据的存储结构,也称为数据的物理结构。

(3) 施加在该数据上的一组操作,即数据的运算。

1．逻辑结构及其表示

数据的逻辑结构是用户根据需求建立起来的数据组织形式，是从逻辑关系（主要是指数据元素的相邻关系）上描述数据的，它与数据的存储无关，是独立于计算机的。因此，数据的逻辑结构可以看作是从具体问题抽象出来的数学模型。

根据数据逻辑结构可以将数据分为集合、线性结构、树形结构和图形结构，如图 1.2 所示，其中的数据元素之间的关系如下。

- 集合：无关系。
- 线性结构：一对一的关系。
- 树形结构：一对多的关系。
- 图形结构：多对多的关系。

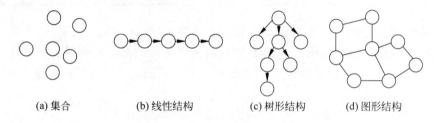

(a) 集合　　　　(b) 线性结构　　　(c) 树形结构　　　(d) 图形结构

图 1.2　4 种逻辑结构示意图

数据逻辑结构有多种表示方法，不同类型逻辑结构的表示方法可能不同。二元组是一种通用的逻辑结构表示方法，一个二元组如下：

$$B=(D,R)$$

其中，B 是一种数据结构；D 是数据元素的集合，在 D 上数据元素之间可能存在多种关系；R 是所有关系的集合。即：

$$D=\{d_i\mid 1\leqslant i\leqslant n,n\geqslant 0\}$$
$$R=\{r_j\mid 1\leqslant j\leqslant m,m\geqslant 0\}$$

其中，d_i 表示集合 D 中的第 $i(1\leqslant i\leqslant n)$ 个数据元素（或结点），n 为 D 中数据元素的个数，特别地，若 $n=0$，则 D 是一个空集，此时 B 也就无结构可言；$r_j(1\leqslant j\leqslant m)$ 表示集合 R 中的第 j 种关系（同一组数据对象 D 上可能有多种关系），m 为 R 中关系的个数，特别地，若 $m=0$，则 R 是一个空集，表明集合 D 中的数据元素间不存在任何关系，彼此是独立的，这和数学中集合的概念是一致的。

R 中的某个关系 $r_j(1\leqslant j\leqslant m)$ 是序偶的集合，对于 r_j 中的任一序偶 $<x,y>(x,y\in D)$，把 x 叫做序偶的第一结点，把 y 叫做序偶的第二结点，又称序偶的第一结点为第二结点的**前趋结点**，称第二结点为第一结点的**后继结点**。如在 $<x,y>$ 的序偶中，x 为 y 的前趋结点，而 y 为 x 的后继结点。

若某个结点没有前趋结点，则称该结点为**开始结点**；若某个结点没有后继结点，则称该结点为**终端结点**。

对于对称序偶，满足这样的条件：若 $<x,y>\in r(r\in R)$，则 $<y,x>\in r(x,y\in D)$，可用圆括号代替尖括号，即 $(x,y)\in r$。

对于 D 中的每个数据元素，通常用一个关键字来唯一标识。

例如,一个学生高等数学成绩单如表 1.2 所示,这个表本身就是一种逻辑结构表示。表中的数据元素是学生成绩记录,每个数据元素由 3 个数据项(即学号、姓名和分数)组成。

表 1.2　高等数学成绩单

学　　号	姓　　名	分　　数
2011001	王华	90
2011010	刘丽	62
2011006	陈明	54
2011009	张强	95
2011007	许兵	76
2011012	李萍	88
2011005	李英	82

该表中的每一行称为一个记录,其逻辑结构特性是,只有一个开始记录(即姓名为王华的记录)和一个终端记录(也称为尾记录,即姓名为李英的记录),其余每个记录只有一个前趋记录和一个后继记录,也就是说,记录之间存在一对一的关系。将具有这种逻辑特性的逻辑结构称为线性结构。

如果每个学生成绩记录由学号唯一标识,那么采用二元组表示其逻辑结构如下:

高等数学成绩单 = (D, R)
D = {2011001,2011010,2011006,2011009,2011007,2011012,2011005}
R = {r_1}　　//表示只有一种逻辑关系
r_1 = {< 2011001,2011010 >,< 2011010,2011006 >,< 2011006,2011009 >,
　　　< 2011009,2011007 >,< 2011007,2011012 >,< 2011012,2011005 >}

2. 存储结构及其表示

数据存储结构是逻辑结构用计算机语言的实现或在计算机中的表示(亦称为映像),也就是逻辑结构在计算机中的存储方式,它是依赖于计算机语言的。一般只在高级语言(例如 C/C++、C♯语言)的层次上来讨论存储结构。

问题求解最终是用计算机求解,在弄清数据的逻辑结构后,便可以借助计算机语言(本书采用 C♯语言)实现其存储结构(物理结构),实际上就是把数据元素存储到计算机的存储器中。这里的存储器主要是指内存,像硬盘、光盘等外存储器的数据组织通常采用文件来描述。

数据的存储结构应正确地反映数据元素之间的逻辑关系,也就是说,在设计某种逻辑结构对应的存储结构时,不仅要存储所有的数据元素,还要存储数据元素之间的关系。所以将数据的存储结构称为逻辑结构的映像,设计数据的存储结构称为从逻辑结构到存储结构的映射,如图 1.3 所示。

图 1.3　存储结构是逻辑结构在内存
中的映像

归纳起来,数据的逻辑结构是面向问题的,而存储结构是面向计算机的,其基本目标是将数据及其逻辑关系存储到计算机的内存中。

通常有以下 4 种常用的存储结构类型。

1) 顺序存储结构

顺序存储结构是把逻辑上相邻的结点存储在物理位置上相邻的存储单元里,结点之间的逻辑关系由存储单元的邻接关系来体现。由此得到的存储表示称为顺序存储结构,通常顺序存储结构是借助于计算机程序设计语言(例如 C/C++、C♯语言等)的数组来描述的。

例如,高等数学成绩单采用如下顺序存储结构进行存储:

```
struct Stud1                        //学生成绩记录类型
{   public int no;                  //存放学号
    public string name;             //存放姓名
    public double score;            //存放分数
}
```

定义一个数组 st 用于存放高等数学成绩单如下:

```
const int MaxSize = 100;                    //存放最多记录个数
Stud1[]st = new Stud1[MaxSize];             //存放记录的数组
st[0].no = 2011001; st[0].name = "王华"; st[0].score = 90;
st[1].no = 2011010; st[1].name = "刘丽"; st[1].score = 62;
st[2].no = 2011006; st[2].name = "陈明"; st[2].score = 54;
st[3].no = 2011009; st[3].name = "张强"; st[3].score = 95;
st[4].no = 2011007; st[4].name = "许兵"; st[4].score = 76;
st[5].no = 2011012; st[5].name = "李萍"; st[5].score = 88;
st[6].no = 2011005; st[6].name = "李英"; st[6].score = 82;
```

st 数组在内存中的存放形式如图 1.4 所示,从中看到,st 数组占用一个连续的存储空间,逻辑上相邻的两个元素,对应的物理位置也是相邻的。

图 1.4　高等数学成绩单的顺序存储结构

顺序存储方法的主要优点是节省存储空间,因为分配给数据的存储单元全用于存放结点的数据,结点之间的逻辑关系没有占用额外的存储空间。采用这种方法时,可实现对结点的随机存取,即每个结点对应有一个序号,由该序号可直接计算出结点的存储地址。但顺序存储方法的主要缺点是不便于修改,对结点进行插入、删除运算时,可能要移动一系列的结点。

2) 链式存储结构

链式存储结构不要求逻辑上相邻的结点在物理位置上也相邻,结点间的逻辑关系是由附加的指针字段表示的。由此得到的存储表示称为链式存储结构,通常要借助于计算机程序设计语言(例如 C/C++、C♯)的指针来描述。

例如,高等数学成绩单采用如下单链表存储结构进行存储:

```
class Stud2                         //学生成绩单链表结点类
{   public int no;                  //存放学号
    public string name;             //存放姓名
    public double score;            //存放分数
    public Stud2 next;              //存放下一个结点指针
}
```

建立一个用于存放高等数学成绩单的单链表（首结点为 head）如下：

```
Stud2 head;                        //学生单链表开始结点
Stud2 p1, p2, p3, p4, p5, p6, p7;
p1 = new Stud2();
p1.no = 2011001; p1.name = "王华"; p1.score = 90;
p2 = new Stud2();
p2.no = 2011010; p2.name = "刘丽"; p2.score = 62;
p3 = new Stud2();
p3.no = 2011006; p3.name = "陈明"; p3.score = 54;
p4 = new Stud2();
p4.no = 2011009; p4.name = "张强"; p4.score = 95;
p5 = new Stud2();
p5.no = 2011007; p5.name = "许兵"; p5.score = 76;
p6 = new Stud2();
p6.no = 2011012; p6.name = "李萍"; p6.score = 88;
p7 = new Stud2();
p7.no = 2011005; p7.name = "李英"; p7.score = 82;
head = p1;                         //建立结点之间的关系
p1.next = p2;
p2.next = p3;
p3.next = p4;
p4.next = p5;
p5.next = p6;
p6.next = p7;
p7.next = null;
```

说明：C/C++语言中具有指针类型，严格上讲 C♯语言中没有指针类型，但 C♯中有对象引用机制，可以间接地实现指针的某些作用。为了和采用 C/C++描述的数据结构相一致，本书也将对象引用称为指针。

以 head 为首结点的单链表在内存中的存放形式如图 1.5 所示，从中看到，单链表中所有结点的存储空间不一定是连续的，每个结点通过增加一个指针域 next 来指向逻辑上的下一个结点，从而表示逻辑关系。

链式存储方法的主要优点是便于修改，在进行插入、删除运算时，仅需修改相应结点的指针域，不必移动结点。但与顺序存储方法相比，链式存储方法的主要缺点是存储空间的利用率较低，因为分配给数据的存储单元有一部分被用来存储结点之间的逻辑关系了。另外，由于逻辑上相邻的结点在存储空间中不一定相邻，所以不能对结点进行随机存取。

3）索引存储结构

索引存储结构通常是在存储数据元素信息的同时，还建立附加的索引表。索引表中的每一项称为索引项，索引项的一般形式是：（关键字，地址），关键字唯一标识一个数据元素，索引表按关键字有序排序，地址为数据元素存放在数据表中的地址。这种带有

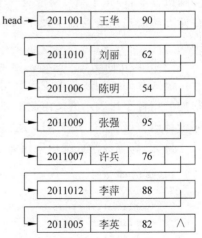

图 1.5　高等数学成绩单的单链表存储结构

索引表的存储结构可以大大提高数据查找的速度。

例如,高等数学成绩单采用索引存储结构如图 1.6 所示,数据表和索引表均采用顺序存储结构,索引表中包含学号和地址,学号按递增排序,地址项中包含某学号的记录在数据表中的地址。

数据表

地址	学号	姓名	分数
0	2011001	王华	90
1	2011010	刘丽	62
2	2011006	陈明	54
3	2011009	张强	95
4	2011007	许兵	76
5	2011012	李萍	88
6	2011005	李英	82

索引表

地址	学号	地址
0	2011001	0
1	2011005	6
2	2011006	2
3	2011007	4
4	2011009	3
5	2011010	1
6	2011012	5

图 1.6　高等数学成绩单的索引存储结构

线性结构采用索引存储方法后,可以对结点进行随机访问。在进行插入、删除运算时,只需移动存储在索引表中对应结点的存储地址,而不必移动存放在结点表中结点的数据,所以仍保持较高的数据修改运算效率。索引存储方法的缺点是增加了索引表,降低了存储空间的利用率。

4) 哈希(或散列)存储结构

哈希存储结构的基本思想是根据结点的关键字通过哈希(或散列)函数直接计算出一个值,并将这个值作为该结点的存储地址。

例如,高等数学成绩单采用哈希存储结构如图 1.7 所示,数据元素与存储地址之间有这样的关系:

$$存储地址 = 学号 - 2011001$$

哈希存储方法的优点是查找速度快,只要给出待查结点的关键字,即可立即计算出该结点的存储地址。但与前 3 种存储方法不同的是,哈希存储方法只存储结点的数据,不存储结点之间的逻辑关系。哈希存储方法一般只适合要求对数据进行快速查找和插入的场合。

地址	学号	姓名	分数
0	2011001	王华	90
1			
2			
3			
4	2011005	李英	82
5	2011006	陈明	54
6	2011007	许兵	76
7			
8	2011009	张强	95
9	2011010	刘丽	62
10			
11	2011012	李萍	88

图 1.7　高等数学成绩单的哈希存储结构

上述 4 种基本的存储结构既可以单独使用,也可以组合使用。同一种逻辑结构采用不同的存储方法,可以得到不同的存储结构。选择何种存储结构来表示相应的逻辑结构,视具体要求而定,主要考虑的是运算方便及算法的时空要求。

3. 数据的运算

数据的运算分为两个层次:数据运算描述和数据运算实现。前者是定义在数据的逻辑结构之上的,是指运算功能的描述,也称为抽象运算,每种逻辑结构可能都有一组相应的运算,例如,最常用的运算有检索、插入、删除、更新、排序等。后者是在对应的存储结构上用算法实现数据运算的功能,也称为运算实现。

例如,对于高等数学成绩单这种数据结构,可以进行一系列的运算,如增加一个学生成绩记录,删除一个学生成绩记录,求所有学生的平均分,查找序号为 i 的学生姓名和分数,等等。

同一运算,在不同存储结构中的实现过程是不同的。例如,查找序号为 i 的学生姓名和分数,其运算功能描述是:查找逻辑序号为 i 的学生成绩记录,若找到了,输出其姓名和分数,并返回 true;否则返回 false。但在顺序存储结构和链式存储结构中的实现过程不同。在顺序存储结构中对应的代码如下:

```csharp
public bool Findi(int i,ref string na,ref double sc)   //i 为逻辑序号
{    if (i<= 0 ‖ i> n)                                 //i 错误时返回 false,n 为数据元素个数
        return false;
    else                                               //i 正确时返回 true
    {   na = st[i-1].name;
        sc = st[i-1].score;
        return true;
    }
}
```

在链式存储结构中对应的代码如下:

```csharp
public bool Findi(int i,ref string na,ref double sc)        //i 为逻辑序号
{    int j = 1;
    Stud2 p = head;
    while (j< i && p! = null)
    {    j++;
        p = p.next;
    }
    if (i<= 0 ‖ p == null)                                  //i 错误时返回 false
        return false;
    else                                                    //i 正确时返回 true
    {   na = p.name;
        sc = p.score;
        return true;
    }
}
```

直观上看,Findi 方法在顺序存储结构上实现比链式存储结构上实现要简单得多。

归纳起来,对于一种数据结构,其逻辑结构是唯一的(尽管逻辑结构的表示形式有多种),但它可能对应多种存储结构,并且在不同的存储结构中,同一运算的实现过程可能不同。

1.2.2 算法及其分析

1. 什么是算法

确切地说,算法是对特定问题求解步骤的一种描述,它是指令的有限序列,其中每一条指令表示计算机的一个或多个操作。

算法通常由两个部分组成:一部分是进行的操作或运算;另一部分是所涉及的操作对象(数据)。本书中算法采用 C♯语言描述,一个算法用一段程序代码来描述,算法与程序的对应关系如图 1.8 所示,算法的操作对象用变量来表示,算法的执行步骤用命令语句来实现。

例如,数据结构中每个运算实现对应一个算法,前面的两个 Findi 都是算法。

一个算法具有以下 5 个重要的特性:

(1) 有穷性。一个算法必须总是(对任何合法的输入值)在执行有穷步之后结束,且每一步都可在有穷时间内完成。

(2) 确定性。对于每种情况下执行的操作,在算法中都有确切的规定,使算法的执行者或阅读者

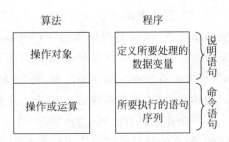

图 1.8   算法和程序的对应关系

都能明确其含义及如何执行。并且在任何条件下,算法都只有一条执行路径。

(3) 可行性。算法中的所有操作都必须足够基本,算法可以通过有限次基本操作来完成其功能。

(4) 有输入。作为算法加工对象的量值,通常体现为算法中的一组变量。有些输入量需要在算法执行过程中输入,而有的算法表面上可以没有输入,实际上已被嵌入算法之中。

(5) 有输出。是一组与"输入"有确定对应关系的量值,是算法进行信息加工后得到的结果,这种确定关系即为算法的功能。

2. 算法分析

在一个算法设计好后,还需要对其进行算法分析,以确定一个算法的优劣。

1) 算法设计的目标

算法设计应满足以下几个目标:

(1) 正确性。要求算法能够正确地执行预先规定的功能和性能要求。这是最重要也是最基本的标准。

(2) 可使用性。要求算法能够很方便地使用。这个特性也叫做用户友好性。

(3) 可读性。算法应该易于人的理解,也就是可读性好。为了达到这个要求,算法的逻辑必须是清晰的、简单的和结构化的。

(4) 健壮性。要求算法具有很好的容错性,即提供异常处理,能够对不合理的数据进行检查。不经常出现异常中断或死机现象。

(5) 高效率与低存储量需求。通常算法的效率主要指算法的执行时间。对于同一个问题,如果有多种算法可以求解,执行时间短的算法效率高。算法存储量指的是算法执行过程中所需的最大存储空间。效率和低存储量都与问题的规模有关。

2) 算法时间效率分析

求解同一问题可能对应多种算法,例如求 $s = 1 + 2 + \cdots + n$,其中 n 为正整数,通常有图 1.9 所示的两种算法 fun1(n) 和 fun2(n),显然前者算法的时间效率不如后者。

```
int fun1(int n)
{    int i,s = 0;
     for (i = 1;i < = n;i++)
         s += i;
     return s;
}
```

```
int fun2(int n)
{    int s;
     s = n * (n+1)/2;
     return s;
}
```

图 1.9   求 $1 + 2 + \cdots + n$ 的两种算法

一个算法用高级语言实现后，在计算机上运行时所消耗的时间与很多因素有关，如计算机的运行速度、编写程序采用的计算机语言、编译产生的机器语言代码质量和问题的规模等。在这些因素中，前3个都与具体的机器有关。撇开这些与计算机硬件、软件有关的因素，仅考虑算法本身的效率高低，可以认为一个特定算法的"运行工作量"的大小，只依赖于问题的规模（通常用整数量 n 表示），或者说，它是问题规模的函数。

一个算法是由控制结构（顺序、分支和循环3种）和原操作（指固有数据类型的操作）构成的，算法的运行时间取决于二者的综合效果。为了便于比较求解同一问题的不同算法，通常的做法是，从算法中选取一种对于所讨论的问题来说是基本运算的原操作，算法执行时间大致为这种原操作所需的时间与其运算次数（一个语句的运行次数称为语句频度）的乘积。被视为算法基本运算的原操作一般是最深层循环内的语句。

显然，在一个算法中，执行基本运算的原操作的次数越少，其运行时间也就相对地越少；反之，其运行时间也就相对地越多。也就是说，一个算法的执行时间可以看成是其中基本运算的原操作的执行次数。

一个算法的执行基本运算次数 $T(n)$ 是问题规模 n 的某个函数 $f(n)$，记作：

$$T(n)=O(f(n))$$

记号"O"读作"大O"（是 Order 的简写，意指数量级），它表示随问题规模 n 的增大算法执行时间的增长率和 $f(n)$ 的增长率相同。

"O"的形式定义为：若 $f(n)$ 是正整数 n 的一个函数，则 $T(n)=O(f(n))$ 表示存在一个正的常数 c 和 n_0，使得当 $n \geqslant n_0$ 时都满足 $T(n) \leqslant cf(n)$，也就是只求出 $T(n)$ 的最高阶，忽略其低阶项和常系数，这样既可简化 $T(n)$ 的计算，又能比较客观地反映出当 n 很大时，算法的时间性能。例如：

$$T(n)=3n^2-5n+100=O(n^2)$$

一个没有循环的算法中基本运算次数与问题规模 n 无关，记作 $O(1)$，也称做常数阶。一个只有一重循环的算法中基本运算次数与问题规模 n 的增长呈线性增大关系，记作 $O(n)$，也称线性阶。其余常用的还有平方阶 $O(n^2)$、立方阶 $O(n^3)$、对数阶 $O(\log_2 n)$、指数阶 $O(2n)$ 等。各种不同数量级对应的值存在着如下关系：

$$O(1)<O(\log_2 n)<O(n)<O(n\log_2 n)<O(n^2)<O(n^3)<O(2^n)<O(n!)$$

算法的时间复杂度（用 $O(f(n))$ 表示）采用这种数量级的形式表示后，只需要分析影响一个算法执行时间的主要部分即可，不必对每一步都进行详细的分析。

在假定算法正确的前提下，可以规定用时间复杂度作为评价算法时间优劣的标准。

例如，有以下算法：

```
public void fun(int n)
{    int s = 0,i,j,k;
     for (i = 0;i <= n;i++)
         for (j = 0;j <= i;j++)
             for (k = 0;k < j;k++)
                 s++;
}
```

该算法的基本运算是语句 s++，其频度为：

$$T(n) = \sum_{i=0}^{n} \sum_{j=0}^{i} \sum_{k=0}^{j-1} 1 = \sum_{i=0}^{n} \sum_{j=0}^{i} (j - 1 - 0 + 1)$$

$$= \sum_{i=0}^{n} \sum_{j=0}^{i} j = \sum_{i=0}^{n} \frac{i(i+1)}{2} = \frac{1}{2} \left(\sum_{i=0}^{n} i^2 + \sum_{i=0}^{n} i \right)$$

$$= \frac{2n^3 + 6n^2 + 4n}{12} = O(n^3)$$

所以该算法的时间复杂度为 $O(n^3)$。

3) 算法存储空间分析

一个算法的存储量包括形参所占空间和临时变量所占空间。在对算法进行存储空间分析时,只考察临时变量所占空间,如图 1.10 所示,其中,临时空间为变量 i、maxi 占用的空间。所以,空间复杂度是对一个算法在运行过程中临时占用的存储空间大小的量度,一般也作为问题规模 n 的函数,以数量级形式给出,记作:

$$S(n) = O(g(n))$$

若所需临时空间相对于输入数据量来说是常数,则称此算法为原地工作或就地工作。若所需临时空间依赖于特定的输入,则通常按最坏情况来考虑。

例如,图 1.10 算法的空间复杂度为 $O(1)$,说明该算法占用的临时空间大小与问题规模 n 无关。

```
int max( int [ ] a, int n)
{     int i, maxi = 0;
      for (i = 1; i <= n; i++)
             if (a[i] > a[maxi])
                    maxi = i;
      return a[maxi];
}
```

方法体内分配的变量空间为临时空间,不计形参占用的空间,这里仅计 i、maxi 变量的空间

图 1.10   一个算法的临时空间

1.2.3   数据结构项目设计

1. 求解数据结构问题的一般步骤

软件工程思想适合于大中型软件开发,在设计数据结构实验项目时也应遵循软件工程方法。但数据结构实验项目开发有其特殊性,一是功能比较简单,二是需求十分明确,针对这些特点,其重点放在数据存储结构设计和算法设计上。归纳起来,求解数据结构问题的一般步骤如下。

1) 建立求解问题的模型

在进行设计之前,应该充分地分析和理解问题,明确项目要求做什么,限制条件是什么,并建立相应的求解问题模型,包括项目中数据的逻辑结构和要完成的功能,后者对应抽象运算。在这一过程中应该避开具体算法实现和所涉及的具体数据类型。

2) 存储结构设计

设计存储结构首先是将项目所涉及的数据存储到计算机中,此外还需要考虑所设计的存储结构是否便于问题的求解,时间和空间复杂度是否符合要求。同一逻辑结构可以设计对应的多种存储结构,不同的存储结构对于运算实现(算法)的影响可能是不同的,因此需要

数据结构实践教程（C♯语言描述）

综合分析选择并设计出适合的存储结构。

3）系统设计

系统设计分为总体设计和详细设计两个步骤。

总体设计主要包括两个方面：一是为所选择的数据结构提供必要的基本运算，即提供可供应用程序调用的基本运算，如图 1.11 所示表示一个数据结构的基本运算为 op_1、op_2、…、

图 1.11　数据结构的基本运算

op_n，程序中的其他运算可通过调用这些基本运算来实现对该数据结构的操作，这样既便于独立地调试程序，又可避免在程序中对该数据结构直接进行操作，从而提高程序的可维护性；二是在此基础上采取以数据结构为中心的原则划分模块，产生项目的软件结构图，即确定项目中的各功能模块以及它们之间的调用关系。

详细设计是对总体设计结果的进一步求精，需要给出数据存储结构类型的完整定义，以及数据结构基本运算和各模块的规格化描述，并包含各模块之间的详细调用方式。

4）编程

将项目中所有数据和算法转换成 C♯程序设计语言代码，并上机调试。

5）项目运行并评估

运行程序，获得问题的解答，并对结果进行评估，改进算法和程序。

在设计数据结构项目时，要求编写的程序结构清晰、正确易读，符合软件过程的规范。

2．抽象数据类型与问题描述

在用高级程序语言编写的程序中，必须对程序中出现的每个变量、常量或表达式，明确说明它们所属的数据类型。不同类型的变量，其所能取的值的范围不同，所能进行的操作不同。数据类型是一组性质相同的值的集合和定义在此集合上的一组操作的总称。

例如，在高级语言中已实现了的，或非高级语言直接支持的数据结构即为数据类型。在程序设计语言中，一个变量的数据类型不仅规定了这个变量的取值范围，而且定义了这个变量可用的运算，如 C♯语言中定义变量 i 为 short 类型，则它的取值范围为 $-32\ 768\sim32\ 767$，可用的运算有＋、－、＊、/和％等。

抽象数据类型（Abstract Data Type，ADT）指的是用户进行软件系统设计时从问题的数学模型中抽象出来的逻辑数据结构和逻辑数据结构上的运算，而不考虑计算机的具体存储结构和运算的具体实现算法。抽象数据类型中的数据对象和数据运算的声明与数据对象的表示和数据运算的实现相互分离。在数据结构项目设计中第一步建立求解问题的模型，可以通过抽象数据类型表示其结果，也就是说，求解的数据结构问题可以用相应的抽象数据类型来描述。

一个具体问题的抽象数据类型的定义通常采用简洁、严谨的文字描述，一般包括数据对象（即数据元素的集合）、数据关系和基本运算三方面的内容。抽象数据类型可用 (D,S,P) 三元组表示。其中，D 是数据对象；S 是 D 上的关系集；P 是 D 中数据运算的基本运算集。其基本格式如下：

```
ADT 抽象数据类型名
{   数据对象：数据对象的声明
    数据关系：数据关系的声明
```

基本运算：基本运算的声明
} ADT 抽象数据类型名

其中，基本运算的声明格式如下：

基本运算名(参数表)：运算功能描述

例如，集合抽象数据类型 Set 的描述如下：

```
ADT Set                              //集合的抽象数据类型
{    数据对象：
        data = { dᵢ | 1≤i≤n,dᵢ∈ElemType};   //存放集合中的元素,ElemType 为类型标识符
        int n;                       //集合中元素个数
     数据关系：
        无
     基本运算：
        public void Create();        //创建一个空的集合
        public bool IsIn(ElemType e);     //判断 e 是否在集合中
        public bool Insert(ElemType e);   //将元素 e 插入到集合中
        public bool Remove(ElemType e);   //从集合中删除元素 e
} ADT Set
```

1.3　用 C# 设计数据结构实践项目

本节介绍用 C# 设计数据结构实践项目的方法和技术，其设计模式应用在本书的所有数据结构实践项目中，读者只需具备基本的 C# 程序设计知识即可掌握。

1.3.1　用 C# 设计数据结构项目的基本方法

1. 应用程序项目的基本结构

应用程序项目的基本结构如图 1.12 所示，通常由程序界面、数据处理和数据存储三部分组成。程序界面采用 Windows 窗体形式呈现给用户，用户通过界面输入数据和查看结果；数据处理包含相关算法等；数据存储指数据的存储结构。

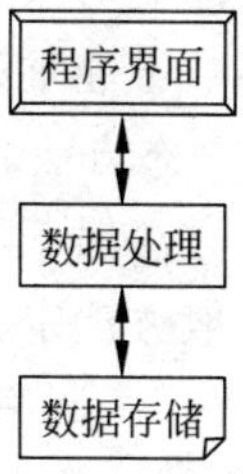

2. C# 中的算法描述方法

下面介绍 C# 语言中描述算法的相关内容。

1) 数据表示

一个算法用于完成某个功能，其中必然包含数据处理。首先要将处理的数据存放在类字段中，再通过相关方法对其进行操作。C# 语言中用类中的字段来存放数据。

（1）字段。

为了提高封装性，通常将类字段设计成私有的，再设计对私有字段进行访问的属性。例如，以下类中定义了私有变量 n 的访问属性 pn：

图 1.12　应用程序项目的基本结构

```
class A                    //声明类 A
{    private int n;        //私有字段
     public int pn         //访问 n 的属性 pn
```

数据结构实践教程(C♯语言描述)

```
{   get { return n; }                //get 访问器,使 pn 可以进行读操作
    set { x = value; }               //set 访问器,使 pn 可以进行写操作
}
    …
}
```

当使用语句 A obj=new A();定义了类 A 的对象 obj 后,通过 obj.pn 对私有变量 n 进行读(取 n 的值)写(修改 n 的值)操作。但为了和 C/C++语言比较接近,本书中描述算法时没有采用属性,而是将 n 设计为公有字段(public int n),如上面的类 A 设计如下:

```
class A                     //声明类 A
{   public int n;           //公有字段
    …
}
```

这样做的目的是可以通过类对象 obj 直接访问字段 n(obj.n),从而提高了算法的可读性。

(2) 静态字段。

静态字段(前面加上 static 关键词定义的字段)是类中所有对象共享的成员,而不是某个对象的成员,也就是说,静态字段的存储空间不是放在每个对象中,而是放在类公共区中。可以通过"类名.静态字段名"来访问静态字段。

2) 几种特殊类型的方法

一个算法通常用 C♯语言中的一个或多个方法来实现,这些方法包含在类中。C♯语言中类有几种特殊的方法。

(1) 构造函数和析构函数。

构造函数和析构函数是类的两种 public 成员方法,和普通的方法相比,它们有各自的特殊性,也就是说它们都是自动被调用的。

构造函数是在创建指定类型的对象时自动执行的类方法。构造函数具有如下性质:构造函数的名称与类的名称相同;构造函数尽管是一个函数,但没有任何返回类型,即它既不属于返回值函数也不属于 void 函数;当定义类对象时,构造函数会自动执行。

析构函数在对象不再需要时,用于回收它所占的存储空间。析构函数具有如下性质:析构函数在类对象销毁时自动执行;一个类只能有一个析构函数,而且析构函数没有参数,即析构函数不能重载;与构造函数一样,析构函数也没有返回类型。

(2) 静态方法。

静态方法属于类,是类的静态成员。只要类存在,静态方法就可以使用,静态方法的定义是在一般方法定义前加上 static 关键字。静态方法具有如下性质:通过"类名.静态方法名(参数表)"来调用静态方法;静态方法只能访问静态字段、其他静态方法和类以外的函数及数据,不能访问类中的非静态成员。

3) 方法的定义

通常采用普通的方法来实现算法。定义普通方法时需要指定访问级别、返回值、方法名称以及方法的形参。方法的形参放在括号中,当有多个形参时需用逗号分隔,空括号表示方法没有任何形参。例如,如图 1.13 所示是在某个类中定义了一个求 $1+2+\cdots+n$ 的方法 fun,当 $n>0$ 时求出正确的结果并返回 true,否则返回 false。

方法可以向调用方返回某一个特定的值。如果方法返回类型不是 void,则该方法可以

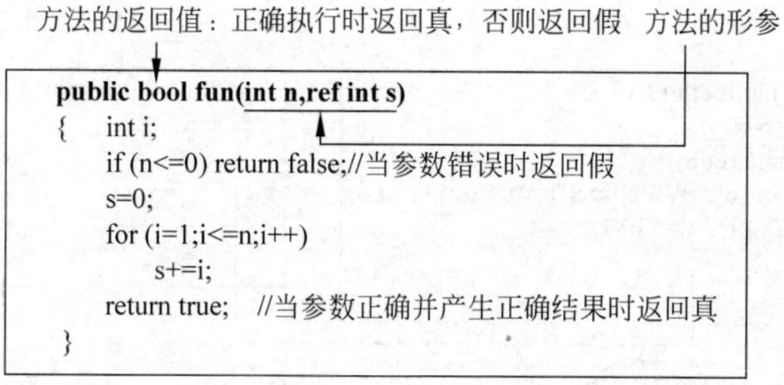

方法的返回值：正确执行时返回真，否则返回假　方法的形参

```
public bool fun(int n,ref int s)
{    int i;
     if (n<=0) return false;//当参数错误时返回假
     s=0;
     for (i=1;i<=n;i++)
         s+=i;
     return true;    //当参数正确并产生正确结果时返回真
}
```

图 1.13　算法 fun 的定义

用 return 关键字来返回值，return 还可以用来停止方法的执行。

4）方法的参数

方法中的参数是保证不同的方法间互动的重要桥梁，方便用户对数据的操作。C♯中方法的参数主要有以下两种类型。

（1）值参数。

值参数不含任何修饰符，当利用值参数向方法传递参数时，编译系统给实参的值做一份拷贝，并且将此拷贝传递给该方法，被调用的方法不会修改内存中实参的值，所以使用值参数时可以保证实际值的安全性，此时只是实参到形参的单向值传递。在调用方法时，如果形参的类型是值参数的话，调用的实参的表达式必须保证是正确的值表达式。例如，前面 fun 方法中的 n 形参就是值参数，它的一次调用如图 1.14 所示。

仅将实参a的值传递给形参n

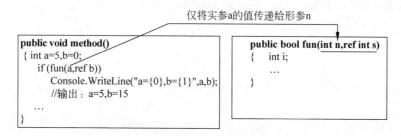

```
public void method()
{ int a=5,b=0;
    if (fun(a,ref b))
       Console.WriteLine("a={0},b={1}",a,b);
       //输出：a=5,b=15
    …
}
```

```
public bool fun(int n,ref int s)
{    int i;
     …
}
```

图 1.14　值参数为单向值传递

（2）引用参数。

以 ref 修饰符声明的参数属引用参数。引用参数本身并不创建新的存储空间，而是将实参的存储地址传递给形参，所以对形参的修改会影响原来实参的值，此时实参和形参是双向值传递。在调用方法前，引用参数对应的实参必须被初始化，同时在调用方法时，对应引用参数的实参也必须使用 ref 修饰。例如，前面 fun 方法中的 s 形参就是引用参数，它的一次调用如图 1.15 所示。

1.3.2　窗体设计及窗体间的数据传递

1. 窗体设计

在 C♯中窗体（Form）是一个窗口或对话框，是存放各种控件（包括标签、文本框、命令按钮等）的容器，可用来向用户显示信息。窗体是设计友好界面的基础，可以通过 C♯的窗

数据结构实践教程（C♯语言描述）

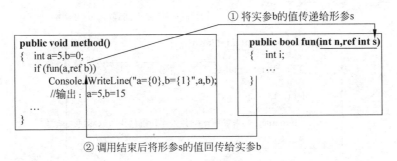

图 1.15　引用参数为双向值传递

体设计器方便地设计窗体。

1）窗体的调用

当已设计好一个窗体后，可以通过 Form 类的 ShowDialog 方法调用来执行该窗体。例如，已设计好一个名称为 Form1 的窗体，可以通过以下语句调用 Form1 窗体：

```
Form myform = new Form1();        //定义 Form1 类对象
myform.ShowDialog();              //以模式窗体方式调用
```

2）在窗体控件中动态添加事件过程

除了在设计窗体时设计控件的固定事件过程外，还可以通过代码建立控件的事件过程，这称为动态添加事件过程。例如，在窗体 Form1 中已设计好如下事件过程：

```
private void button_Click(object sender, EventArgs e)
{    Button btn = (Button)sender;
    if (btn.BackColor == System.Drawing.Color.Blue)
        btn.BackColor = System.Drawing.Color.White;
    else
        btn.BackColor = System.Drawing.Color.Blue;
}
```

可以通过以下代码将其作为 mybutton 命令按钮的单击事件过程：

```
Button mybutton = new Button();
mybutton.Click += new System.EventHandler(this.button_Click);
```

这样当执行窗体 Form1 时，用户单击 mybutton 命令按钮可以改变其显示颜色。

3）在窗体中动态添加控件

除了在设计窗体时设计窗体的控件外，还可以通过代码建立一个控件，然后将其添加到当前窗体中，这称为动态添加控件。例如，当通过代码建立了一个命令按钮 mybutton，可以通过以下代码将其添加到当前窗体中：

```
this.Controls.Add(mybutton);
```

数据结构概念的实践项目

项目 1：采用顺序存储结构存放高等数学成绩单，用 C♯语言完成以下运算：

（1）建立顺序存储结构。

（2）输出顺序存储结构中记录。

（3）求所有学生的平均分。

（4）求本课程的及格率。

（5）求指定序号的学生姓名和分数。

（6）求指定学号的学生姓名和分数。

通过相关数据进行测试，其操作界面如图 1.16 所示。

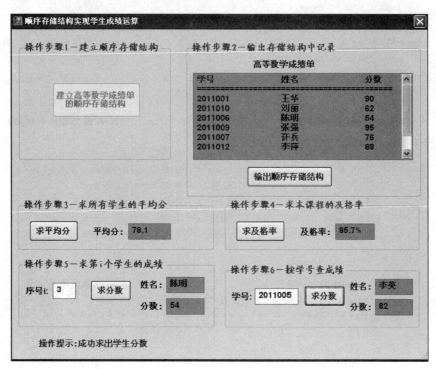

图 1.16　实践项目 1 的操作界面

项目 2：采用链式存储结构存放高等数学成绩单，并完成与项目 1 相同的运算，设计界面与项目 1 类似。

💻 **实践项目设计**

（1）建立一个名称为 Student 的 Windows 应用程序项目。

（2）从实践项目中提炼出两种存储结构的类，即学生成绩单的顺序表类 StudClass1 和单链表类 StudClass2，设计其基本运算如下。

- Create：创建存储结构。
- Display：输出所有记录。
- Average：求平均分。
- Rate：求及格率。
- Findi：求第 i 个学生的分数。
- Findno：按学号求分数。

这些基本运算可供应用程序调用。为此，在该项目中添加一个名称为 Class1.cs 的类文件，其中，这两个类的定义如下：

```csharp
namespace Student
{   //————————————————————— 顺序存储结构 —————————————————————
    struct Stud1                                          //学生成绩记录类型
    {   public int no;                                    //存放学号
        public string name;                               //存放姓名
        public double score;                              //存放分数
    }
    class StudClass1                                      //顺序表类
    {   const int MaxSize = 100;                          //存放最多记录个数
        Stud1[]st = new Stud1[MaxSize];                   //存放记录的数组
        int n;                                            //实际记录个数
        public void Create()                              //建立顺序存储结构
        {   st[0].no = 2011001; st[0].name = "王华"; st[0].score = 90;
            st[1].no = 2011010; st[1].name = "刘丽"; st[1].score = 62;
            st[2].no = 2011006; st[2].name = "陈明"; st[2].score = 54;
            st[3].no = 2011009; st[3].name = "张强"; st[3].score = 95;
            st[4].no = 2011007; st[4].name = "许兵"; st[4].score = 76;
            st[5].no = 2011012; st[5].name = "李萍"; st[5].score = 88;
            st[6].no = 2011005; st[6].name = "李英"; st[6].score = 82;
            n = 7;
        }
        public string Display()                           //输出所有记录
        {   string mystr = "学号\t\t 姓名\t\t 分数\r\n";
            mystr += " ================================== \r\n";
            int i;
            for (i = 0; i < n; i++)
                mystr += st[i].no.ToString() + "\t\t" + st[i].name + "\t\t" +
                    st[i].score.ToString() + "\r\n";
            return mystr;
        }
        public double Average()                           //求平均分
        {   int i;
            double sum = 0.0;                             //sum 存放总分
            for (i = 0; i < n; i++)
                sum += st[i].score;
            return (sum / n);
        }
        public double Rate()                              //求及格率
        {   int n1 = 0, i;                                //n1 存放及格的记录数
            for (i = 0; i < n; i++)
                if (st[i].score >= 60.0) n1++;
            return (n1 * 1.0 / n);
        }
        public bool Findi(int i, ref string na, ref double sc)  //求第 i 个学生的分数
        {   if (i <= 0 || i > n)                          //i 错误时返回 false
                return false;
            else                                          //i 正确时返回 true
            {   na = st[i - 1].name;
```

```
                    sc = st[i-1].score;
                    return true;
                }
            }

    public bool Findno(int no, ref string na, ref double sc)    //按学号求分数
    {   int i = 0;
        while (i < n && st[i].no != no) i++;
        if (i < n)                                              //学号正确时返回 true
        {   na = st[i].name;
            sc = st[i].score;
            return true;
        }
        else return false;                                      //学号错误时返回 false
    }
}
//---------------------链式存储结构---------------------------
class Stud2                                                     //学生成绩单链表结点类
{   public int no;                                              //存放学号
    public string name;                                        //存放姓名
    public double score;                                       //存放分数
    public Stud2 next;                                         //存放下一个结点指针
}
class StudClass2                                                //单链表类
{   Stud2 head;                                                //学生单链表开始结点
    public void Create()                                       //建立链式存储结构
    {   Stud2 p1, p2, p3, p4, p5, p6, p7;
        p1 = new Stud2();
        p1.no = 2011001; p1.name = "王华"; p1.score = 90;
        p2 = new Stud2();
        p2.no = 2011010; p2.name = "刘丽"; p2.score = 62;
        p3 = new Stud2();
        p3.no = 2011006; p3.name = "陈明"; p3.score = 54;
        p4 = new Stud2();
        p4.no = 2011009; p4.name = "张强"; p4.score = 95;
        p5 = new Stud2();
        p5.no = 2011007; p5.name = "许兵"; p5.score = 76;
        p6 = new Stud2();
        p6.no = 2011012; p6.name = "李萍"; p6.score = 88;
        p7 = new Stud2();
        p7.no = 2011005; p7.name = "李英"; p7.score = 82;
        head = p1;                                              //建立结点之间的关系
        p1.next = p2;
        p2.next = p3;
        p3.next = p4;
        p4.next = p5;
        p5.next = p6;
        p6.next = p7;
        p7.next = null;
```

数据结构实践教程（C♯语言描述）

```
        }
        public string Display()                         //输出所有记录
        {   Stud2 p = head;
            string mystr = "学号\t\t 姓名\t\t 分数\r\n";
            mystr += " ==================================== \r\n";
            while (p != null)
            {   mystr += p.no.ToString() + "\t\t" + p.name + "\t\t" +
                    p.score.ToString() + "\r\n";
                p = p.next;
            }
            return mystr;
        }
        public double Average()                         //求平均分
        {   Stud2 p = head;
            int n = 0;                                  //n 存放总的记录个数
            double sum = 0.0;                           //sum 存放总分
            while (p != null)
            {   n++; sum += p.score;
                p = p.next;
            }
            return (sum / n);
        }
        public double Rate()                            //求及格率
        {   int n1 = 0, n = 0;                          //n1 存放及格数,n 存放总数
            Stud2 p = head;
            while (p != null)
            {   n++;
                if (p.score >= 60.0) n1++;
                p = p.next;
            }
            return (n1 * 1.0 / n);
        }
        public bool Findi(int i, ref string na, ref double sc)   //求第 i 个学生的分数
        {   int j = 1;
            Stud2 p = head;
            while (j < i && p != null)
            {   j++;
                p = p.next;
            }
            if (i <= 0 || p == null)                    //i 错误时返回 false
                return false;
            else                                        //i 正确时返回 true
            {   na = p.name;
                sc = p.score;
                return true;
            }
        }
        public bool Findno(int no, ref string na, ref double sc) //按学号求分数
        {   Stud2 p = head;
            while (p != null && p.no != no)
                p = p.next;
```

```
        if (p != null)                              //学号正确时返回 true
        {    na = p.name;
             sc = p.score;
             return true;
        }
        else return false;                          //学号错误时返回 false
    }
  }
}
```

（3）设计 Form1 窗体以实现项目 1 的功能，其设计界面如图 1.17 所示。本书的窗体均采用以下统一的设计模式：

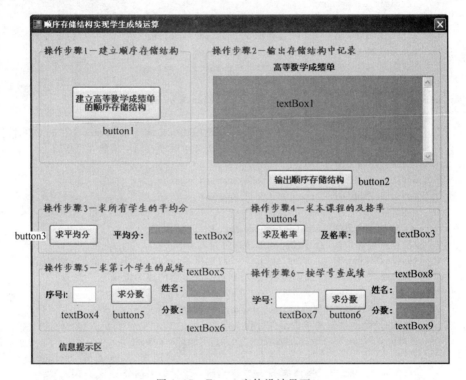

图 1.17　Form1 窗体设计界面

① 每个操作步骤对应一个分组框，包含完成该步骤所需要的数据输入或输出，相应的功能通过一个命令按钮的单击事件过程来完成。

② 所有操作步骤不一定都按操作步骤序号顺序进行，但它们之间可能存在前后次序，在设计时，通过操作步骤中命令按钮的 Enabled 属性来控制它们之间的相关性。例如，只有在单击 button1 后才能执行 button2 或 button3 的功能，为此先将 button2、button3 的 Enabled 属性置为 false，在 button1 的单击事件过程中将 button2、button3 的 Enabled 属性改为 true。

③ 屏幕下方的"信息提示区"标签 infolabel 用于显示操作提示信息。

④ 将仅用作输出显示的文本框的 ReadOnly 属性置为 true，并用淡红色作为其背景颜色。命令按钮的背景颜色采用红色。

⑤ 除特殊指出外,窗体中的主要控件采用如下命名规则,文本框名称为:textBox＋序号,命令按钮名称为:button＋序号,序号是按控件类型从上向下、从左向右次序编号,同一个分组框中的序号连续,如图 1.17 中学号文本框的名称为 textBox7,"求及格率"命令按钮名称为 button4(图中在主要控件旁标注了控件的名称)。

⑥ 一个实践项目包含多个窗体,设计一个名称为 Main 的窗体作为菜单窗体。

Form1 窗体对应的代码如下:

```
public partial class Form1 : Form
{   StudClass1 s1 = new StudClass1();          //类字段:学生成绩单顺序存储结构
    public Form1()                              //构造函数
    {   InitializeComponent(); }
    private void Form1_Load(object sender, EventArgs e)
    {   button1.Enabled = true; button2.Enabled = false;        //命令按钮 Enabled 属性
        button3.Enabled = false; button4.Enabled = false;        //初始化
        button5.Enabled = false; button6.Enabled = false;
    }
    private void button1_Click(object sender, EventArgs e)
    //建立顺序存储结构命令按钮的单击事件过程
    {   s1.Create();                            //调用 StudClass1 类 Create 方法建立顺序存储结构
        infolabel.Text = "操作提示:高等数学成绩单顺序存储结构建立完毕";
        button1.Enabled = false; button2.Enabled = true;
        button3.Enabled = true; button4.Enabled = true;
        button5.Enabled = true; button6.Enabled = true;
    }
    private void button2_Click(object sender, EventArgs e)
    //"输出顺序存储结构"命令按钮的单击事件过程
    {   textBox1.Text = s1.Display();           //调用 StudClass1 类 Create 方法显示学生成绩记录
        infolabel.Text = "操作提示:成功显示所有学生的成绩记录";
    }
    private void button3_Click(object sender, EventArgs e)
    //"求平均分"命令按钮的单击事件过程
    {   textBox2.Text = string.Format("{0:f1}", s1.Average());
                                                //调用 StudClass1 类 Average 方法求平均分
        infolabel.Text = "操作提示:成功求出所有学生的平均分";
    }
    private void button4_Click(object sender, EventArgs e)
    //"求及格率"命令按钮的单击事件过程
    {   textBox3.Text = string.Format("{0:f1}%", s1.Rate() * 100);
                                                //调用 StudClass1 类 Rate 方法求及格率
        infolabel.Text = "操作提示:成功求出及格率";
    }
    private void button5_Click(object sender, EventArgs e)
    //求第 i 个学生分数命令按钮的单击事件过程
    {   int i; string na = ""; double f = 0.0;
        textBox5.Text = ""; textBox6.Text = "";
        try
        {   i = Convert.ToInt32(textBox4.Text); }
        catch (Exception err)                   //捕捉输入序号为字母的错误
        {   infolabel.Text = "操作提示:输入的序号不正确,请重新输入";
```

```
            return;
        }
        if (!s1.Findi(i,ref na,ref f))        //调用 StudClass1 类 Findi 方法

        {   infolabel.Text = "操作提示:没有指定序号的学生成绩记录,请重新输入";
            return;
        }
        else
        {   textBox5.Text = na;
            textBox6.Text = f.ToString();
            infolabel.Text = "操作提示:成功求出学生分数";
        }
    }
    private void button6_Click(object sender, EventArgs e)
    //求指定学号学生分数命令按钮的单击事件过程
    {   int no; string na = ""; double f = 0.0;
        textBox8.Text = ""; textBox9.Text = "";
        try
        {   no = Convert.ToInt32(textBox7.Text); }
        catch (Exception err)                  //捕捉输入学号为字母的错误
        {   infolabel.Text = "操作提示:输入的学号不正确,请重新输入";
            return;
        }
        if (s1.Findno(no,ref na,ref f))        //调用 StudClass1 类 Findno 方法
        {   textBox8.Text = na; textBox9.Text = f.ToString();
            infolabel.Text = "操作提示:成功求出学生分数";
        }
        else
        {   infolabel.Text = "操作提示:没有指定学号的学生成绩记录,请重新输入";
            return;
        }
    }
}
```

（4）设计 Form2 窗体以实现项目 2 的功能，其设计界面如图 1.18 所示。
Form2 窗体对应的代码如下：

```
public partial class Form2 : Form
{   StudClass2 s2 = new StudClass2();          //学生成绩链式存储结构
    public Form2()                             //构造函数
    {   InitializeComponent(); }
    private void Form2_Load(object sender, EventArgs e)
    {   button1.Enabled = true; button2.Enabled = false;        //命令按钮 Enabled 属性
        button3.Enabled = false; button4.Enabled = false;       //初始化
        button5.Enabled = false; button6.Enabled = false;
    }
    private void button1_Click(object sender, EventArgs e)
    //建立链式存储结构命令按钮的单击事件过程
    {   s2.Create();                           //调用 StudClass2 类的 Create 方法建立单链表
        infolabel.Text = "操作提示:高等数学成绩单顺序存储结构建立完毕";
        button1.Enabled = false; button2.Enabled = true;
```

数据结构实践教程(C♯语言描述)

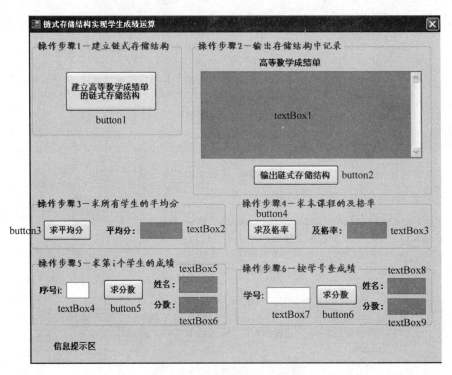

图 1.18　Form2 窗体设计界面

```
        button3.Enabled = true; button4.Enabled = true;
        button5.Enabled = true; button6.Enabled = true;
    }
private void button2_Click(object sender, EventArgs e)
//"输出链式存储结构"命令按钮的单击事件过程
{   textBox1.Text = s2.Display();      //调用 StudClass2 类的 Display 方法显示成绩记录
    infolabel.Text = "操作提示:成功显示所有学生的成绩记录";
}
private void button3_Click(object sender, EventArgs e)
//"求平均分"命令按钮的单击事件过程
{   textBox2.Text = string.Format("{0:f1}", s2.Average());
                                //调用 StudClass2 类的 Average 方法求平均分
    infolabel.Text = "操作提示:成功求出所有学生的平均分";
}
private void button4_Click(object sender, EventArgs e)
//"求及格率"命令按钮的单击事件过程
{   textBox3.Text = string.Format("{0:f1}%", s2.Rate() * 100);
                                //调用 StudClass2 类的 Rate 方法求及格率
    infolabel.Text = "操作提示:成功求出及格率";
}
private void button5_Click(object sender, EventArgs e)
//求指定序号的学生分数命令按钮的单击事件过程
{   int i; string na = ""; double f = 0.0;
    textBox5.Text = ""; textBox6.Text = "";
    try
    {   i = Convert.ToInt32(textBox4.Text); }
```

```
    catch (Exception err)                //捕捉输入序号为字母的错误
    {   infolabel.Text = "操作提示:输入的序号不正确,请重新输入";
        return;
    }
    if (!s2.Findi(i, ref na, ref f))     //调用 StudClass2 类的 Findi 方法
    {   infolabel.Text = "操作提示:没有指定序号的学生成绩记录,请重新输入";
        return;
    }
    else
    {   textBox5.Text = na;
        textBox6.Text = f.ToString();
        infolabel.Text = "操作提示:成功求出学生分数";
    }
}
private void button6_Click(object sender, EventArgs e)
//求指定学号的学生分数命令按钮的单击事件过程
{   int no; string na = ""; double f = 0.0;
    textBox8.Text = ""; textBox9.Text = "";
    try
    {   no = Convert.ToInt32(textBox7.Text); }
    catch (Exception err)                //捕捉输入学号为字母的错误
    {   infolabel.Text = "操作提示:输入的学号不正确,请重新输入";
        return;
    }
    if (s2.Findno(no, ref na, ref f))    //调用 StudClass2 类的 Findno 方法
    {   textBox8.Text = na;
        textBox9.Text = f.ToString();
        infolabel.Text = "操作提示:成功求出学生分数";
    }
    else
    {   infolabel.Text = "操作提示:没有指定学号的学生成绩记录,请重新输入";
        return;
    }
}
}
```

(5) 运行 Form1 和 Form2 窗体分别完成项目 1 和项目 2 的功能。

2．窗体间的数据传递

所谓窗体间的数据传递,是指将一个窗体中的控件值传递给另一个窗体,例如将主窗体 MForm 中的 textBox1 文本框中的值传递给子窗体 SForm。下面介绍两种设计方法。

1) 通过静态字段传递数据

其原理是将类的静态字段充当全局变量使用,在调用 SForm 窗体前将 MForm 中要传递的数据保存在类静态字段中,在执行 SForm 窗体时,从该类静态字段中读出数据并处理。

例如,新建一个项目,在项目中新建一个类文件,包含一个类 TempData,该类中含有需要在窗体间传递数据的静态字段,这里只有 mystr 一个静态字段:

```
public class TempData
{
```

数据结构实践教程（C♯语言描述）

```
    public static string mystr;
}
```

设计 MForm 窗体，包含一个标签、一个文本框 textBox1 和一个命令按钮 button1，其中，button1 的单击事件过程如下：

```
private void button1_Click(object sender, EventArgs e)
{    TempData.mystr = textBox1.Text;    //将文本框的值保存在静态字段中
     Form myform = new SForm();
     myform.ShowDialog();
}
```

设计 SForm 窗体，包含一个标签和一个文本框 textBox1，在窗体上设计如下事件过程：

```
private void SForm_Load(object sender, EventArgs e)
{
     textBox1.Text = TempData.mystr;    //读出静态字段中的数据
}
```

执行本项目，首先显示 MForm 窗体，在文本框中输入"China"，然后单击"调用 SForm"命令按钮，显示 SForm 窗体，如图 1.19 所示，从中看到 SForm 窗体中的文本框显示出从 MForm 窗体传递过来的数据。

图 1.19　两个窗体传递数据的结果

2）通过修改 SForm 窗体的构造函数来传递数据

其原理是修改 SForm 窗体的构造函数，将要接收的数据作为该构造函数的形参，在 MForm 窗体中调用 SForm 窗体，将要传递的数据作为实参，从而达到窗体间传递数据的目的。

例如，新建一个项目，设计 SForm 窗体，包含一个标签和一个文本框 textBox1，在窗体上设计字段 mystr、SForm_Load 事件过程和修改构造函数如下：

```
string mystr;                   //类私有字段，接收传递过来的数据
public SForm(string str)        //修改构造函数
{    InitializeComponent();
     mystr = str;
}
private void SForm_Load(object sender, EventArgs e)
{
     textBox1.Text = mystr; //显示传递过来的数据
}
```

设计 MForm 窗体,包含一个标签、一个文本框 textBox1 和一个命令按钮 button1,其中 button1 的单击事件过程如下:

```
private void button1_Click(object sender, EventArgs e)
{    Form myform = new SForm(textBox1.Text);    //带传递数据调用 SForm 的构造函数
     myform.ShowDialog();
}
```

本方法与上一种方法达到同样的效果。

⌨ **抽象数据类型的实践项目**

在前面的抽象数据类型 Set 基础上,增加一个用于两个集合运算的抽象数据类型 TwoSet,其描述如下:

```
ADT TwoSet                              //两个集合运算的抽象数据类型
{    数据对象:
         Set set1;                      //集合 set1
         Set set2;                      //集合 set2
     数据关系:
         无
     基本运算:
         public Set Union()             //求两集合的并集
         public Set Intersection()      //求两集合的交集
         public Set Difference()        //求两集合的差集
}
```

假设集合中元素为字符串类型,设计一个实践项目用 C♯ 语言实现 Set 和 TwoSet,并通过相关数据进行测试。其中一个集合运算的操作界面如图 1.20 所示(图中通过"插入"按钮分别插入集合的元素 1、2、3、4、5),两个集合运算的操作界面如图 1.21 所示。

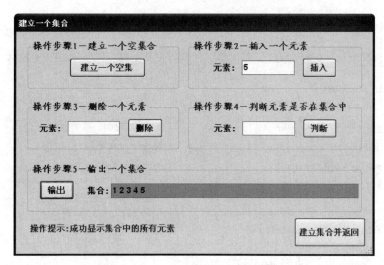

图 1.20　一个集合运算的操作界面

💻 **实践项目设计**

(1) 建立一个名称为 ADTSet 的 Windows 应用程序项目。

数据结构实践教程（C♯语言描述）

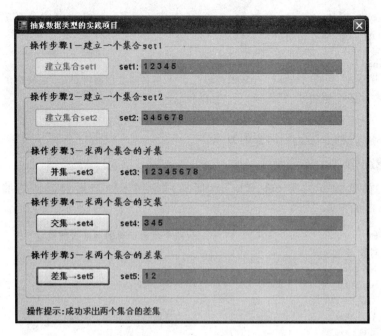

图 1.21　两个集合运算的操作界面

（2）本实践项目中有两个类：Set 和 TwoSet，设计 Form1 窗体用于单个集合的操作，Form2 窗体用于两个集合运算的操作，在两个窗体之间传递一个集合数据，这里采用静态字段传递数据的方法，因此还需设计一个包含传递数据的 TempData 类。为此，在该项目中添加一个名称为 Class1.cs 的类文件，其中上述 3 个类的定义如下：

```
namespace ADTSet
{
    public class TempData                 //用于两个窗体之间传递数据
    {
        public static Set set;            //静态字段,用于窗体间传递数据
    }
    public class Set                      //集合类
    {   const int MaxSize = 100;
        public string[]data;              //存放集合中的元素
        public int n;                     //集合中元素个数
        public void Create()              //创建一个空的集合
        {   data = new string[MaxSize];
            n = 0;                        //初始时集合中元素个数为 0
        }
        public bool IsIn(string e)        //判断 e 是否在集合中
        {   int i = 0;
            while (i < n && data[i]! =  e) i++;
            if (i < n)                    //在集合中找到该元素
                return true;
            else                          //在集合中没有找到该元素
                return false;
        }
```

```
    public bool Insert(string e)          //将元素 e 插入到集合中
    {   if (IsIn(e))                       //若集合中已含有元素 e,返回 false
            return false;
        else                              //否则插入元素 e 并返回 true
        {   data[n] = e; n++;
            return true;
        }
    }
    public bool Remove(string e)           //从集合中删除元素 e
    {   int i = 0,j;
        while (i < n && data[i]!= e) i++;
        if (i < n)                         //在集合中找到该元素
        {   for (j = i; j < n−1; j++)
                data[j] = data[j + 1];
            n−−;
            return true;
        }
        else return false;                 //在集合中没有找到该元素
    }
    public string Display()                //返回集合中所有元素构成的字符串
    {   string mystr = ""; int i;
        for (i = 0; i < n; i++)
            mystr += data[i]+ " ";
        return mystr;
    }
}
class TwoSet                               //两个集合运算类
{   public Set set1;                       //集合 set1
    public Set set2;                       //集合 set2
    public Set Union()                     //求两集合的并集
    {   Set set3 = new Set();
        set3.Create();                     //建立空集 set3
        int i;
        string e;
        for (i = 0; i < set1.n; i++)       //将 set1 中所有元素插入到 set3 中
        {   e = set1.data[i];
            set3.Insert(e);                //将 e 插入到集合 set3 中
        }
        for (i = 0;i < set2.n;i++)         //将 set2 中不属于 set1 的元素插入到 set3 中
        {   e = set2.data[i];
            if (!set1.IsIn(e))             //若 e 不在 set1 中,将 e 插入到 set3 中
                set3.Insert(e);
        }
        return set3;
    }
    public Set Intersection()              //求两集合的交集
    {   Set set4 = new Set();
        set4.Create();                     //建立空集 set4
        int i; string e;
        for (i = 0; i < set1.n; i++)       //将 set1 中属于 set2 的元素插入到 set4 中
```

数据结构实践教程（C♯语言描述）

```
            {    e = set1.data[i];
                 if (set2.IsIn(e))              //若 e 不在 set2 中,将 e 插入到 set4 中
                      set4.Insert(e);
            }
            return set4;
        }
        public Set Difference()                 //求两集合的差集
        {   Set set5 = new Set();
            set5.Create();                       //建立空集 set5
            int i; string e;
            for (i = 0; i < set1.n; i++)         //将 set1 中不属于 set2 的元素插入到 set5 中
            {   e = set1.data[i];
                 if (!set2.IsIn(e))              //若 e 不在 set2 中,将 e 插入到 set5 中
                      set5.Insert(e);
            }
            return set5;
        }
    }
}
```

（3）设计 Form1 窗体以实现单个集合的运算功能,其设计界面如图 1.22 所示。

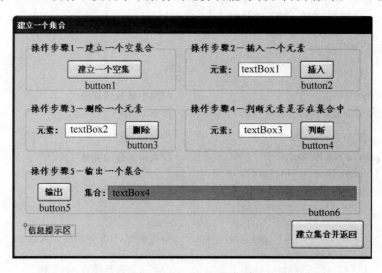

图 1.22　Form1 的设计界面

Form1 窗体对应的代码如下:

```
public partial class Form1 : Form
{   Set set = new Set();                         //定义一个集合对象
    public Form1()                               //构造函数
    {   InitializeComponent(); }
    private void Form1_Load(object sender, EventArgs e)
    {   button1.Enabled = true; button2.Enabled = false;
        button3.Enabled = false; button4.Enabled = false;
        button5.Enabled = false;
    }
```

```
private void button1_Click(object sender, EventArgs e)
{   set.Create();                          //初始化集合 set
    infolabel.Text = "操作提示:成功创建一个空的集合";
    button2.Enabled = true; button3.Enabled = true;
    button4.Enabled = true; button5.Enabled = true;
}
private void button2_Click(object sender, EventArgs e)
{   string elem;
    elem = textBox1.Text;
    if (elem == "")
    {   infolabel.Text = "操作提示:必须输入一个元素";
        return;
    }
    set.Insert(elem);                      //将元素 elem 插入到集合 set 中
    infolabel.Text = "操作提示:成功向集合中插入一个元素";
}
private void button3_Click(object sender, EventArgs e)
{   string elem;
    elem = textBox2.Text;
    if (elem == "")
    {   infolabel.Text = "操作提示:必须输入一个元素";
        return;
    }
    if (set.Remove(elem))                  //从集合 set 中删除 elem 元素
        infolabel.Text = "操作提示:成功从集合中删除一个元素";
    else
        infolabel.Text = "操作提示:集合中不存在要删除的元素";
}
private void button4_Click(object sender, EventArgs e)
{   string elem;
    elem = textBox3.Text;
    if (elem == "")
    {   infolabel.Text = "操作提示:必须输入一个元素";
        return;
    }
    if (set.IsIn(elem))                    //判断 elem 是否在集合 set 中
        infolabel.Text = "操作提示:指定的元素在集合中";
    else
        infolabel.Text = "操作提示:指定的元素不在集合中";
}
private void button5_Click(object sender, EventArgs e)
{   textBox4.Text = set.Display();         //在文本框中显示集合 set 的所有元素
    infolabel.Text = "操作提示:成功显示集合中的所有元素";
}
private void button6_Click(object sender, EventArgs e)
{   TempData.set = set;                    //将集合 set 赋值给 set 静态字段
    this.Close();                          //关闭 Form1 窗体
}
}
```

(4) 设计 Form2 窗体以实现两个集合的运算功能,其设计界面如图 1.23 所示。

数据结构实践教程（C♯语言描述）

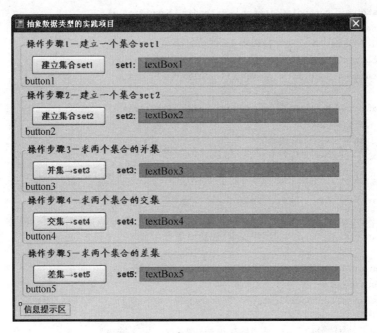

图 1.23　Form2 的设计界面

Form2 窗体对应的代码如下：

```
public partial class Form2 : Form
{   TwoSet ts = new TwoSet();                //定义 TwoSet 对象 ts
    public Form2()                           //构造函数
    {   InitializeComponent(); }
    private void Form2_Load(object sender, EventArgs e)
    {   button1.Enabled = true; button2.Enabled = false;
        button3.Enabled = false; button4.Enabled = false;
        button5.Enabled = false;
    }
    private void button1_Click(object sender, EventArgs e)
    {   Form myform = new Form1();            //调用 Form1 窗体以建立 set1 集合
        myform.ShowDialog();
        ts.set1 = TempData.set;
        textBox1.Text = ts.set1.Display();   //显示 set1 集合
        infolabel.Text = "操作提示:成功创建集合 set1";
        button1.Enabled = false; button2.Enabled = true;
    }
    private void button2_Click(object sender, EventArgs e)
    {   Form myform = new Form1();            //调用 Form1 窗体以建立 set2 集合
        myform.ShowDialog();
        ts.set2 = TempData.set;
        textBox2.Text = ts.set2.Display();   //显示 set2 集合
        infolabel.Text = "操作提示:成功创建集合 set2";
        button2.Enabled = false; button3.Enabled = true;
        button4.Enabled = true; button5.Enabled = true;
    }
```

```
    private void button3_Click(object sender, EventArgs e)
    {   Set set3;
        set3 = ts.Union();                  //求 set1 与 set2 的并集 set3
        textBox3.Text = set3.Display();     //显示 set3 集合
        infolabel.Text = "操作提示:成功求出两个集合的并集";
    }
    private void button4_Click(object sender, EventArgs e)
    {   Set set4 ;
        set4 = ts.Intersection();           //求 set1 与 set2 的交集 set4
        textBox4.Text = set4.Display();     //显示 set4 集合
        infolabel.Text = "操作提示:成功求出两个集合的交集";
    }
    private void button5_Click(object sender, EventArgs e)
    {   Set set5;
        set5 = ts.Difference();             //求 set1 与 set2 的差集
        textBox5.Text = set5.Display();     //显示 set5 集合
        infolabel.Text = "操作提示:成功求出两个集合的差集";
    }
}
```

分别执行 Form1 和 Form2,以实现单个集合运算和两个集合的并集、交集和差集运算。

1.3.3　文件操作

有些应用程序处理数据量大,需要将这些数据保存到指定的文件中,在需要数据时从文件中加载数据即可,这样方便用户的数据输入。

利用 C♯语言实现文件操作十分方便,下面通过一个简单示例说明文件操作的过程。

功能:设计一个窗体用于实现一个学生记录的操作,学生记录由学号、姓名、班号和籍贯数据项组成,并提供保存数据和加载数据的功能。

设计过程:新建一个空的 Windows 应用程序项目,添加一个窗体 Form1(增加引用语句 using System.IO;),其设计界面如图 1.24 所示。

图 1.24　Form1 的设计界面

Form1 窗体中包含的代码如下:

```
public partial class Form1 : Form
{   const string Fname = "stud.dat";        //指定文件名常量
    int sno = 0;                            //存放学号
    string sname = "";                      //存放姓名
    string sclass = "";                     //存放班号
    string shometown = "";                  //存放籍贯
    public Form1()                          //构造函数
    {   InitializeComponent(); }
    private void button1_Click(object sender, EventArgs e)   //加载数据单击事件过程
    {   if (LoadData())                     //调用 LoadData 方法加载并显示数据
        {   textBox1.Text = sno.ToString();
```

```
            textBox2.Text = sname;
            textBox3.Text = sclass;
            textBox4.Text = shometown;
            infolabel.Text = "操作提示:数据已成功加载";
        }
        else infolabel.Text = "操作提示:数据加载失败";
    }
    private void button2_Click(object sender, EventArgs e)        //保存数据单击事件过程
    {   if (textBox1.Text == ""  ||  textBox2.Text == ""  ||
            textBox3.Text == ""  ||  textBox4.Text == "")
            infolabel.Text = "操作提示:必须输入完整数据才能保存";
        else
        {   sno = int.Parse(textBox1.Text);
            sname = textBox2.Text.Trim();
            sclass = textBox3.Text.Trim();
            shometown = textBox4.Text.Trim();
            SaveData();                                           //调用 SaveData 方法保存数据
            infolabel.Text = "操作提示:数据已成功保存到文件中";
        }
    }

    private void SaveData()                                       //保存到文件 stud.dat 中
    {   if (File.Exists(Fname))                                   //存在该文件时删除之
            File.Delete(Fname);
        FileStream fs = File.OpenWrite(Fname);                    //新建文件 stud.dat
        BinaryWriter sb = new BinaryWriter(fs, Encoding.Default);
        sb.Write(sno);                                            //将相关字段数据保存到文件中
        sb.Write(sname);
        sb.Write(sclass);
        sb.Write(shometown);
        sb.Close();
        fs.Close();
    }

    private bool LoadData()                                       //加载文件 stud.dat
    {   if (!File.Exists(Fname))                                  //不存在该文件时返回 false
            return false;
        else                                                     //存在文件时
        {   FileStream fs = File.OpenRead(Fname);
            BinaryReader sb = new BinaryReader(fs, Encoding.Default);
            fs.Seek(0, SeekOrigin.Begin);
            sno = sb.ReadInt32();                                 //将文件数据读到相关字段中
            sname = sb.ReadString();
            sclass = sb.ReadString();
            shometown = sb.ReadString();
            sb.Close();
            fs.Close();
            return true;                                         //成功加载数据时返回 true
        }
    }
}
```

Form1 窗体类中有 sno、sname、sclass 和 shometown 字段，以内存变量的形式临时存放

学生记录,磁盘文件 stud. dat 用于永久性存放学生记录,SaveData 方法用于将 sno 等字段数据存放到文件 stud. dat 中,LoadData 方法用于将文件 stud. dat 中的数据读到 sno 等内存变量中,如图 1.25 所示。

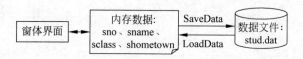

图 1.25　Form1 窗体数据存放方式

在运行 Form1 窗体时,先输入学生记录,单击"保存数据"命令按钮,将输入的数据保存到 stud. dat 文件中,在下一次运行时,单击"加载数据"命令按钮,将上次保存的数据直接显示到窗体中。

CHAPTER2

第2章　　　　线　性　表

线性表是一种最典型的线性结构,其特点和算法容易理解,是学习其他数据结构的基础。本章通过实践项目介绍线性表的两类存储结构及其算法设计。

2.1 线性表的定义

本节介绍线性表的特征和数据元素之间的逻辑关系。

1. 什么是线性表

线性表是具有相同特性的数据元素的一个有限序列。它有 3 个特征:所有数据元素类型相同;线性表是由有限个数据元素构成的;线性表中数据元素是位置有关的,这一点表明线性表不同于集合,线性表中每个元素有一个对应的序号,线性表中元素可以重复出现。

2. 线性表的逻辑关系

线性表的逻辑结构一般表示为$(a_1, a_2, \cdots, a_{i-1}, a_i, a_{i+1}, \cdots, a_n)$。用图形表示的逻辑结构如图 2.1 所示。

首元素 → a_1 → a_2 → $\cdots$ → a_i → a_{i+1} → $\cdots$ → a_n 尾元素

图 2.1　线性表的逻辑结构示意图

对于至少含有一个元素的线性表,除起始元素 a_1(也称为首元素)没有前趋元素外,其他元素 $a_i (2 \leqslant i \leqslant n)$ 有且仅有一个前趋元素 a_{i-1};除终端元素 a_n(也称为尾元素)没有后继元素外,其他元素 $a_i (1 \leqslant i \leqslant n-1)$ 有且仅有一个后继元素 a_{i+1}。也就是说,在线性表中,每个元素至多只有一个前趋元素并且至多只有一个后继元素。而所有元素按这种一对一的相邻关系构成的整体就是线性表,这便是线性表的逻辑特征。

其中，用 $n(n \geqslant 0)$ 表示线性表的长度（即线性表中数据元素的个数）。当 $n = 0$ 时，表示线性表是一个空表，不包含任何数据元素。

2.2　线性表的顺序存储结构

线性表的顺序存储是最常用的存储方式，它直接将线性表的逻辑结构映射到存储结构上，所以既便于理解，又容易实现。本节通过实践项目设计讨论顺序存储结构及其基本运算的实现方法。

2.2.1　线性表的顺序存储结构——顺序表

1. 顺序表的定义

顺序表是一种存储结构，是线性表在内存中的一种直接映射方式。在顺序表中，采用以下字段存放数据：

```
string[]data;          //存放顺序表中的元素
int length;            //存放顺序表的长度
```

说明：顺序表的 data 数组可以是任意合法的数据类型，这可以通过 C♯ 泛型编程来实现。为了简便，这里假设顺序表元素为 string 类型。

顺序表存储结构如图 2.2 所示，它具有随机存取特性。所谓随机存取特性，是指通过首地址和元素序号可以在 O(1) 时间内找到指定的元素。

顺序表的特点如下：

（1）顺序表属直接映射（逻辑上相邻的元素其物理位置也相邻），具有随机存取特性。

（2）顺序表存储密度高。存储密度＝结点数据本身占用的存储量/结点结构占用存储量，顺序表的存储密度为 1，链表的存储密度小于 1（需用指针来表示逻辑关系）。

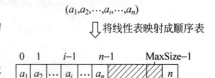

图 2.2　顺序表存储结构

（3）顺序表中插入和删除元素需大量移动元素。

说明：线性表中元素 $a_i(1 \leqslant i \leqslant n)$ 的逻辑序号为 i，在对应顺序表中该元素的物理序号为 $i-1$。算法形参中的序号 i 通常指的是逻辑序号。

2. 顺序表中插入元素操作

在顺序表中位置 i（i 为逻辑序号，$1 \leqslant i \leqslant n+1$）插入元素 x 的操作是：将原顺序表中 a_i 元素及之后的所有元素后移一个位置（即将 $a_{i..n}$ 所有元素后移一个位置，共移动 $n-i+1$ 个元素），再将插入的元素放在该位置上，如图 2.3 所示，所以移动的次数与表长 n 有关；插入一个元素时所需移动元素的平均次数 $n/2 \left(\dfrac{1}{n+1} \sum\limits_{i=1}^{n+1} (n-i+1) = n/2 \right)$，所以插入元素算法的时间复杂度为 O($n$)。

3. 顺序表中删除元素操作

删除顺序表中 a_i(i 为逻辑序号,$1 \leqslant i \leqslant n$)元素的操作是:将 a_i 元素之后的所有元素前移一个位置覆盖该元素(即将 $a_{i+1..n}$ 所有元素后移一个位置,共移动 $n-(i+1)+1=n-i$ 个元素),如图 2.4 所示,所以移动的次数与表长 n 有关。删除一个元素时所需移动元素的平均次数为$(n-1)/2\left(\dfrac{1}{n}\displaystyle\sum_{i=1}^{n}(n-i)=(n-1)/2\right)$,所以删除元素算法的时间复杂度为 $O(n)$。

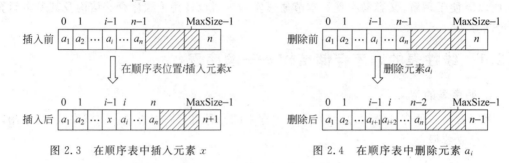

图 2.3 在顺序表中插入元素 x 图 2.4 在顺序表中删除元素 a_i

2.2.2 顺序表实践项目及其设计

☞ 顺序表的实践项目

项目 1:设计顺序表的基本运算。用相关数据进行测试,其操作界面如图 2.5 所示。

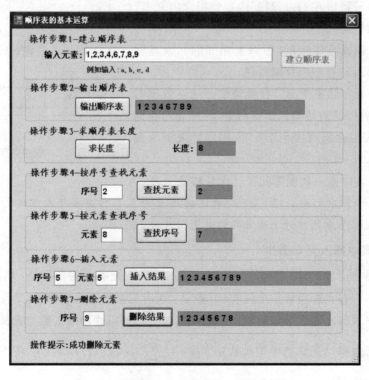

图 2.5 顺序表——实践项目 1 的操作界面

项目 2：有一个顺序表 L，设计一个算法将其分拆成两个顺序表 L_1 和 L_2，其中，L_1 含有 L 中奇数序号的元素，L_2 含有 L 中偶数序号的元素。用相关数据进行测试，其操作界面如图 2.6 所示。

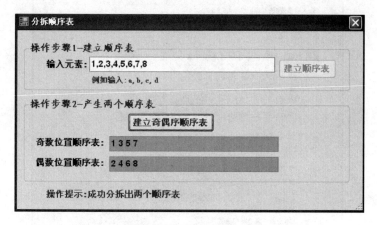

图 2.6　顺序表——实践项目 2 的操作界面

项目 3：有一个顺序表 L，设计一个算法删除其中值为 x 的所有元素。用相关数据进行测试，其操作界面如图 2.7 所示。

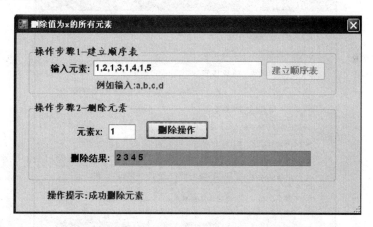

图 2.7　顺序表——实践项目 3 的操作界面

项目 4：设计两个递增有序顺序表的二路归并算法。用相关数据进行测试，其操作界面如图 2.8 所示。

项目 5：设计 3 个递增有序顺序表的三路归并算法。用相关数据进行测试，其操作界面如图 2.9 所示。

实践项目设计

（1）新建一个 Windows 应用程序项目 SqList。

（2）设计顺序表的基本运算类 SqListClass，其基本结构如图 2.10 所示，字段 data 数组存放顺序表元素，length 为 data 中实际元素个数。

SqListClass 类的代码放在 Class1.cs 文件中，对应的代码如下：

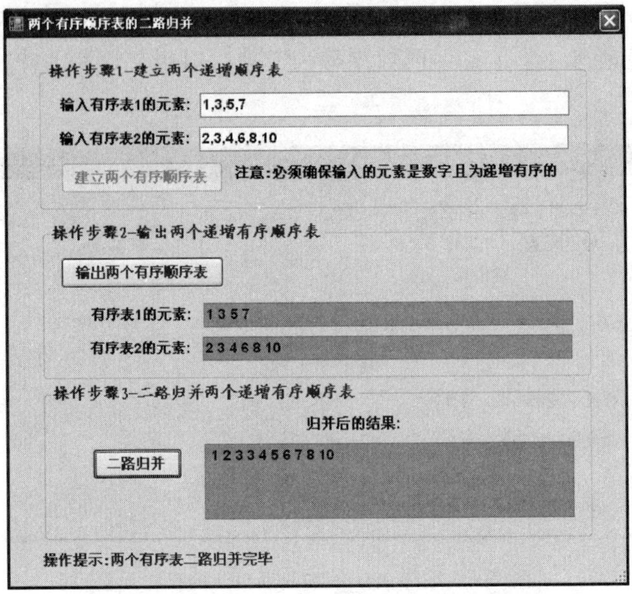

数据结构实践教程(C♯语言描述)

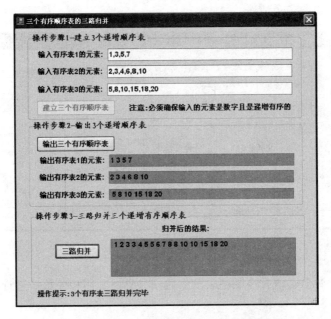

图 2.8　顺序表——实践项目 4 的操作界面

图 2.9　顺序表——实践项目 5 的操作界面

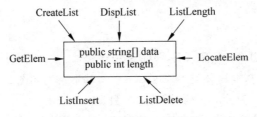

图 2.10　SqListClass 类结构

```
class SqListClass                           //顺序表类
{   const int MaxSize = 100;
    public string[]data;                    //存放顺序表中的元素
    public int length;                      //存放顺序表的长度
    public SqListClass()                    //构造函数
    {   data = new string[MaxSize];         //为 data 分配长度为 MaxSize 的空间
        length = 0;                         //初始时置 length 为 0
    }
    //---------------- 顺序表的基本运算算法 --------------------------------
    public void CreateList(string[]split)   //由 split 中的元素建立顺序表
    {   int i;
        for (i = 0; i < split.Length; i++)
            data[i] = split[i];             //将 split 的每个元素存放到 data 元素中
        length = i;
    }

    public string DispList()                //将顺序表 L 中的所有元素构成一个字符串返回
    {   int i;
        if (length > 0)
        {   string mystr = data[0];
            for (i = 1; i < length; i++)    //扫描顺序表中各元素值
                mystr += " " + data[i];
            return mystr;
        }
        else return "空串";
    }
    public int ListLength()                 //求顺序表的长度
    {   return length; }
    public bool GetElem(int i, ref string e) //求线性表中某序号的元素值
    {   if (i < 1 || i > length)
            return false;                   //参数错误时返回 false
        e = data[i - 1];                    //取元素值
        return true;                        //成功找到元素时返回 true
    }
    public int LocateElem(string e)         //按元素值查找其序号
    {   int i = 0;
        while (i < length && string.Compare(data[i], e)! = 0)
            i++;                            //查找元素 e
        if (i >= length)                    //未找到时返回 0
            return 0;
        else
            return i + 1;                   //找到后返回其逻辑序号
    }
    public bool ListInsert(int i, string e) //插入数据元素
    {   int j;
        if (i < 1 || i > length + 1)
            return false;                   //参数错误时返回 false
        for (j = length; j >= i; j--)       //将 data[i-1]及后面元素后移一个位置
            data[j] = data[j - 1];
        data[i-1] = e;                      //插入元素 e
        length++;                           //顺序表长度增 1
```

```
        return true;                      //成功插入返回 true
    }
    public bool ListDelete(int i, ref string e) //删除数据元素
    {   int j;
        if (i < 1 ‖ i > length)           //参数错误时返回 false
            return false;
        e = data[i];
        for (j = i−1; j < length − 1; j++)  //将 data[i]之后的元素前移一个位置
            data[j] = data[j + 1];
        length-- ;                        //顺序表长度减 1
        return true;                      //成功删除返回 true
    }
    // -------------------------------------------------------------
}
```

(3) 设计项目 1 对应的窗体 Form1,其设计界面如图 2.11 所示,用户输入元素序列,并以分号分隔元素,然后按命令按钮提示进行操作。

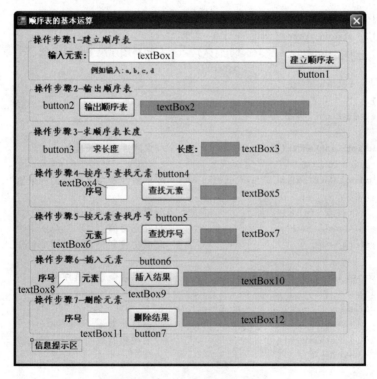

图 2.11　Form1 窗体设计界面

Form1 的主要代码如下:

```
public partial class Form1 : Form
{   SqListClass L = new SqListClass();            //顺序表对象 L
    public Form1()                                //构造函数
    {   InitializeComponent(); }
    private void Form1_Load(object sender, EventArgs e)
    {   button1.Enabled = true; button2.Enabled = false;
```

```
        button3.Enabled = false; button4.Enabled = false;
        button5.Enabled = false; button6.Enabled = false;
        button7.Enabled = false;
    }
    private void button1_Click_1(object sender, EventArgs e)        //建立顺序表
    {   string str = textBox1.Text.Trim();
        if (str == "")
            infolabel.Text = "操作提示:必须输入元素";
        else
        {   string[]split = str.Split(new Char[]{ ' ', ',', '.', ':'});
                                        //将字符串 str 分离成字符串数组 split
            L.CreateList(split);                //由 split 数组创建顺序表 L
            button1.Enabled = false; button2.Enabled = true;
            button3.Enabled = true; button4.Enabled = true;
            button5.Enabled = true; button6.Enabled = true;
            button7.Enabled = true;
            infolabel.Text = "操作提示:成功创建顺序表";
        }
    }
    private void button2_Click(object sender, EventArgs e)        //输出顺序表
    {   textBox2.Text = L.DispList();
        infolabel.Text = "操作提示:成功输出顺序表";
    }
    private void button3_Click(object sender, EventArgs e)        //求顺序表长度
    {   textBox3.Text = L.ListLength().ToString();
        infolabel.Text = "操作提示:成功求得顺序表的长度";
    }
    private void button4_Click(object sender, EventArgs e)        //查找元素
    {   int i; string x = "";
        if (textBox4.Text.Trim() == "")
            infolabel.Text = "操作提示:必须输入序号";
        else
        {   try
            {   i = Convert.ToInt16(textBox4.Text.Trim()); }
            catch (Exception err)                //捕捉用户输入字母的错误
            {   infolabel.Text = "操作提示:输入的序号是错误的";
                return;
            }
            if (L.GetElem(i, ref x))                //求指定序号的元素
            {   textBox5.Text = x;
                infolabel.Text = "操作提示:成功求得指定序号的元素";
            }
            else
            {   infolabel.Text = "操作提示:输入的序号错误";
                textBox5.Text = "";
            }
        }
    }
    private void button5_Click(object sender, EventArgs e)        //查找序号
    {   int i;
        string x = textBox6.Text.Trim();
```

数据结构实践教程(C♯语言描述)

```
        if (x == "")
            infolabel.Text = "操作提示:必须输入元素值";
        else
        {   i = L.LocateElem(x);                          //求元素 x 的序号
            if (i == 0)
            {   infolabel.Text = "操作提示:没有找到输入的元素";
                textBox7.Text = "";
            }
            else
            {   textBox7.Text = i.ToString();
                infolabel.Text = "操作提示:成功求得指定元素的序号";
            }
        }
    }
    private void button6_Click(object sender, EventArgs e)        //插入操作
    {   int i; string x,str;
        if (textBox8.Text.Trim() == "")
            infolabel.Text = "操作提示:必须输入序号";
        else
        {   try
            {   i = Convert.ToInt16(textBox8.Text.Trim()); }
            catch (Exception err)                              //捕捉用户输入字母的错误
            {   infolabel.Text = "操作提示:输入的序号是错误的";
                return;
            }
            x = textBox9.Text.Trim();
            if (x == "")
                infolabel.Text = "操作提示:必须输入元素值";
            else
            {   if (L.ListInsert(i, x))                        //在 i 位置插入元素 x
                {   str = L.DispList();
                    textBox10.Text = str;                      //显示插入后的顺序表
                    infolabel.Text = "操作提示:成功插入元素" + x;
                }
                else
                {   infolabel.Text = "操作提示:输入的序号" + i.ToString() + "错误";
                    textBox10.Text = "";
                }
            }
        }
    }
    private void button7_Click(object sender, EventArgs e)        //删除操作
    {   int i; string x = "",str;
        if (textBox11.Text.Trim() == "")
            infolabel.Text = "操作提示:必须输入序号";
        else
        {   try
            {   i = Convert.ToInt16(textBox11.Text.Trim()); }
            catch (Exception err)                              //捕捉用户输入字母的错误
            {   infolabel.Text = "操作提示:输入的序号是错误的";
                return;
```

```
            }
            if (!L.ListDelete(i, ref x))                     //删除位置 i 的元素
            {   infolabel.Text = "操作提示:不能删除序号为" + i.ToString() + "的元素";
                textBox12.Text = "";
            }
            else
            {   str = L.DispList();
                textBox12.Text = str;                        //显示删除后的顺序表
                infolabel.Text = "操作提示:成功删除元素" + x;
            }
        }
    }
}
```

（4）设计项目 2 对应的窗体 Form2,包含以下字段和相关事件处理过程：

```
SqListClass L = new SqListClass();     //顺序表对象 L
```

用户先建立一个顺序表 L,然后单击"建立奇偶序顺序表"命令按钮时调用以下方法由 L 产生 L1(含 L 的奇数序号的元素)和 L2(含 L 的偶数序号的元素)：

```
private void Split(ref SqListClass L1, ref SqListClass L2)
{   int i = 1, j = 1, k = 1;
    string x = "";
    while (k <= L.ListLength())            //扫描 L 的所有元素
    {   L.GetElem(k, ref x);              //提取出 L 的奇数序号的元素 x
        L1.ListInsert(i, x);             //将 x 插入到 L1 中
        i++; k++;
        if (k <= L.ListLength())
        {   L.GetElem(k, ref x);          //提取出 L 的偶数序号的元素 x
            L2.ListInsert(j, x);         //将 x 插入到 L2 中
            j++; k++;
        }
    }
    infolabel.Text = "操作提示:成功产生两个顺序表";
}
```

（5）设计项目 3 对应的窗体 Form3。包含以下字段和相关事件处理过程：

```
SqListClass L = new SqListClass();          //顺序表对象 L
```

用户先建立一个顺序表 L,输入 x,然后单击"删除操作"命令按钮时调用以下方法删除 L 中所有值为 x 的元素：

```
private void Deleteall(string x)
{   int k = 0, i;                          //k 记录值不等于 x 的元素个数
    string y = "";
    for (i = 1; i <= L.ListLength(); i++)
    {   L.GetElem(i,ref y);
        if (string.Compare(y, x)! = 0)      //若当前元素不为 x,将其插入 L 中
        {   L.data[k] = y;
            k++;
        }
```

数据结构实践教程(C♯语言描述)

```
    }
    L.length = k;                          //顺序表 L 的长度等于 k
}
```

(6) 设计项目 4 对应的窗体 Form4,包含以下字段和相关事件处理过程:

```
SqListClass L1 = new SqListClass();   //有序顺序表对象 L1
SqListClass L2 = new SqListClass();   //有序顺序表对象 L2
```

用户先建立两个递增有序顺序表 L1 和 L2,然后单击"二路归并"命令按钮,调用以下方法采用二路归并建立一个有序顺序表 L3:

```
private void Merge2(ref SqListClass L3)     //将两个有序顺序表二路归并为一个有序顺序表 L3
{    int i = 0, j = 0, k = 0;                //i 用于遍历 L1,j 用于遍历 L2
     while (i < L1.length && j < L2.length)     //两个表均没有遍历完毕
     {    if (Convert.ToInt16(L1.data[i])< Convert.ToInt16(L2.data[j]))
          {                               //转换成数字后进行比较,将较小者 L1.data[i]归并到 L3 中
             L3.data[k] = L1.data[i];
             i++; k++;
          }
          else                            //将较小者 L2.data[j]归并到 L3 中
          {    L3.data[k] = L2.data[j];
             j++; k++;
          }
     }
     while (i < L1.length)               //若 L1 没有遍历完毕
     {    L3.data[k] = L1.data[i];
          i++; k++;
     }
     while (j < L2.length)               //若 L2 没有遍历完毕
     {    L3.data[k] = L2.data[j];
          j++; k++;
     }
     L3.length = k;                       //置 L3 的长度为 k
}
```

(7) 设计项目 5 对应的窗体 Form5,包含以下字段和相关事件处理过程:

```
SqListClass L1 = new SqListClass();        //有序顺序表对象 L1
SqListClass L2 = new SqListClass();        //有序顺序表对象 L2
SqListClass L3 = new SqListClass();        //有序顺序表对象 L3
const int INF = 32767;                     //指定最大的整数常量即 ∞
```

用户先建立 3 个递增有序顺序表 L1、L2 和 L3,然后单击"三路归并"命令按钮,调用以下方法采用三路归并建立一个有序顺序表 L4:

```
private void Merge3(ref SqListClass L4)        //将 3 个有序顺序表三路归并为一个有序顺序表 L4
{    int i = 0, j = 0, k = 0, s = 0, t;         //i 用于遍历 L1,j 用于遍历 L2,k 用于遍历 L3
     int a, b, c, mind = 0;
     while (i< L1.length || j< L2.length || k< L3.length)     //3 个表至少有一个没有遍历完毕
     {    if (i >= L1.length) a = INF;
          else a = Convert.ToInt16(L1.data[i]);
          if (j >= L2.length) b = INF;
```

```
else b = Convert.ToInt16(L2.data[j]);
if (k > = L3.length) c = INF;
else c = Convert.ToInt16(L3.data[k]);
t = mindata(a, b, c, ref mind);     //求出 a、b、c 中最小值 mind 及所在的顺序表序号 t
switch (t)
{
case 1: L4.data[s] = mind.ToString(); s++; i++; break;
case 2: L4.data[s] = mind.ToString(); s++; j++; break;
case 3: L4.data[s] = mind.ToString(); s++; k++; break;
}
}
L4.length = s;                       //置 L3 的长度为 s
}
```

其算法思想是：从 3 个顺序表 L1、L2、L3(序号分别为 1、2、3)中依次取出一个元素 a、b、c(当某个顺序表已取完元素时,将相应的元素值用∞即 INF 表示),通过比较求出 a、b、c 中最小值 mind 及所在的顺序表序号 t,将 mind 元素归并到 L4 中。3 个元素比较过程如下：

```
private int mindata(int a, int b, int c,ref int mind)
//求 3 个元素 a、b、c 中的最小者 mind,并返回其所在的顺序表序号 mini
{   int mini = 1;
    mind = a;
    if (mind > b)
    {   mind = b;
        mini = 2;
    }
    if (mind > c)
    {   mind = c;
        mini = 3;
    }
    return mini;
}
```

从中看到,三路归并和二路归并相比,其基本思路相同,主要差别是,前者要从 3 个元素中找最小值及其所在顺序表,后者要从两个元素中找最小值及其所在顺序表,这一思路可推广到 $k(k>3)$ 路归并。

说明：对于长度分别为 m、n 的有序表,二路归并算法的时间复杂度为 $O(m+n)$；对于长度分别为 m、n、p 的有序表,三路归并算法的时间复杂度为 $O(m+n+p)$。

2.3 线性表的链式存储结构

线性表的链式存储结构称为链表。在链表中每个结点不仅包含有元素本身的信息(称之为数据域),而且包含有元素之间逻辑关系的信息,即一个结点中包含有后继结点的地址信息,这称为**指针域**,这样可以通过一个结点的指针域方便地找到后继结点的位置,尾结点的指针域为 null。一般地,每个结点有一个或多个这样的指针域。在链表中,如果每个结点只设置一个指针域,用以指向其后继结点,这样构成的链表称为线性单向链接表,简称**单链表**；如果每个结点中设置两个指针域,分别用以指向其前趋结点和后继结点,这样构成的链表称为线性双向链接表,简称**双链表**。另外,可将尾结点的指针域指向头结点,这样的链表

数据结构实践教程(C#语言描述)

称为循环链表。

2.3.1 单链表

1. 单链表的定义

如图 2.12 所示是带头结点的单链表,假定每个结点的类型用 LinkList 表示,它应包括存储元素的数据域,这里用 data 表示,并假设其数据类型为 string,还包括存储后继结点位置的指针域,这里用 next 表示。LinkList 类型的定义如下:

```
public class LinkList
{    public string data;        //存放数据元素
     public LinkList next;      //指向下一个结点的字段
};
```

单链表中,每个结点有一个指针域,指向其后继结点。在进行结点插入和删除时,就不能简单地只对该结点进行操作,还必须考虑其前后的结点。

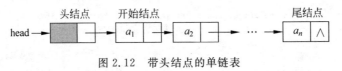

图 2.12 带头结点的单链表

2. 插入和删除结点操作

在单链表中,插入和删除结点是最常用的操作,它是建立单链表和相关基本运算算法的基础。

1) 插入结点操作

插入运算是将值为 x 的新结点插入到单链表的第 i 个结点的位置上。先在单链表中找到第 $i-1$ 个结点,再在其后插入新结点。假设要在单链表的两个数据域分别为 a 和 b 的结点(亦称为结点 a 和结点 b)之间插入一个数据域为 x 的结点(亦称为结点 x),已知 p 指向数据域为 a 的结点,如图 2.13(a)所示,s 指向数据域为 x 的结点。为了插入结点 s,需要修改结点 p 中的指针域,令其指向结点 s,而结点 s 中的指针域应指向结点 b,从而实现 3 个结点之间逻辑关系的变化,其过程如图 2.13 所示。

上述指针修改用 C#语句描述如下:

```
s.next = p.next;
p.next = s;
```

2) 删除结点操作

删除运算是将单链表的第 i 个结点删去。先在单链表中找到第 $i-1$ 个结点,再删除其后的结点。如图 2.14(a)所示,若要删除结点 b,仅需修改结点 a 中的指针域。假设 p 为指向结点 a 的指针,则只需将 p 结点的指针域 next(p.next)指向原来 p 结点的下一个结点(p.next)的下一个结点(p.next.next),其过程如图 2.14 所示。上述指针修改用 C#语句描述如下:

```
p.next = p.next.next;
```

说明:从上述插入和删除结点操作看到,在单链表中插入和删除结点时,要先找到其前趋结点。

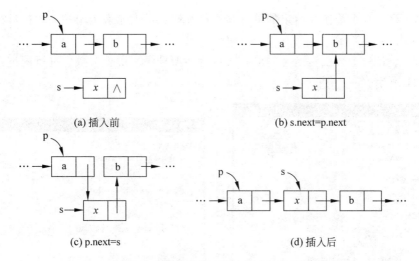

(a) 插入前　　　　　　　　　　　(b) s.next=p.next

(c) p.next=s　　　　　　　　　　(d) 插入后

图 2.13　在单链表中插入结点 s 的过程

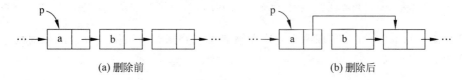

(a) 删除前　　　　　　　　　　　(b) 删除后

图 2.14　在单链表中删除结点的过程

2.3.2　单链表实践项目及其设计

单链表的实践项目

项目 1：设计单链表的基本运算。用相关数据进行测试，其操作界面如图 2.15 所示。

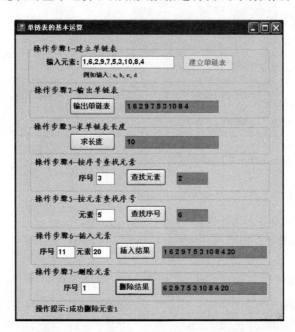

图 2.15　单链表——实践项目 1 的操作界面

项目2：设计一个算法在给定的单链表查找并删除最大元素。用相关数据进行测试,其操作界面如图 2.16 所示。

项目3：设计一个算法对给定的单链表进行递增排序。用相关数据进行测试,其操作界面如图 2.17 所示。

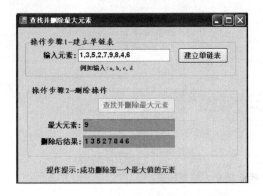 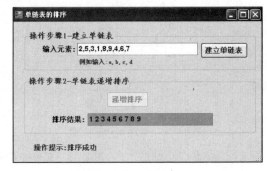

图 2.16　单链表——实践项目 2 的操作界面　　　图 2.17　单链表——实践项目 3 的操作界面

项目4：设计一个算法实现两个有序单链表的二路归并。用相关数据进行测试,其操作界面如图 2.18 所示。

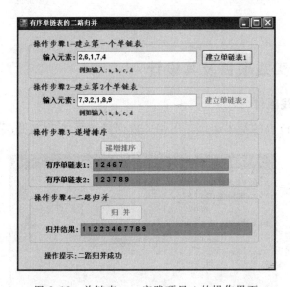

图 2.18　单链表——实践项目 4 的操作界面

💻 实践项目设计

(1) 新建一个 Windows 应用程序项目 LinkList。

(2) 设计单链表的基本运算类 LinkListClass,其基本结构如图 2.19 所示,字段 head 是单链表头结点指针。

LinkListClass 类的代码放在 Class1.cs 文件中,对应的代码如下：

```
class LinkListClass                        //单链表类
{    public LinkList head = new LinkList(); //单链表头结点
```

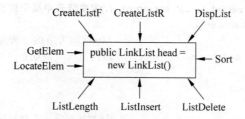

图 2.19 LinkListClass 类结构

```
// --------------- 单链表的基本运算算法 ---------------------------
public void CreateListF(string[ ]split)    //头插法建立单链表
{    LinkList s; int i;
     head.next = null;                     //将头结点的 next 字段置为 null
     for (i = 0; i < split.Length; i++)    //循环建立数据结点
     {    s = new LinkList();
          s.data = split[i];               //创建数据结点 s
          s.next = head.next;              //将 s 结点插入到开始结点之前,头结点之后
          head.next = s;
     }
}

public void CreateListR(string[ ]split)    //尾插法建立单链表
{    LinkList s, r; int i;
     r = head;                             //r 始终指向尾结点,开始时指向头结点
     for (i = 0; i < split.Length; i++)    //循环建立数据结点
     {    s = new LinkList();
          s.data = split[i];               //创建数据结点 s
          r.next = s;                      //将 s 结点插入 r 结点之后
          r = s;
     }
     r.next = null;                        //将尾结点的 next 字段置为 null
}

public string DispList()                   //将单链表所有结点值构成一个字符串返回
{    string str = ""; LinkList p;
     p = head.next;                        //p 指向开始结点
     if (p == null) str = "空串";
     while (p ! = null)                    //p 不为 null,输出 p 结点的 data 字段
     {    str += p.data + " ";
          p = p.next;                      //p 移向下一个结点
     }
     return str;
}

public int ListLength()                    //求单链表数据结点个数
{    int n = 0; LinkList p;
     p = head;                             //p 指向头结点,n 置为 0(即头结点的序号为 0)
     while (p.next ! = null)
     {    n++;
          p = p.next;
     }
     return (n);                           //循环结束,p 指向尾结点,其序号 n 为结点个数
}
```

数据结构实践教程（C＃语言描述）

```
public bool GetElem(int i, ref string e)    //求单链表中某个数据元素值
{   int j = 0; LinkList p;
    p = head;                               //p指向头结点,j置为0(即头结点的序号为0)
    while (j < i && p != null)              //找第 i 个结点 p
    {   j++;
        p = p.next;
    }
    if (p == null)                          //不存在第 i 个数据结点,返回 false
        return false;
    else                                    //存在第 i 个数据结点,返回 true
    {   e = p.data;
        return true;
    }
}
public int LocateElem(string e)             //按元素值查找
{   int i = 1; LinkList p;
    p = head.next;                          //p指向开始结点,i置为1(即开始结点的序号为1)
    while (p != null && p.data != e)        //查找 data 值为 e 的结点,其序号为 i
    {   p = p.next;
        i++;
    }
    if (p == null)                          //不存在元素值为 e 的结点,返回 0
        return (0);
    else                                    //存在元素值为 e 的结点,返回其逻辑序号 i
        return (i);
}
public bool ListInsert(int i, string e)     //插入数据元素
{   int j = 0; LinkList s, p;
    if (i < 1)                              //i<1 时 i 错误,返回 false
        return false;
    p = head;                               //p指向头结点,j置为0(即头结点的序号为0)
    while (j < i - 1 && p != null)          //查找第 i-1 个结点
    {   j++;
        p = p.next;
    }
    if (p == null)                          //未找到第 i-1 个结点,返回 false
        return false;
    else                                    //找到第 i-1 个结点 p,插入新结点并返回 true
    {   s = new LinkList();
        s.data = e;                         //创建新结点 s,其 data 字段置为 e
        s.next = p.next;                    //将 s 结点插入到 p 结点之后
        p.next = s;
        return true;
    }
}
public bool ListDelete(int i, ref string e)     //删除数据元素
{   int j = 0; LinkList q, p;
    if (i < 1)                              //i<1 时 i 错误,返回 false
        return false;
    p = head;                               //p指向头结点,j置为0(即头结点的序号为0)
    while (j < i - 1 && p != null)          //查找第 i-1 个结点
```

```
        {   j++;
            p = p.next;
        }
        if (p == null)                  //未找到第 i-1 个结点,返回 false
            return false;
        else                            //找到第 i-1 个结点 p
        {   q = p.next;                 //q 指向第 i 个结点
            if (q == null)              //若不存在第 i 个结点,返回 false
                return false;
            e = q.data;
            p.next = q.next;            //从单链表中删除 q 结点
            q = null;                   //释放 q 结点
            return true;                //返回 true 表示成功删除第 i 个结点
        }
    }
    //------------ 其他运算 ------------------------------------------
    public void Sort()                  //将单链表递增排序
    {   LinkList p, pre, q;
        q = head.next;                  //q 指向 L 的第 1 个数据结点
        p = head.next.next;             //p 指向 L 的第 2 个数据结点
        q.next = null;                  //构造只含一个数据结点的有序单链表
        while (p != null)
        {   q = p.next;                 //q 保存 p 结点后继结点的指针
            pre = head;                 //从有序表开头进行比较,pre 指向插入 p 的前趋结点
            while (pre.next != null && string.Compare(pre.next.data, p.data) < 0)
                pre = pre.next;         //在有序表中找插入 p 的前趋结点 pre
            p.next = pre.next;          //在 pre 之后插入 p 结点
            pre.next = p;
            p = q;                      //扫描原单链表余下的结点
        }
    }
}
```

(3)设计项目 1 对应的窗体 Form1,其设计界面如图 2.20 所示,用户输入元素序列,并以分号分隔元素,例如,输入"1,2,3,4,5,6,7,8,9",然后按命令按钮提示进行操作,例如,单击"建立单链表"命令按钮建立输入数据的单链表。

Form1 的主要代码如下:

```
public partial class Form1 : Form
{   LinkListClass L = new LinkListClass();              //单链表对象 L
    public Form1()                                      //构造函数
    {   InitializeComponent(); }
    private void Form1_Load(object sender, EventArgs e)
    {   textBox1.Text = "1,6,2,9,7,5,3,10,8,4";
        button1.Enabled = true; button2.Enabled = false;
        button3.Enabled = false; button4.Enabled = false;
        button5.Enabled = false; button6.Enabled = false;
        button7.Enabled = false;
    }
    private void button1_Click(object sender, EventArgs e)      //建立单链表
```

数据结构实践教程（C♯语言描述）

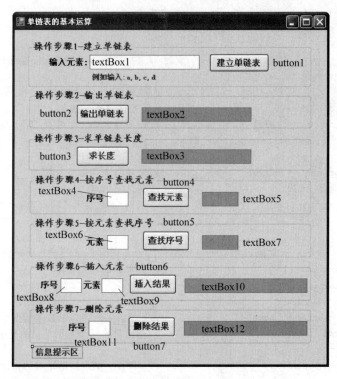

图 2.20　Form1 窗体设计界面

```
{   string str = textBox1.Text.Trim();
    if (str == "")
        infolabel.Text = "操作提示:必须输入元素";
    else
    {   string[]split = str.Split(new Char[]{ ' ', ',', '.', ':'});
        L.CreateListR(split);                               //采用尾插法建立单链表
        button1.Enabled = false; button2.Enabled = true;
        button3.Enabled = true; button4.Enabled = true;
        button5.Enabled = true; button6.Enabled = true;
        button7.Enabled = true;
        infolabel.Text = "操作提示:成功创建单链表";
    }
}
private void button2_Click(object sender, EventArgs e)        //输出单链表
{   textBox2.Text = L.DispList();
    infolabel.Text = "操作提示:成功输出单链表";
}
private void button3_Click(object sender, EventArgs e)        //求长度
{   textBox3.Text = L.ListLength().ToString();
    infolabel.Text = "操作提示:成功求得单链表中的元素个数";
}
private void button4_Click(object sender, EventArgs e)        //查找元素
{   int i; string x = "";
    if (textBox4.Text.Trim() == "")
        infolabel.Text = "操作提示:必须输入序号";
```

```
        else
        {   try
            {   i = Convert.ToInt16(textBox4.Text.Trim()); }
            catch (Exception err)                      //捕捉输入字母的错误
            {   infolabel.Text = "操作提示:输入的序号是错误的";
                return;
            }
            if (L.GetElem(i, ref x))
            {   textBox5.Text = x;
                infolabel.Text = "操作提示:成功求得指定序号的元素";
            }
            else
            {   infolabel.Text = "操作提示:输入的序号错误";
                textBox5.Text = "";
            }
        }
    }
    private void button5_Click(object sender, EventArgs e)      //查找序号
    {   int i; string x = textBox6.Text.Trim();
        if (x == "")
            infolabel.Text = "操作提示:必须输入元素值";
        else
        {   i = L.LocateElem(x);
            if (i == 0)
            {   infolabel.Text = "操作提示:没有找到输入的元素";
                textBox7.Text = "";
            }
            else
            {   textBox7.Text = i.ToString();
                infolabel.Text = "操作提示:成功求得单链表中指定元素的序号";
            }
        }
    }
    private void button6_Click(object sender, EventArgs e)      //插入元素
    {   int i; string x,str;
        if (textBox8.Text.Trim() == "")
            infolabel.Text = "操作提示:必须输入序号";
        else
        {   try
            {   i = Convert.ToInt16(textBox8.Text.Trim()); }
            catch (Exception err)                      //捕捉输入字母的错误
            {   infolabel.Text = "操作提示:输入的序号是错误的";
                return;
            }
            x = textBox9.Text.Trim();
            if (x == "")
                infolabel.Text = "操作提示:必须输入元素值";
            else
            {   if (L.ListInsert(i, x))                 //将元素 x 插入到位置 i
                {   str = L.DispList();
                    textBox10.Text = str;              //显示插入后的单链表
```

```
                            infolabel.Text = "操作提示:成功插入元素" + x;
                        }
                        else
                        {   infolabel.Text = "操作提示:输入的序号" + i.ToString() + "错误";
                            textBox10.Text = "";
                        }
                    }
                }
            }
        private void button7_Click(object sender, EventArgs e)        //删除元素
        {   int i; string x = "",str;
            if (textBox11.Text.Trim() == "")
                infolabel.Text = "操作提示:必须输入序号";
            else
            {   try
                {   i = Convert.ToInt16(textBox11.Text.Trim()); }
                catch (Exception err)                              //捕捉输入字母的错误
                {   infolabel.Text = "操作提示:输入的序号是错误的";
                    return;
                }
                if (!L.ListDelete(i, ref x)) //删除序号 i 的元素
                {   infolabel.Text = "操作提示:不能删除序号为" + i.ToString() + "的元素";
                    textBox12.Text = "";
                }
                else
                {   str = L.DispList();
                    textBox12.Text = str;                          //显示删除后的单链表
                    infolabel.Text = "操作提示:成功删除元素" + x;
                }
            }
        }
    }
```

（4）设计项目 2 对应的窗体 Form2，包含以下字段和相关事件处理过程：

```
LinkListClass L = new LinkListClass();   //单链表对象 L
```

用户先建立一个单链表 L，然后单击"查找并删除最大元素"命令按钮时调用以下方法从 L 中查找并删除最大元素（如果有多个最大元素，仅删除第一个最大元素的结点）：

```
private void Deletemax(ref string x)         //删除第一个最大值结点
{   LinkList p = L.head;                      //p 从头开始扫描所有结点
    LinkList pre = p;                         //pre 指向 p 结点的前趋结点
    LinkList maxp = p;                        //maxp 指向最大值的结点
    LinkList maxpre = pre;                    //maxpre 指向 maxp 结点的前趋结点
    while (p != null)
    {   if (string.Compare(p.data,maxp.data)> 0)
        {   maxp = p;                         //当找到更大结点,将 p、pre 分别赋值给 maxp、maxpre
            maxpre = pre;
        }
        pre = p;                              //p 和 pre 同步后移一个结点
        p = p.next;
```

```
    }
    x = maxp.data;
    maxpre.next = maxp.next;
    maxp = null;
}
```

（5）设计项目 3 对应的窗体 Form3，包含以下字段和相关事件处理过程：

```
LinkListClass L = new LinkListClass();   //单链表对象 L
```

用户先建立一个单链表 L，然后单击"递增排序"命令按钮将 L 排序并输出，该命令按钮的单击事件处理过程如下：

```
private void button2_Click(object sender, EventArgs e)
{   string str;
    if (L.ListLength() < 2)
        infolabel.Text = "操作提示:元素太少,不能排序";
    else
    {   L.Sort();
        str = L.DispList();
        textBox2.Text = str;
        infolabel.Text = "操作提示:排序成功";
        button1.Enabled = true;
        button2.Enabled = false;
    }
}
```

（6）设计项目 4 对应的窗体 Form4，包含以下字段和相关事件处理过程：

```
LinkListClass L = new LinkListClass();        //单链表对象 L
LinkListClass L1 = new LinkListClass();       //单链表对象 L1
LinkListClass L2 = new LinkListClass();       //单链表对象 L2
```

用户先建立两个递增有序单链表 L1 和 L2，然后单击"归并"命令按钮，调用以下方法采用二路归并建立一个有序单链表 L：

```
private void Merge()                 //将 L1 和 L2 采用二路归并算法建立 L
{   LinkList p = L1.head.next;       //p 扫描单链表 L1
    LinkList q = L2.head.next;       //q 扫描单链表 L2
    LinkList s, r;
    r = L.head;                      //r 指向单链表 L 的尾结点
    while (p != null && q != null)   //当两个表均未扫描完时
    {   if (string.Compare(p.data, q.data) < 0)
        {   s = new LinkList();      //将较小值的结点 p 复制并链接到 L 的末尾
            s.data = p.data;
            r.next = s; r = s;
            p = p.next;
        }
        else
        {   s = new LinkList();      //将较小值的结点 q 复制并链接到 L 的末尾
            s.data = q.data;
            r.next = s; r = s;
            q = q.next;
```

```
        }
    }
    if (q ! = null) p = q;              //当其中一个单链表未扫描完时,p指向未完的结点
    while (p! = null)                   //将所有未完的结点复制并链接到 L 的末尾
    {   s = new LinkList();
        s.data = p.data;
        r.next = s; r = s;
        p = p.next;
    }
    r.next = null;                      //单链表 L 的尾结点 next 置为 null
}
```

上述算法实际上是在比较的基础上,采用尾插法建立单链表 L。

2.3.3　双链表

1. 双链表的定义

如图 2.21 所示是带头结点的双链表,假定每个结点的类型用 DLinkList 表示,它应包括存储元素的数据域,这里用 data 表示,并假设其数据类型为 string,还包括存储前、后结点位置的指针域。DLinkList 类型的定义如下:

```
public class DLinkList          //双链表结点类
{   public string data;         //存放数据元素
    public DLinkList prior;     //指向前一个结点的字段
    public DLinkList next;      //指向下一个结点的字段
};
```

双链表中,每个结点有两个指针域,分别指向前、后结点,所以和单链表相比,找前后相邻结点更方便。

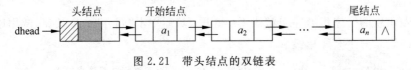

图 2.21　带头结点的双链表

2. 插入和删除结点操作

1) 插入结点操作

假设在双链表中 p 结点之后插入一个 s 结点,其指针的变化过程如图 2.22 所示。其操作语句描述如下(共修改 4 个指针域):

```
s.next = p.next;        //将 s 结点插入到 p 结点之后
p.next.prior = s;
s.prior = p;
p.next = s;
```

2) 删除结点操作

假设删除双链表 dhead 中 p 结点的后续结点,指针的变化过程如图 2.23 所示。其操作语句描述如下(共修改两个指针域):

```
q.next.prior = p;
p.next = q.next;
```

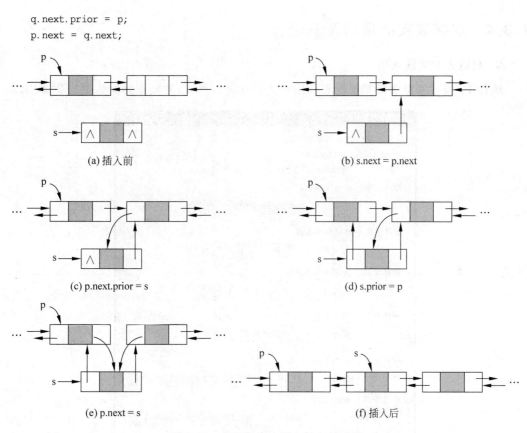

图 2.22   在双链表中插入结点的过程

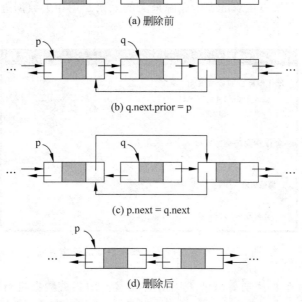

图 2.23   在双链表中删除结点的过程

数据结构实践教程(C♯语言描述)

2.3.4 双链表实践项目及其设计

双链表的实践项目

项目 1：设计双链表的基本运算。用相关数据进行测试,其操作界面如图 2.24 所示。

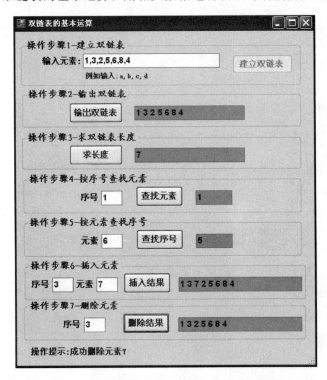

图 2.24 双链表——实践项目 1 的操作界面

项目 2：设计一个算法在双链表中删除最大的元素。用相关数据进行测试,其操作界面如图 2.25 所示。

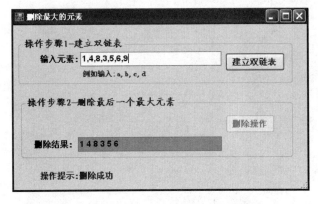

图 2.25 双链表——实践项目 2 的操作界面

项目 3：设计一个算法逆置双链表中所有元素。用相关数据进行测试,其操作界面如图 2.26 所示。

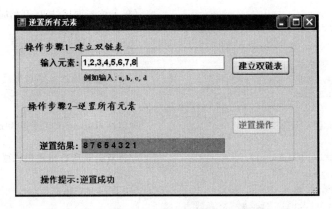

图 2.26　双链表——实践项目 3 的操作界面

实践项目设计

（1）新建一个 Windows 应用程序项目 DLinkList。

（2）设计双链表的基本运算类 DLinkListClass，其基本结构如图 2.27 所示，字段 dhead 为双链表头结点指针。

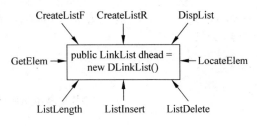

图 2.27　DLinkClass 类结构

DLinkClass 类的代码放在 Class1.cs 文件中，对应的代码如下：

```csharp
class DLinkListClass                        //双链表类
{   public DLinkList dhead = new DLinkList();   //双链表头结点
    //--------------- 双链表的基本运算算法 -----------------------------
    public void CreateListF(string[]split)      //头插法建立双链表
    {   DLinkList s; int i;
        dhead.next = null;                      //将头结点的 next 字段置为 null
        for (i = 0; i < split.Length; i++)      //循环建立数据结点
        {   s = new DLinkList();
            s.data = split[i];                  //创建数据结点 s
            s.next = dhead.next;                //将 s 插入到开始结点之前,头结点之后
            if (dhead.next != null)
                dhead.next.prior = s;
            dhead.next = s;
            s.prior = dhead;
        }
    }
    public void CreateListR(string[]split)      //尾插法建立双链表
    {   DLinkList s, r; int i;
```

```
        r = dhead;                              //r 始终指向尾结点,开始时指向头结点
        for (i = 0; i < split.Length; i++)      //循环建立数据结点
        {   s = new DLinkList();
            s.data = split[i];                   //创建数据结点 s
            r.next = s;                          //将 s 结点插入 r 结点之后
            s.prior = r; r = s;
        }
        r.next = null;                           //尾结点的 next 字段置为 null
    }
    public string DispList()                     //将双链表所有结点值构成一个字符串返回
    {   string str = "";
        DLinkList p = dhead.next;                //p 指向开始结点
        if (p == null) str = "空表";
        while (p != null)                        //p 不为 null,输出 p 结点的 data 字段
        {   str += p.data + " ";
            p = p.next;                          //p 移向下一个结点
        }
        return str;
    }
    public int ListLength()                      //求双链表数据结点个数
    {   int n = 0;
        DLinkList p = dhead;                     //p 指向头结点,n 置为 0(即头结点的序号为 0)
        while (p.next != null)
        {   n++;
            p = p.next;
        }
        return (n);                              //循环结束,p 指向尾结点,其序号 n 为结点个数
    }
    public bool GetElem(int i, ref string e      //求双链表中某个数据元素值
    {   int j = 0;
        DLinkList p = dhead;                     //p 指向头结点,j 置为 0(即头结点的序号为 0)
        while (j < i && p != null)               //找第 i 个结点
        {   j++;
            p = p.next;
        }
        if (p == null)                           //不存在第 i 个数据结点,返回 false
            return false;
        else                                     //存在第 i 个数据结点,返回 true
        {   e = p.data;
            return true;
        }
    }
    public int LocateElem(string e)              //按元素值查找
    {   int i = 1;
        DLinkList p = dhead.next;                //p 指向开始结点,i 置为 1(即开始结点的序号为 1)
        while (p != null && p.data != e)         //查找 data 值为 e 的结点,其序号为 i
        {   p = p.next;
            i++;
        }
        if (p == null)                           //不存在元素值为 e 的结点,返回 0
            return (0);
```

```
        else                                //存在元素值为 e 的结点,返回其逻辑序号 i
            return (i);
    }
    public bool ListInsert(int i, string e)    //插入数据元素
    {   int j = 0;
        DLinkList s, p = dhead;              //p 指向头结点,j 设置为 0
        while (j < i − 1 && p ! = null)      //查找第 i−1 个结点
        {   j++;
            p = p.next;
        }
        if (p == null)                       //未找到第 i−1 个结点,返回 false
            return false;
        else                                 //找到第 i−1 个结点 p,在其后插入新结点 s
        {   s = new DLinkList();
            s.data = e;                      //创建新结点 s
            s.next = p.next;                 //在 p 之后插入 s 结点
            if (p.next ! = null)             //若 p 结点存在后继结点,修改其 prior 字段
                p.next.prior = s;
            s.prior = p; p.next = s;
            return true;
        }
    }
    public bool ListDelete(int i, ref string e)    //删除数据元素
    {   int j = 0;                           //p 指向头结点,j 设置为 0
        DLinkList p = dhead, q;
        while (j < i − 1 && p ! = null)      //查找第 i−1 个结点
        {   j++;
            p = p.next;
        }
        if (p == null)                       //未找到第 i−1 个结点
            return false;
        else                                 //找到第 i−1 个结点 p
        {   q = p.next;                      //q 指向第 i 个结点
            if (q == null)                   //当不存在第 i 个结点时返回 false
                return false;
            e = q.data;
            p.next = q.next;                 //从双链表中删除 q 结点
            if (p.next ! = null)             //若 p 结点存在后继结点,修改其前趋字段
                p.next.prior = p;
            q = null;                        //释放 q 结点
            return true;
        }
    }
}
```

（3）设计项目 1 对应的窗体 Form1,其设计界面和设计的事件过程与单链表实践项目 1 对应的 Form1 几乎相同。

（4）设计项目 2 对应的窗体 Form2,包含以下字段和相关事件处理过程:

```
DLinkListClass L = new DLinkListClass();        //双链表对象 L
```

用户先建立一个双链表 L,然后单击"删除操作"命令按钮时调用以下方法从 L 中删除最大值的结点:

```
private void Deletemax()
{    DLinkList p = L.dhead.next;              //p 扫描所有的数据结点
     DLinkList maxp = p;                      //maxp 指向最大值结点
     while (p != null)                        //查找最后一个最大值结点 maxp
     {   if (string.Compare(p.data, maxp.data) >= 0)
             maxp = p;                         //当找到一个更大结点时,将 p 赋给 maxp
         p = p.next;
     }
     maxp.prior.next = maxp.next;             //删除 maxp 结点
     if (maxp.next != null)
         maxp.next.prior = maxp.prior;
     maxp = null;
}
```

(5) 设计项目 3 对应的窗体 Form3,包含以下字段和相关事件处理过程:

DLinkListClass L = new DLinkListClass();   //双链表对象 L

用户先建立一个双链表 L,然后单击"逆置操作"命令按钮时调用以下方法将 L 中所有数据结点逆置:

```
private void Reverse()            //逆置双链表 L 中所有数据结点
{   DLinkList h = L.dhead;        //h 指向 L 的头结点
    DLinkList p = h.next,q;       //p 指向第一个数据结点
    h.next = null;                //新建一个仅有头结点的双链表 L
    while (p != null)             //p 扫描余下的所有数据结点
    {   q = p.next;
        if (h.next != null)       //将 p 结点插入到表头
            h.next.prior = p;
        p.next = h.next;
        h.next = p; p.prior = h;
        p = q;
    }
}
```

本算法实际上是采用头插法建立双链表。

2.3.5 循环链表

循环链表是另一种形式的链式存储结构,分为循环单链表和循环双链表两种形式,它们分别是从单链表和双链表变化而来的。

1. 循环单链表

带头指针 head 的循环单链表如图 2.28 所示,表中尾结点的指针域不再是 null,而是指向头结点,整个链表形成一个环。其特点是从表中任一结点出发均可找到链表中其他结点。

循环单链表的结点类型与非循环单链表的结点类型相同,每个结点的类型仍为 LinkList。

循环单链表的基本运算实现算法与非循环单链表的相似,只是对表尾的判断作了改变。例如,在循环单链表 head 中,判断表尾结点 p 的条件是 p.next==head。

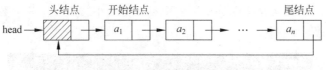

图 2.28 循环单链表 head

2. 循环双链表

带头指针 dhead 的循环双链表如图 2.29 所示,尾结点的 next 域指向头结点,头结点的 prior 域指向尾结点。其特点是整个链表形成两个环。由此,从表中任一结点出发均可找到链表中其他结点。

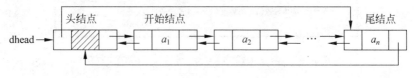

图 2.29 循环双链表 dhead

循环双链表的结点类型与非循环双链表的结点类型相同,每个结点的类型仍为 DLinkList。

循环双链表的基本运算实现算法与非循环双链表的相似,只是对表尾的判断作了改变。例如,在循环双链表 dhead 中,判断表尾结点 p 的条件是 p. next==dhead,另外,可以从头结点直接跳到尾结点。

2.3.6 循环单链表实践项目及其设计

循环单链表的实践项目

项目 1:设计循环单链表的基本运算。用相关数据进行测试,其操作界面如图 2.30 所示。

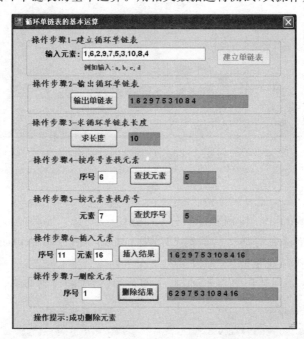

图 2.30 循环单链表——实践项目 1 的操作界面

数据结构实践教程(C♯语言描述)

项目 2：设计一个算法删除循环单链表中第一个最小结点。用相关数据进行测试,其操作界面如图 2.31 所示。

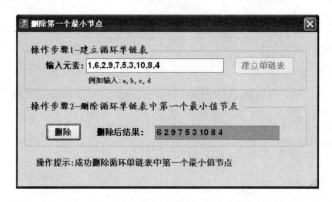

图 2.31　循环单链表——实践项目 2 的操作界面

项目 3：设计一个算法求解 Josephus(约瑟夫)问题。用相关数据进行测试,其操作界面如图 2.32 所示。所谓 Josephus 问题,就是有 n(图中 $n=10$)个小孩围成一圈,给他们从 1 开始依次编号,现指定从第 m(图中 $m=3$)个小孩开始报数,报到第 s(图中 $s=2$)个时,该小孩出列,然后从下一个小孩开始报数,仍是报到第 s 个时出列,如此重复下去,直到所有的小孩都出列,求小孩出列的顺序。

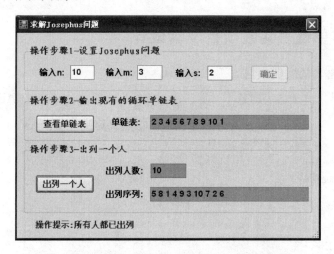

图 2.32　循环单链表——实践项目 3 的操作界面

🖳 实践项目设计

(1) 新建一个 Windows 应用程序项目 CLinkList。

(2) 设计循环单链表的基本运算类 CLinkListClass,其基本结构如图 2.33 所示,字段 head 是循环单链表头结点指针。

CLinkListClass 类的代码放在 Class1.cs 文件中,对应的代码如下:

```
class CLinkListClass              //循环单链表类
{   public LinkList head = new LinkList();   //循环单链表头结点
```

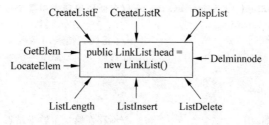

图 2.33　CLinkListClass 类结构

```
//------------- 循环单链表的基本运算算法 -----------------------
public void CreateListF(string[]split)   //头插法建立循环单链表
{    LinkList s; int i;
     head.next = head;                   //将头结点的 next 字段置为 head
     for (i = 0; i < split.Length; i++)  //循环建立数据结点
     {    s = new LinkList();
          s.data = split[i];             //创建数据结点 s
          s.next = head.next;            //将 s 结点插入到开始结点之前,头结点之后
          head.next = s;
     }
}

public void CreateListR(string[]split)   //尾插法建立循环单链表
{    LinkList s, r; int i;
     r = head;                           //r 始终指向尾结点,开始时指向头结点
     for (i = 0; i < split.Length; i++)  //循环建立数据结点
     {    s = new LinkList();
          s.data = split[i];             //创建数据结点 s
          r.next = s;                    //将 s 结点插入 r 结点之后
          r = s;
     }
     r.next = head;                      //将尾结点的 next 字段置为 head
}

public string DispList()                 //将循环单链表所有结点值构成一个字符串返回
{    string str = ""; LinkList p;
     p = head.next;                      //p 指向开始结点
     if (p == head) str = "空串";
     while (p != head)                   //p 不为 head,输出 p 结点的 data 字段
     {    str += p.data + " ";
          p = p.next;                    //p 移向下一个结点
     }
     return str;
}

public int ListLength()                  //求循环单链表数据结点个数
{    int n = 0; LinkList p;
     p = head;                           //p 指向头结点,n 置为 0(即头结点的序号为 0)
     while (p.next != head)
     {    n++;
          p = p.next;
     }
     return (n);                         //循环结束,p 指向尾结点,其序号 n 为结点个数
}
```

数据结构实践教程(C♯语言描述)

```
public bool GetElem(int i, ref string e)//求循环单链表中某个数据元素值
{   int j = 1; LinkList p;
    p = head.next;                    //p指向首结点,j置为1
    while (j < i && p != head)        //找第i个结点p
    {   j++;
        p = p.next;
    }
    if (p == head)                    //不存在第i个数据结点,返回false
        return false;
    else                              //存在第i个数据结点,返回true
    {   e = p.data;
        return true;
    }
}
public int LocateElem(string e)          //按元素值查找
{   int i = 1;
    LinkList p;
    p = head.next;                    //p指向开始结点,i置为1(即开始结点的序号为1)
    while (p != head && p.data != e)  //查找data值为e的结点,其序号为i
    {   p = p.next;
        i++;
    }
    if (p == head)                    //不存在元素值为e的结点,返回0
        return (0);
    else                              //存在元素值为e的结点,返回其逻辑序号i
        return (i);
}
public bool ListInsert(int i, string e)  //插入数据元素
{   int j = 1; LinkList s, p;
    if (i < 1)                        //i<1时i错误,返回false
        return false;
    if (i == 1)                       //插入首结点的情况
    {   s = new LinkList();
        s.data = e;
        s.next = head.next;
        head.next = s;
        return true;
    }
    else                              //插入其他结点的情况
    {   p = head.next;                //p指向首结点,j置为1
        while (j < i - 1 && p != head)//查找第i-1个结点
        {   j++;
            p = p.next;
        }
        if (p == head)                //未找到第i-1个结点,返回false
            return false;
        else                          //找到第i-1个结点p,插入新结点并返回true
        {   s = new LinkList();
            s.data = e;               //创建新结点s,其data字段置为e
            s.next = p.next;          //将s结点插入到p结点之后
            p.next = s;
```

```
            return true;
        }
    }
}
public bool ListDelete(int i, ref string e)    //删除数据元素
{   int j = 1; LinkList q, p;
    if (i < 1)                          //i<1 时 i 错误,返回 false
        return false;
    if (i == 1)                         //删除首结点的情况
    {   p = head.next;
        head.next = p.next;
        p = null;
        return true;
    }
    else                                //删除其他结点的情况
    {   p = head.next;                  //p 指向首结点,j 置为 1
        while (j < i - 1 && p != null)  //查找第 i-1 个结点
        {   j++;
            p = p.next;
        }
        if (p == head)                  //未找到第 i-1 个结点,返回 false
            return false;
        else                            //找到第 i-1 个结点 p
        {   q = p.next;                 //q 指向第 i 个结点
            if (q == head)              //若不存在第 i 个结点,返回 false
                return false;
            e = q.data;
            p.next = q.next;            //从循环单链表中删除 q 结点
            q = null;                   //释放 q 结点
            return true;                //返回 true 表示成功删除第 i 个结点
        }
    }
}
//------------ 其他运算 -------------------------------------------
public void Delminnode()                //删除第一个最小结点
{   LinkList p, pre, minpre, minp;
    pre = head;                         //pre 指向头结点
    p = head.next;                      //p 指向首结点
    minpre = pre;
    minp = p;
    while (p != head)                   //求第一个最小结点 minp 和前趋结点 minpre
    {   if (string.Compare(p.data, minp.data)< 0)
        {   minp = p;                   //找到更小结点时替换
            minpre = pre;
        }
        pre = p;
        p = p.next;
    }
    minpre.next = minp.next;            //删除 minp 结点
    minp = null;
}
}
```

数据结构实践教程(C♯语言描述)

（3）设计项目 1 对应的窗体 Form1,其设计界面和设计的事件过程与单链表实践项目 1 对应的 Form1 几乎相同。

（4）设计项目 2 对应的窗体 Form2,包含以下字段和相关事件处理过程：

```
CLinkListClass L = new CLinkListClass();        //循环单链表对象 L
```

用户先建立一个循环单链表 L,然后单击"删除"命令按钮从循环单链表 L 中删除第一个最小值结点,"删除"命令按钮 button2 的单击事件过程如下：

```
private void button2_Click(object sender, EventArgs e)
{    L.Delminnode();
     textBox2.Text = L.DispList();
     infolabel.Text = "操作提示:成功删除循环单链表中第一个最小值结点";
}
```

（5）设计项目 3 对应的窗体 Form3,其设计界面如图 2.34 所示,用户输入 n、m 和 s 值,单击"确定"命令按钮,根据 $1 \sim n$ 的编号建立一个不带头结点的循环单链表,用户单击"查看单链表"命令按钮显示单链表的人员编号序列,每单击"出列一个人"命令按钮,便在"出列人数"文本框中显示已出列的总人数,在"出列序列"文本框中显示出列顺序。

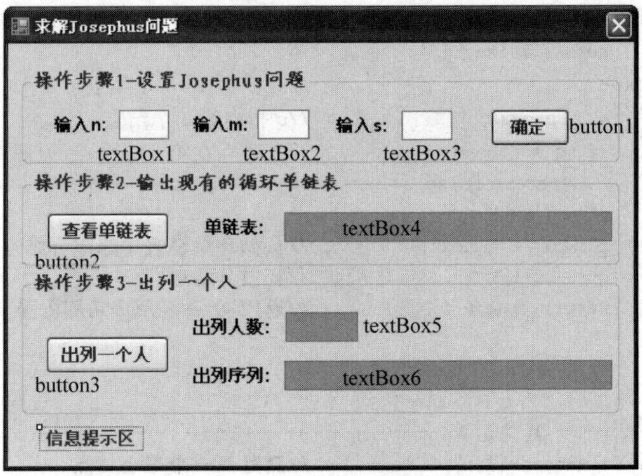

图 2.34　Form3 窗体的设计界面

Form3 的代码如下：

```
public partial class Form3 : Form
{    LinkList h;                                    //循环单链表
     int n;                                         //总人数
     int s;                                         //开始报数编号
     int m;                                         //步长
     int k;                                         //已出列人数
     string pstr;                                   //出列序列
     public Form3()                                 //构造函数
     {    InitializeComponent(); }
```

```csharp
private void Form3_Load(object sender, EventArgs e)
{   textBox1.Text = "10"; textBox2.Text = "3";
    textBox3.Text = "2";
    button1.Enabled = true; button2.Enabled = false;
    button3.Enabled = false;
}
private void button1_Click(object sender, EventArgs e)    //确定用户输入
{   int i = 1;
    try
    {   n = Convert.ToInt32(textBox1.Text);
        m = Convert.ToInt32(textBox2.Text);
        s = Convert.ToInt32(textBox3.Text);
    }
    catch (Exception err)                           //捕捉 3 个文本框输入错误
    {   infolabel.Text = "操作提示:n 和 m 必须为数值,请重新输入";
        return;
    }
    if (n < 4 || n > 20 || m < 2 || m > 10 || n < m || s < 0 || s > n)
    {   infolabel.Text = "操作提示:n 和 m 值不正确,请重新输入";
        return;
    }
    k = 0; pstr = "";
    CreateList();                                   //建立不带头结点的循环单链表
    while (i < s)                                   //让 h 指向编号为 s 的结点
    {   h = h.next;
        i++;
    }
    button1.Enabled = false;
    button2.Enabled = true;
    button3.Enabled = true;
    infolabel.Text = "操作提示:Josephus 问题已成功设置";
}
private void CreateList()               //采用尾插法建立不带头结点的循环单链表
{   LinkList s, r; int i, j = 1;
    h = new LinkList();
    h.data = j.ToString();
    j++;
    r = h;                              //r 始终指向尾结点,开始时指向首结点
    for (i = 1; i < n; i++)             //循环建立数据结点
    {   s = new LinkList();
        s.data = j.ToString();          //创建数据结点 s
        j++;
        r.next = s;                     //将 s 结点插入 r 结点之后
        r = s;
    }
    r.next = h;                         //将尾结点的 next 字段置为 h
}
private void button2_Click(object sender, EventArgs e)      //输出单链表
{
    textBox4.Text = DispList();
}
```

数据结构实践教程（C♯语言描述）

```
    private string DispList()                    //输出当前循环单链表中的所有元素
    {   LinkList p; string mystr = "";
        if (h != null)                           //扫描所有的数据结点
        {   mystr += h.data + " ";
            p = h.next;
            while (p != h)
            {   mystr += p.data + " ";
                p = p.next;
            }
        }
        else mystr += "所有人都已出列";
        return mystr;
    }
    private void button3_Click(object sender, EventArgs e)    //出列一个人
    {   if (Josephus())                          //一次出列操作
        {   textBox5.Text = k.ToString();
            textBox6.Text = pstr;
            infolabel.Text = "操作提示:已成功出列一个人";
        }
        else infolabel.Text = "操作提示:所有人都已出列";
    }
    private bool Josephus()                       //一次出列操作
    {   int i; LinkList p;
        if (h == null)                            //如果循环单链表为空,返回 false
            return false;
        if (h.next == h)                          //如果只剩下一个结点,直接出列
        {   pstr += h.data + " ";
            h = null;
        }
        else                                      //如果剩下多个结点
        {   i = 1; p = h.next;                    //p 指向下一个结点
            while (i < m)                         //循环 m-1 次
            {   h = p;
                p = p.next;
                i++;
            }
            pstr += p.data + " ";
            h.next = p.next;                      //出列 p 结点,然后将 p 置为 null
            p = null;
        }
        k++;                                      //出列人数增 1
        return true;                              //返回 true 表示成功出列一次
    }
}
```

2.3.7　循环双链表实践项目及其设计

🖳 循环双链表的实践项目

项目 1：设计循环双链表的基本运算。用相关数据进行测试,其操作界面如图 2.35
所示。

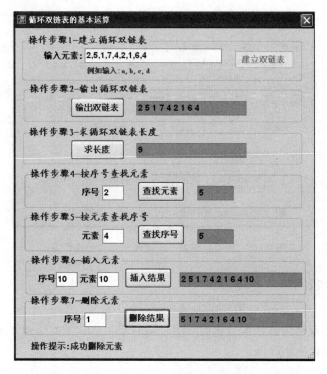

图 2.35　循环双链表——实践项目 1 的操作界面

项目 2：设计一个算法判断循环双链表中的数据是否为回文。用相关数据进行测试,其操作界面如图 2.36 所示。所谓回文,是指从前向后读和从后向前读的结果是相同的。

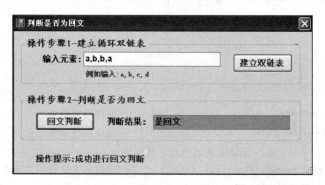

图 2.36　循环双链表——实践项目 2 的操作界面

项目 3：设有一个循环双链表,每个结点中除有 prior、data 和 next 这 3 个域外,还有一个访问频度域 freq,在链表被启用之前,其值均初始化为零。每当进行 LocateElem1(e)运算时,令元素值为 e 的结点中 freq 域的值加 1,并调整表中结点的次序,使其按访问频度的递减序排列,以便使频繁访问的结点总是靠近表头。设计满足上述要求的 LocateElem1 算法。用相关数据进行测试,其操作界面如图 2.37 所示(其中是查找一次元素 8 后循环双链表的情况)。

数据结构实践教程（C♯语言描述）

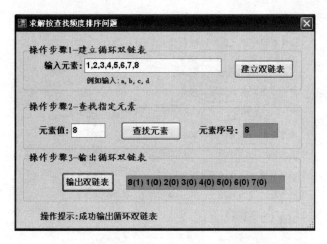

图 2.37 循环双链表——实践项目 3 的操作界面

💻 实践项目设计

（1）新建一个 Windows 应用程序项目 CDLinkList。

（2）设计循环双链表的基本运算类 CDLinkListClass，其基本结构如图 2.38 所示，字段 dhead 是循环双链表头结点指针。

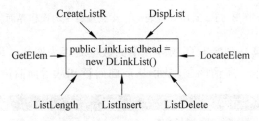

图 2.38 CDLinkListClass 类结构

CDLinkListClass 类的代码放在 Class1.cs 文件中，对应的代码如下：

```
class CDLinkListClass                        //循环双链表类
{   public DLinkList dhead = new DLinkList();  //循环双链表头结点
    //--------------- 循环双链表的基本运算算法 ---------------------------
    public void CreateListR(string[]split)    //尾插法建立循环双链表
    {   DLinkList s, r; int i;
        r = dhead;                             //r 始终指向尾结点，开始时指向头结点
        for (i = 0; i < split.Length; i++)     //循环建立数据结点
        {   s = new DLinkList();
            s.data = split[i];                 //创建数据结点 s
            r.next = s;                        //将 s 结点插入 r 结点之后
            s.prior = r;
            r = s;
        }
        r.next = dhead;                        //尾结点的 next 字段置为 dhead
        dhead.prior = r;                       //头结点的 prior 字段置为 r
    }
```

```
public string DispList()                     //输出循环双链表所有结点值
{    string str = "";
     DLinkList p = dhead.next;               //p 指向开始结点
     if (p == dhead) str = "空表";
     while (p != dhead)                      //p 不为 null,输出 p 结点的 data 字段
     {    str += p.data + " ";
          p = p.next;                        //p 移向下一个结点
     }
     return str;
}

public int ListLength()                      //求循环双链表数据结点个数
{    int n = 0;
     DLinkList p = dhead;                     //p 指向头结点,n 置为 0(即头结点的序号为 0)
     while (p.next != dhead)
     {    n++;
          p = p.next;
     }
     return (n);                             //循环结束,p 指向尾结点,其序号 n 为结点个数
}

public int LocateElem(string e)              //按元素值查找
{    int i = 1;
     DLinkList p = dhead.next;               //p 指向首结点,i 置为 1
     while (p != dhead && p.data != e)       //查找 data 值为 e 的结点,其序号为 i
     {    p = p.next;
          i++;
     }
     if (p == dhead)                         //不存在元素值为 e 的结点,返回 0
          return 0;
     else                                    //存在元素值为 e 的结点,返回其逻辑序号 i
          return i;
}

public bool GetElem(int i, ref string e)     //求循环双链表中某个数据元素值
{    int j = 1;
     DLinkList p = dhead.next;               //p 指向首结点,j 置为 1
     while (j < i && p != dhead)             //找第 i 个结点
     {    j++;
          p = p.next;
     }
     if (p == dhead)                         //不存在第 i 个数据结点,返回 false
       return false;
     else                                    //存在第 i 个数据结点,返回 true
     {    e = p.data;
          return true;
     }
}

public bool ListInsert(int i, string e)      //插入数据元素
{    int j = 1;
     DLinkList s, p;
     if (i < 1)                              //i<1 时 i 错误,返回 false
          return false;
     if (i == 1)                             //插入首结点的情况
```

数据结构实践教程（C♯语言描述）

```
{    s = new DLinkList();
     s.data = e;
     s.next = dhead.next;
     if (dhead.next != null)
         dhead.next.prior = s;
     dhead.next = s;
     s.prior = dhead;
     return true;
}
else
{    p = dhead.next;                    //p指向首结点,j置为1
     while (j < i - 1 && p != dhead)    //查找第 i-1 个结点
     {    j++;
          p = p.next;
     }
     if (p == dhead)                    //未找到第 i-1 个结点,返回 false
         return false;
     else                              //找到第 i-1 个结点 p,在其后插入新结点 s
     {    s = new DLinkList();
          s.data = e;                   //创建新结点 s
          s.next = p.next;              //在 p 之后插入 s 结点
          p.next.prior = s;
          s.prior = p;
          p.next = s;
          return true;
     }
}
}
public bool ListDelete(int i, ref string e)    //删除数据元素
{    int j = 1;                                 //p指向头结点,j设置为0
     DLinkList p, q;
     if (i < 1)                                 //i<1 时 i 错误,返回 false
         return false;
     if (i == 1)                                //删除首结点的情况
     {    p = dhead.next;
          dhead.next = p.next;
          if (p.next != null)
              p.next.prior = dhead;
          p = null;
          return true;
     }
     else
     {    p = dhead.next;                        //p指向首结点,j置为1
          while (j < i - 1 && p != dhead)        //查找第 i-1 个结点
          {    j++;
               p = p.next;
          }
          if (p == dhead)                        //未找到第 i-1 个结点
              return false;
          else                                  //找到第 i-1 个结点 p
          {    q = p.next;                        //q指向第 i 个结点
```

```
            if (q == dhead)                  //当不存在第 i 个结点时返回 false
                return false;
            e = q.data;
            p.next = q.next;                 //从循环双链表中删除 q 结点
            p.next.prior = p;
            q = null;                        //释放 q 结点
            return true;
        }
    }
}
```

(3) 设计项目 1 对应的窗体 Form1,其设计界面和设计的事件过程与单链表实践项目 1 对应的 Form1 几乎相同。

(4) 设计项目 2 对应的窗体 Form2,包含以下字段和相关事件处理过程:

```
CDLinkListClass L = new CDLinkListClass();   /循环双链表对象 L
```

用户先建立一个循环双链表 L,然后单击"回文判断"命令按钮调用以下方法判断循环双链表 L 是否是对称的:

```
private bool Palindrome()                    //判断循环双链表 L 是否为回文
{   bool flag = true;
    DLinkList p = L.dhead.next;              //p 指向首结点
    DLinkList q = L.dhead.prior;             //q 指向尾结点
    while (flag)                             //循环判断
    {   if (string.Compare(p.data, q.data) != 0)
            flag = false;                    //如果 p、q 结点值不相等,则不是回文
        else
        {   if (p == q || p.next == q)       //当判断到中间位置时,则为回文
                break;
            p = p.next;
            q = q.prior;
        }
    }
    return flag;
}
```

(5) 设计项目 3 对应的窗体 Form3,其设计界面如图 2.39 所示,用户输入元素序列,并以分号分隔元素,然后单击"建立双链表"命令按钮建立好循环双链表 L,每查找一次元素,该元素的频度增 1,通过单击"输出双链表"命令按钮查看结果。

为此,在 DLinkList 结点类中增加一个结点频度字段:

```
public class DLinkList                       //修改后的循环双链表结点类
{   public string data;                      //存放数据元素
    public DLinkList prior;                  //指向前一个结点的字段
    public DLinkList next;                   //指向下一个结点的字段
    public int freq;                         //查找频度
};
```

另外,修改 CDLinkListClass 类中的相关方法如下:

数据结构实践教程（C♯语言描述）

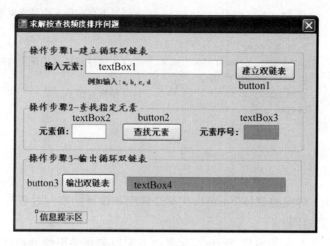

图 2.39　Form3 窗体的设计界面

① 在 CreateListR 方法中,当新建一个结点 s 时需置 s. freq 为 0。

② 将 DispList 方法改为 DispList1:

```
public string DispList1()            //输出循环双链表所有结点值及其频度
{    string str = "";
     DLinkList p = dhead.next;        //p 指向开始结点
     if (p == dhead) str = "空表";
     while (p != dhead)              //p 不为 null,输出 p 结点的 data 字段
     {    str += p.data + "(" + p.freq.ToString() + ") ";
          p = p.next;                //p 移向下一个结点
     }
     return str;
}
```

③ 将 LocateElem 方法改为 LocateElem1:

```
public int LocateElem1(string e)     //按元素值查找并按查找频度排序
{    int i = 1, f; string tmp;
     DLinkList p = dhead.next,q;      //p 指向首结点,i 置为 1
     while (p != dhead && p.data != e)  //查找 data 值为 e 的结点,其序号为 i
     {    p = p.next;
          i++;
     }
     if (p == dhead)                 //不存在元素值为 e 的结点,返回 0
          return 0;
     else                            //存在元素值为 e 的结点,返回其逻辑序号 i
     {    p.freq++;                   //被查找结点 p 的 freq 增 1
          q = p.prior;                //q 指向 p 结点的前一个结点
          while (q != dhead && q.freq < p.freq)
          {    f = p.freq;            //当 q 结点的频度小于 q 结点的频度时,
               p.freq = q.freq;       //将 p、q 的所有字段交换以达到结点交换的目的
               q.freq = f;
               tmp = p.data;
               p.data = q.data;
```

```
            q.data = tmp;
            p = q; q = p.prior;          //p、q 同步前移一个位置
        }
        return i;
    }
}
```

Form3 的代码如下：

```
public partial class Form3 : Form
{   CDLinkListClass L = new CDLinkListClass();            //循环双链表对象 L
    public Form3()                                        //构造函数
    {   InitializeComponent(); }
    private void Form3_Load(object sender, EventArgs e)
    {   textBox1.Text = "1,2,3,4,5,6,7,8";                //置初始值
        button1.Enabled = true; button2.Enabled = false;
        button3.Enabled = false;
    }
    private void button1_Click(object sender, EventArgs e) //建立循环双链表
    {   string str = textBox1.Text.Trim();
        if (str == "")
            infolabel.Text = "操作提示:必须输入元素";
        else
        {   string[]split = str.Split(new Char[]{'',',','.',':'});
            L.CreateListR(split);                         //采用尾插法建表
            button2.Enabled = true; button3.Enabled = true;
            infolabel.Text = "操作提示:成功创建循环双链表";
        }
    }
    private void button2_Click(object sender, EventArgs e) //查找元素
    {   int i;
        string x = textBox2.Text.Trim();
        if (x == "")
            infolabel.Text = "操作提示:必须输入元素值";
        else
        {   i = L.LocateElem1(x);                //查找值为 x 的结点并根据频度重排次序
            if (i == 0)
            {   infolabel.Text = "操作提示:没有找到输入的元素";
                textBox3.Text = "";
            }
            else
            {   textBox3.Text = i.ToString();
                infolabel.Text = "操作提示:成功求出指定元素的序号";
            }
        }
    }
    private void button3_Click(object sender, EventArgs e) //输出双链表
    {   textBox4.Text = L.DispList1();
        infolabel.Text = "操作提示:成功输出循环双链表";
    }
}
```

2.4 线性表的应用

2.4.1 线性表应用方法

在现实世界中很多数据呈现线性特征，可以看成是线性表，采用线性表方式求解。

线性表可以采用顺序表和链表两种类型的存储结构，它们各有优缺点。顺序表的主要优点是具有随机存取特性；主要缺点是插入或删除操作需要平均移动大量的元素。而链表的主要优点是适合动态存储空间分配，插入或删除操作时只需修改相关结点的指针域即可；主要缺点是不具有随机存取特性，存储密度较低。在实际应用中，可根据问题本身选择合适的存储结构和相应的求解算法。

2.4.2 线性表实践项目及其设计

⌨ **线性表应用的实践项目**

设计一个学生信息管理项目，每个学生信息包括学号（关键字，不能重复）、姓名、性别、出生日期、班号、电话号码和住址等字段，显示的学生记录按学号递增排序。其主要功能如下：

（1）添加一个学生记录。

（2）修改一个学生记录。

（3）删除一个学生记录。

（4）按学号或班号查找指定的学生记录。

在内存中学生记录用单链表表示，在硬盘中学生记录存放在 student.dat 文件中。学生记录操作界面如图 2.40 所示，添加和修改一个学生记录的操作界面如图 2.41 所示。用相关数据进行测试。

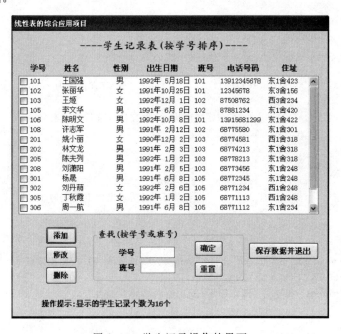

图 2.40　学生记录操作的界面

图 2.41 添加和修改一个学生记录的界面

🖥 实践项目设计

（1）新建一个 Windows 应用程序项目 App。

（2）通过对本实践项目的数据和功能分析，设计学生单链表中每个结点类为 StudList，设计学生单链表的基本运算类 StudClass，其基本结构如图 2.42 所示，其中，字段 head 是学生单链表头结点指针。本实践项目对应两个窗体，为了实现它们之间的数据传递，还设计一个仅含有静态字段的 TempData 类。

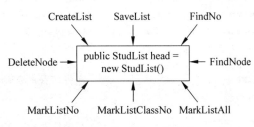

图 2.42 StudClass 类结构

所有这些公用类的代码放在 Class1.cs 文件中，对应的代码如下：

```
public class TempData                          //用于两个窗体之间传递数据
{    public static int no;                     //学号
     public static int optype;                 //用户操作类型
     /* optype 的取值说明如下：
         当用户在 Form1 中添加时，optype 置为 1；
         当用户在 Form1 中修改时，optype 置为 2；
         当用户在 Form2 中添加或修改后，单击确定，optype 置为 3，单击取消，optype 置为 4
     */
}
public class StudList                          //学生单链表结点类
{    public int no;                            //学号
     public string name;                       //姓名
     public string sex;                        //性别
```

```
        public int year;                        //年
        public int month;                       //月
        public int day;                         //日
        public string classno;                  //班号
        public string telephone;                //电话
        public string place;                    //住址
        public StudList next;                    //指向下一个结点
        public bool dispflag;                    //显示标志,true:可以显示,false: 不可显示
    }
    public class StudClass                       //学生单链表类
    {   string filepath = "student.dat";
        public StudList head = new StudList();   //学生单链表头结点
        public StudClass()                       //构造函数
        {   head.next = null; }
        public bool CreateList()                 //采用尾插法从文件读数据建立学生单链表
        {   StudList s, r = head;
            if (!File.Exists(filepath))          //不存在该文件时
                return false;
            else                                 //存在文件时
            {   FileStream fs = File.OpenRead(filepath);
                BinaryReader sb = new BinaryReader(fs, Encoding.Default);
                fs.Seek(0, SeekOrigin.Begin);    //移到文件开头
                while (sb.PeekChar() > - 1)      //读取数据直到文件结束
                {   s = new StudList();          //新建一个结点
                    s.no = sb.ReadInt32();       s.name = sb.ReadString();
                    s.sex = sb.ReadString();     s.year = sb.ReadInt32();
                    s.month = sb.ReadInt32();    s.day = sb.ReadInt32();
                    s.classno = sb.ReadString(); s.telephone = sb.ReadString();
                    s.place = sb.ReadString();
                    s.dispflag = true;
                    r.next = s;                  //将结点 s 链到尾部
                    r = s;
                }
                r.next = null;                   //尾结点 next 置空
                sb.Close();
                fs.Close();
                return true;
            }
        }
        public void SaveList()                   //将学生记录存储到指定文件中
        {   StudList p = head.next;
            if (File.Exists(filepath))           //存在该文件时删除之
                File.Delete(filepath);
            FileStream fs = File.OpenWrite(filepath);
            BinaryWriter sb = new BinaryWriter(fs, Encoding.Default);
            while (p != null)                    //扫描所有结点将数据存入文件
            {   sb.Write(p.no);        sb.Write(p.name);
                sb.Write(p.sex);       sb.Write(p.year);
                sb.Write(p.month);     sb.Write(p.day);
                sb.Write(p.classno);   sb.Write(p.telephone);
```

```
            sb.Write(p.place);
            p = p.next;
        }
        sb.Close();
        fs.Close();
    }
    public bool FindNo(int i)                    //查找是否存在学号为 i 的结点
    {   StudList p = head.next;                   //p 指向开始结点
        while (p != null && p.no != i)
            p = p.next;
        if (p == null)                           //不存在该结点,返回 false
            return false;
        else                                     //存在该结点,返回 true
            return true;
    }
    public StudList FindNode(int i)              //查找学号为 i 的结点
    {   StudList p = head.next;                   //p 指向开始结点
        while (p != null && p.no != i)
            p = p.next;
        return p;
    }
    public void DeleteNode(int i)               //删除学号为 i 的结点
    {   StudList p = head.next;
        StudList prep = head;
        while (p != null && p.no != i)
        {   prep = p;
            p = p.next;
        }
        if (p != null)
        {   prep.next = p.next;
            p = null;
        }
    }
    //----------- 根据查找条件标记相关结点的方法 -----------------------
    public void MarkListNo(int i)               //标记指定学号的记录
    {   StudList p = head.next;                   //p 指向开始结点
        while (p != null)
        {   if (p.no != i)
                p.dispflag = false;
            else
                p.dispflag = true;
            p = p.next;
        }
    }
    public void MarkListClassNo(string xb)      //标记指定班号的记录
    {   StudList p = head.next;                   //p 指向开始结点
```

```
        while (p ! = null)
        {    if (string. Compare(p.classno, xb) == 0)
                p. dispflag = true;
            else
                p. dispflag = false;
            p = p. next;
        }
    }
    public void MarkListAll()                    //标记所有学生记录
    {    StudList p = head. next;                //p指向开始结点
        while (p ! = null)
        {    p.dispflag = true;
            p = p. next;
        }
    }
}
```

（3）设计主操作窗体 Form1，其设计界面如图 2.43 所示，满足条件的学生记录通过一个 CheckedListBox 控件 studlist 来显示，其文件数据和内存数据的流向如图 2.44 所示。在用户运行本窗体时，先调用 CreateList 方法从 student. dat 文件加载学生记录并创建一个 st 单链表（当不存在 student. dat 文件时，建立一个空的学生单链表 st），然后调用 DispList 方法显示所有学生记录。本窗体提供了如下功能：

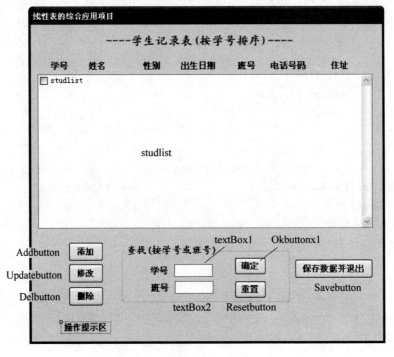

图 2.43　Form1 窗体设计界面

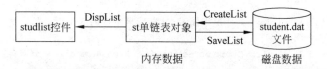

图 2.44　文件数据和内存数据的流向

① 学生记录编辑。用户通过单击"添加"、"修改"和"删除"命令按钮进行相应的操作，当进行修改和删除操作时，先要在 CheckedListBox 控件 studlist 中选中相应的学生记录。在进行修改或添加操作时，调用 Form2 编辑窗体进行学生记录的各字段操作，如果是修改，需要将选中的学生记录传递到 Form2 窗体，Form2 采用修改构造函数的方法传递数据。Form1 和 Form2 的数据传递方式如图 2.45 所示。

② 学生记录查询。用户在"学号"或"班号"文本框中输入要查找的学号或班号，然后单击"确定"命令按钮，在 studlist 控件中显示指定学号或班号的学生记录。

③ 保存学生记录。用户在退出本窗体时，必须单击"保存数据并退出"命令按钮，将单链表 st 中所有学生记录写入到 student. dat 文件中。

Form1 窗体的代码如下：

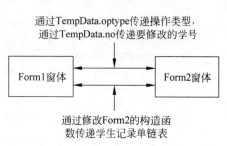

图 2.45　两个窗体的数据传递

```csharp
public partial class Form1 : Form
{   StudClass st = new StudClass();          //st 为学生单链表对象
    public Form1()                           //构造函数
    {   InitializeComponent(); }
    private void Form1_Load(object sender, EventArgs e)
    {   if (st.CreateList())                  //建立学生单链表并显示
            DispList();
        else
            infolabel.Text = "操作提示:无法加载学生记录";
    }

    public void DispList()                    //在列表框中显示所有 dispflag 为 true 的学生记录
    {   string mystr; int n = 0;
        studlist.Items.Clear();              //先清除 studlist 中原有记录
        StudList p = st.head.next;           //p 指向开始结点
        while (p != null)                    //p 不为 null,输出 p 结点的 data 字段
        {   if (p.dispflag)
            {   n++;
                mystr = string.Format("{0,-8}{1,-5}\t{2,-4}{3,4}年{4,2}月{5,2}日" +
                    "{6,-6}{7,-12}{8,-12}", p.no, p.name, p.sex, p.year, p.month,
                    p.day, p.classno, p.telephone, p.place);
                studlist.Items.Add(mystr);
            }
            p = p.next;                      //p 移向下一个结点
        }
        if (n > 0)
            infolabel.Text = "操作提示:显示的学生记录个数为" + n.ToString() + "个";
```

```
        else
            infolabel.Text = "操作提示:没有满足条件的学生记录";
}
    private void Savebutton_Click(object sender, EventArgs e)      //保存数据并退出
    {   st.SaveList();                        //保存数据到 student.dat 文件
        this.Close();                         //关闭本窗体
    }
    private void Addbutton_Click(object sender, EventArgs e)     //添加
    {   TempData.optype = 1;              //添加记录
        Form myform = new Form2(st);//将 st 单链表传递给 Form2
        myform.ShowDialog();              //调用 Form2 窗体
        if (TempData.optype == 3)         //添加确定
            DispList();                   //刷新 studlist 控件显示新的学生记录
    }
    private void Updatebutton_Click(object sender, EventArgs e)     //修改
    {   TempData.optype = 2;              //修改记录
        if (studlist.CheckedItems.Count! = 1)
        {   infolabel.Text = "操作提示:必须仅选中一个要修改的学生记录";
            return;
        }
        TempData.no = Convert.ToInt16(studlist.CheckedItems[0].ToString().
            Substring(0, 6).Trim()); //将修改的学生记录的学号存放到 TempData.no 中
        Form myform = new Form2(st); //将 st 单链表传递给 Form2
        myform.ShowDialog();              //调用 Form2 窗体
        if (TempData.optype == 3)     //修改确定
            DispList();               //刷新 studlist 控件显示新的学生记录
    }
    private void Delbutton_Click(object sender, EventArgs e)      //删除
    {   int i, n;
        if (studlist.CheckedItems.Count == 0)
        {   infolabel.Text = "操作提示:必须选中一个或多个要删除的学生记录";
            return;
        }
        if (MessageBox.Show("真的要删除所选学生记录吗?",
            "删除确认", MessageBoxButtons.YesNo) == DialogResult.Yes)
        {   foreach (object itemChecked in studlist.CheckedItems)
            {   n = Convert.ToInt16(itemChecked.ToString().Substring(0, 6).Trim());
                st.DeleteNode(n);           //从 st 单链表中删除学号为 n 的学生结点
            }
            DispList();                     //刷新 studlist 控件显示新的学生记录
        }
    }
    private void Resetbutton_Click(object sender, EventArgs e)      //重置
    {   textBox1.Text = "";               //将学号文本框清空
        textBox2.Text = "";               //将班号文本框清空
    }
    private void Okbutton_Click(object sender, EventArgs e)      //确定
    {   int no; string xb;
        if (textBox1.Text.Trim() != "")   //按学号查找
        {   try
            {   no = Convert.ToInt16(textBox1.Text.Trim()); }
```

```
        catch (Exception err)              //捕捉输入学号的错误
        {    infolabel.Text = "操作提示:输入的学号是错误的";
             return;
        }
        st.MarkListNo(no);                 //仅将 st 中学号为 no 的结点的 dispflag 字段置为 true
    }
    else if (textBox2.Text.Trim() != "")   //按班号查找
    {    xb = textBox2.Text.Trim();
         st.MarkListClassNo(xb);  //仅将 st 中班号为 xb 的结点的 dispflag 字段置为 true
    }
    else st.MarkListAll();                 //将 st 中所有结点的 dispflag 字段置为 true
    DispList();
    }
}
```

（4）设计学生记录编辑窗体 Form2,其设计界面如图 2.46 所示。当用户添加新记录时,界面中所有文本框为空;当用户修改记录时,界面中的文本框显示修改前的记录,"学号"文本框不能修改。当用户输入或修改完成后,单击"确定"命令按钮表示本次操作有效,需相应地修改学生记录单链表,单击"取消"命令按钮表示本次操作无效,不需要修改学生记录单链表,然后关闭本窗体,返回到 Form1 窗体。

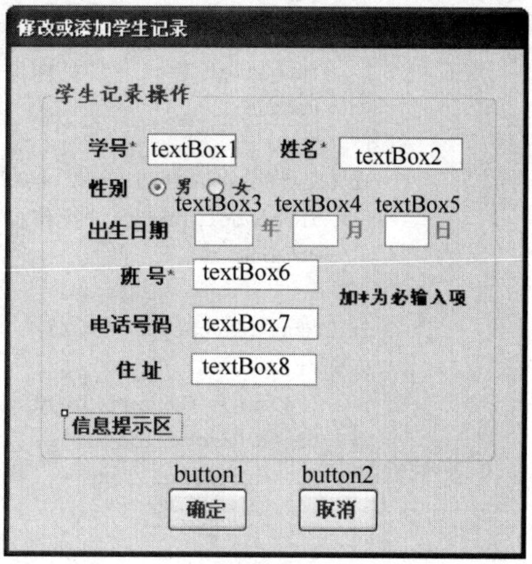

Form2 窗体的代码如下:

图 2.46　Form2 窗体设计界面

```
public partial class Form2 : Form
{    StudClass st1;                              //用于接收 Form1 传递的数据
    public Form2(StudClass sobj)                 //修改后的构造函数
    {    InitializeComponent();
        st1 = sobj;
    }
    private void Form2_Load(object sender, EventArgs e)
    {    StudList p;
        if (TempData.optype == 1)                //添加学生记录操作
            groupBox1.Text = "添加" + groupBox1.Text;
        else                                     //修改学生记录操作
        {    groupBox1.Text = "修改" + groupBox1.Text;
            textBox1.Text = TempData.no.ToString();
            textBox1.ReadOnly = true;            //不能修改学号
            p = st1.FindNode(TempData.no);       //在 st1 中查找要修改的结点
            textBox2.Text = p.name;              //显示姓名
            if (p.sex == "男")                    //显示性别
                man.Checked = true;
            else
                woman.Checked = true;
            textBox3.Text = p.year.ToString();   //显示年份
            textBox4.Text = p.month.ToString();  //显示月份
```

```
            textBox5.Text = p.day.ToString();      //显示日号
            textBox6.Text = p.classno;             //显示班号
            textBox7.Text = p.telephone;           //显示电话
            textBox8.Text = p.place;               //显示住址
        }
    }
    private void button1_Click(object sender, EventArgs e)      //确定
    {   int no;
        if (textBox1.Text.Trim() == "")            //必须输入学号
        {   infolabel.Text = "操作提示:必须输入学号";
            return;
        }
        if (textBox2.Text.Trim() == "")            //必须输入姓名
        {   infolabel.Text = "操作提示:必须输入姓名";
            return;
        }
        if (textBox6.Text.Trim() == "")            //必须输入班号
        {   infolabel.Text = "操作提示:必须输入班号";
            return;
        }
        if (TempData.optype == 1)                  //添加确定
        {   try
            {   no = Convert.ToInt32(textBox1.Text.Trim()); }
            catch (Exception err)                  //捕捉用户输入学号的错误
            {   infolabel.Text = "操作提示:输入的学号是错误的,重新输入";
                return;
            }
            if (st1.FindNo(no))                    //学号不能重复
            {   infolabel.Text = "操作提示:输入的学号重复,不能添加";
                return;
            }
            t.no = no;
        }
        else if (TempData.optype == 2)             //修改操作确定
            t = st1.FindNode(TempData.no);         //查找修改的结点
        t.name = textBox2.Text.Trim();             //替换为新的姓名
        if (man.Checked == true)                   //替换为新的性别
            t.sex = "男";
        else
            t.sex = "女";
        if (textBox3.Text.Trim() == "")            //替换为新的年份
            t.year = 0;
        else
            t.year = Convert.ToInt32(textBox3.Text.Trim());
        if (textBox4.Text.Trim() == "")            //替换为新的月份
            t.month = 0;
        else
            t.month = Convert.ToInt32(textBox4.Text.Trim());
        if (textBox5.Text.Trim() == "")            //替换为新的日期
            t.day = 0;
        else
```

```
            t.day = Convert.ToInt32(textBox5.Text.Trim());
        t.classno = textBox6.Text.Trim();              //替换为新的班号
        if (textBox7.Text.Trim() == "")                //替换为新的电话
            t.telephone = " ";
        else
            t.telephone = textBox7.Text.Trim();
        if (textBox8.Text.Trim() == "")                //替换为新的住址
            t.place = " ";
        else
            t.place = textBox8.Text.Trim();
        t.dispflag = true;                             //显示修改或添加的记录
        if (TempData.optype == 1)                      //添加确定
        {   t.next = h.next;                           //将 t 结点插入到表头
            h.next = t;
        }
        TempData.optype = 3;                           //设置为确定标记
        this.Close();                                  //关闭本窗体
    }
    private void button2_Click(object sender, EventArgs e)    //取消操作
    {   TempData.optype = 4;                           //设置为取消标记
        this.Close();                                  //关闭本窗体
    }
}
```

例如,运行 Form1 窗体,其执行结果如图 2.47 所示,几次用户操作示例如下。

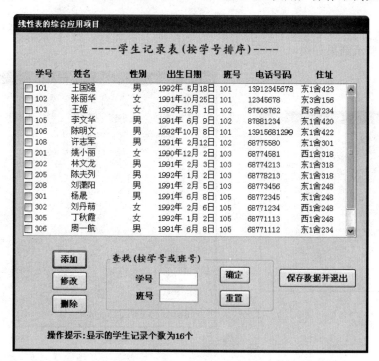

图 2.47 Form1 窗体运行界面

数据结构实践教程(C♯语言描述)

① 查询：在"班号"文本框中输入"102"，单击"确定"命令按钮，其显示结果如图 2.48 所示，有 3 个该班的学生记录。

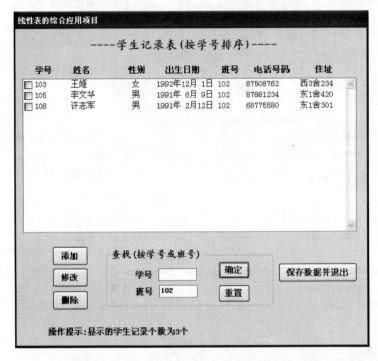

图 2.48　查找班号为 102 的学生记录

② 添加：单击"添加"命令按钮，出现 Form2 窗体，输入一个学生记录，然后单击"确定"命令按钮，其显示结果如图 2.49 所示。

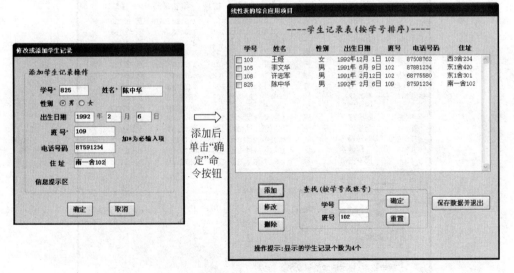

图 2.49　添加一个学生记录

CHAPTER 3

栈 和 队 列

栈和队列是两种常用的数据结构,它们的数据元素的逻辑关系也是线性关系,但在运算上不同于线性表。本章讨论栈和队列实践项目的设计过程。

3.1 栈

本节先介绍栈的定义,然后讨论顺序栈、链栈和栈应用的实践项目设计。

3.1.1 栈的定义

栈是一种只能在一端进行插入或删除操作的线性表,和线性表一样,栈的逻辑结构也可以表示为 $(a_1, a_2, \cdots, a_{i-1}, a_i, a_{i+1}, \cdots, a_n)$。

栈中允许进行插入、删除操作的一端称为**栈顶**。栈顶的当前位置是动态的,由一个称为栈顶指针的位置指示器来指示。栈的另一端称为**栈底**。当栈中没有数据元素时,称为**空栈**。栈的插入操作通常称为**进栈**或**入栈**,栈的删除操作通常称为**退栈**或**出栈**。

栈的主要特点是"后进先出",即后进栈的元素先弹出。每次进栈的数据元素都放在原当前栈顶元素之前成为新的栈顶元素,每次出栈的数据元素都是原当前栈顶元素。栈也称为**后进先出表**。

例如,若元素进栈顺序为 1234,可以通过这样的操作得到 3241 的出栈顺序:1、2、3 进栈,3 出栈,2 出栈,4 进栈,4 出栈,1 出栈。

3.1.2 栈的顺序存储结构——顺序栈

栈可以采用顺序存储结构,称之为顺序栈。顺序栈是分配一块连续的存储空间 data(大小为常量 MaxSize)来存放栈中元素,并用一个变量 top 指向当前的栈顶以反映栈中元素的变化,如图 3.1 所示。

初始时置栈顶指针 top$=-1$,这样,顺序栈的四要素如下。

- 栈空的条件:top$==-1$。
- 栈满的条件:top$==$MaxSize-1。

数据结构实践教程（C♯语言描述）

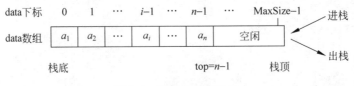

图 3.1　顺序栈的示意图

- 元素 e 进栈操作：top++；data[top]＝e。
- 元素 e 出栈操作：e＝data[top]；top－－。

3.1.3　顺序栈实践项目及其设计

顺序栈的实践项目

项目 1：设计顺序栈的基本运算算法。用相关数据进行测试，其操作界面如图 3.2 所示。

项目 2：设计一个算法，利用顺序栈检查用户输入的表达式中括号是否配对。用相关数据进行测试，其操作界面如图 3.3 所示。

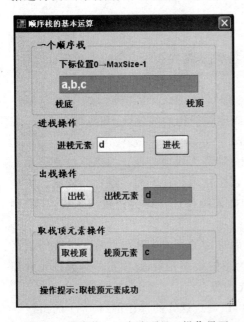

图 3.2　顺序栈——实践项目 1 操作界面

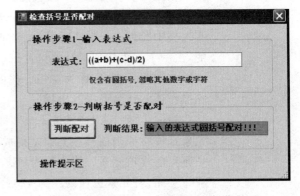

图 3.3　顺序栈——实践项目 2 操作界面

项目 3：设计一个算法，利用顺序栈判断用户输入的表达式是否为回文。用相关数据进行测试，其操作界面如图 3.4 所示。

实践项目设计

（1）新建一个 Windows 应用程序项目 SqStack。

（2）设计顺序栈的基本运算类 SqStackClass，其基本结构如图 3.5 所示，字段 data 数组存放顺序栈元素，top 为栈顶指针，即存放栈顶元素在 data 中的下标。

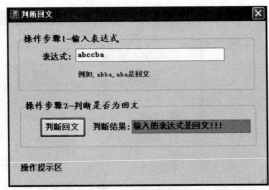

图 3.4　顺序栈——实践项目 3 操作界面

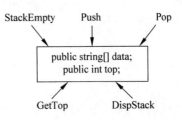

图 3.5　SqStackClass 类结构

SqStackClass 类的代码放在 Class1.cs 文件中,对应的代码如下:

```
class SqStackClass                        //顺序栈类
{   const int MaxSize = 100;
    public string[ ] data;                //存放栈中元素
    public int top;                       //栈顶指针
    public SqStackClass( )                //构造函数
    {   data = new string[MaxSize];        //为 data 分配栈空间
        top = -1;                          //栈顶指针初始化
    }
//------ 顺序栈的基本运算算法 -------------------------
    public bo/ol StackEmpty( )            //判断栈是否为空
    {   return(top == -1); }
    public bool Push(string x)            //进栈算法
    {   if (top == MaxSize - 1)           //栈满时返回 false
            return false;
        top++;                            //栈顶指针增 1
        data[top] = x;                    //将 x 置入栈顶
        return true;
    }
    public bool Pop(ref string e)         //出栈算法
    {   if (StackEmpty())                 //栈为空的情况,即栈下溢出
            return false;
        e = data[top];                    //取栈顶指针元素的元素
        top-- ;                           //栈顶指针减 1
        return true;
    }
    public bool GetTop(ref string e)      //取栈顶元素算法
    {   if (StackEmpty())                 //栈为空的情况,即栈下溢出
            return false;
        e = data[top];                    //取栈顶指针位置的元素
        return true;
    }
//------ 其他运算算法 ------------------------
    public string DispStack()             //输出栈中所有元素构成的字符串
    {   int i; string mystr = "";
```

```
        if (StackEmpty())
            mystr = "空栈";
        else
        {   for (i = 0; i < top; i++)
                mystr += data[i] + ",";
            mystr += data[top];
        }
        return mystr;
    }
}
```

（3）设计项目 1 对应的窗体 Form1，其设计
界面如图 3.6 所示。用户在"进栈元素"文本框
中输入一个进栈元素，单击"进栈"命令按钮将其
进栈；单击"出栈"命令按钮出栈一个栈顶元素；
单击"取栈顶"命令按钮显示栈顶元素。每次操
作均在文本框中显示当前栈中元素序列。

Form1 的主要代码如下：

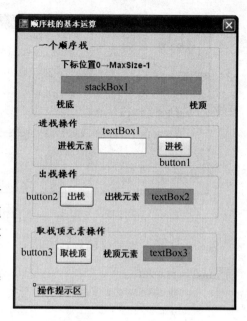

图 3.6　Form1 窗体设计界面

```
public partial class Form1 : Form
{   SqStackClass sq = new SqStackClass();  //顺序栈
    public Form1()                          //构造函数
    {   InitializeComponent(); }
    private void Form1_Load(object sender, EventArgs e)
    {   stackBox.Text = "空栈"; }
    private void button1_Click(object sender, EventArgs e)
    {   string x;
        x = textBox1.Text.Trim();
        if (x == "")
            infolabel.Text = "操作提示:必须输入进栈的元素";
        else
        {   if (sq.Push(x))
            {   Display();
                infolabel.Text = "操作提示:元素进栈成功";
            }
            else infolabel.Text = "操作提示:栈满不能进栈";
        }
    }
    private void button2_Click(object sender, EventArgs e)
    {   string x = "";
        if (sq.Pop(ref x))
        {   textBox2.Text = x;
            Display();
            infolabel.Text = "操作提示:元素出栈成功";
        }
        else infolabel.Text = "操作提示:栈空不能出栈";
    }
    private void button3_Click(object sender, EventArgs e)
    {   string x = "";
```

```
        if (sq.GetTop(ref x))
        {   textBox3.Text = x;
            Display();
            infolabel.Text = "操作提示:取栈顶元素成功";
        }
        else infolabel.Text = "操作提示:栈空不能取栈顶元素";
    }
    private void Display()                      //显示当前栈中元素序列
    {   string str;
        str = sq.DispStack();
        stackBox.Text = str;
    }
}
```

（4）设计项目 2 对应的窗体 Form2。用户先输入一个表达式,然后单击"判断配对"命令按钮时调用以下方法判断该表达式中的圆括号是否配对:

```
private bool Match(string str)              //判断表达式 str 中圆括号是否配对
{   int i = 0; string x = "";
    SqStackClass st = new SqStackClass();   //定义一个顺序栈
    while (i < str.Length)                  //遍历表达式中所有字符
    {   if (str[i] == '(')                  //为(时进栈
            st.Push("(");
        else if (str[i] == ')')             //为)时
        {   if (!st.StackEmpty())           //栈不空时退栈一次
                st.Pop(ref x);
            else                            //栈空时返回 false 表示不配对
                return false;
        }
        i++;
    }
    if (st.StackEmpty())                    //表达式遍历结束时栈空返回 true
        return true;
    else                                    //表达式遍历结束时栈不空返回 false
        return false;
}
```

（5）设计项目 3 对应的窗体 Form3。用户先输入一个表达式,然后单击"判断回文"命令按钮时调用以下方法判断该表达式是否为回文:

```
private bool Palindrome(string str)         //判断表达式 str 是否为回文
{   int i; string x = "";
    SqStackClass st = new SqStackClass();   //定义一个顺序栈
    for (i = 0; i < str.Length;i++)         //遍历表达式,将所有字符转换成字符串后进栈
    {   x = str[i].ToString();              //取一个字符转换成字符串 x
        st.Push(x);                         //将 x 进栈
    }
    for (i = 0; i < str.Length; i++)        //一边退栈一边比较
    {   st.Pop(ref x);                      //退栈元素 x
        if (string.Compare(str[i].ToString(), x) != 0)
            return false;                   //若 x 和当前字符不相等,返回 false
```

```
        }
        return true;                    //正反序完全相同,表示是回文,返回 true
    }
```

3.1.4 栈的链式存储结构——链栈

采用链式存储的栈称为链栈,这里采用单链表实现。链栈的优点是不需要考虑栈满上溢出的情况。规定栈的所有操作都是在单链表的表头进行的,如图 3.7 所示是用带头结点的单链表 head 表示的链栈。

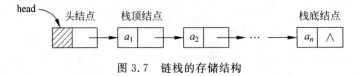

图 3.7 链栈的存储结构

和单链表一样,链栈中每个结点的类型 LinkStack 定义如下:

```
class LinkStack                         //链栈结点类
{    public string data;                //数据域
     public LinkStack next;             //指针域
}
```

带头结点 head 的链栈初始时置 head. next 为 null,这样,链栈的四要素如下。
- 栈空的条件:head. next＝＝null。
- 栈满的条件:不考虑。
- 元素 e 进栈操作:建立存放元素 e 的结点 p,将 p 结点链接到 head 结点之后。
- 元素 e 出栈操作:让 p 指向 head 结点之后的结点,e＝p. data,然后删除 p 结点。

3.1.5 链栈实践项目及其设计

链栈的实践项目

项目 1:设计链栈的基本运算算法。用相关数据进行测试,其操作界面类似图 3.2。

项目 2:设计一个算法,利用链栈检查用户输入的表达式中括号是否配对。用相关数据进行测试,其操作界面类似图 3.3。

项目 3:设计一个算法,判断利用链栈用户输入的表达式是否为回文。用相关数据进行测试,其操作界面类似图 3.4。

实践项目设计

（1）新建一个 Windows 应用程序项目 LinkStack。

（2）设计单链表的基本运算类 LinkStackClass,其基本结构如图 3.8 所示,字段 head 是链栈单链表头结点指针。

LinkStackClass 类的代码放在 Class1. cs 文件中,对应的代码如下:

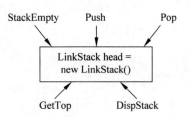

图 3.8 LinkStackClass 类结构

```
class LinkStackClass                        //链栈类
{   LinkStack head = new LinkStack();       //链栈头结点
    public LinkStackClass()                 //构造函数
    {   head.next = null; }
    //------ 链栈的基本运算算法 -------------------------
    public bool StackEmpty()                //判栈空算法
    {   return (head.next == null); }
    public void Push(string e)              //进栈算法
    {   LinkStack p = new LinkStack();
        p.data = e;                         //新建元素 e 对应的结点 p
        p.next = head.next;                 //插入 p 结点作为开始结点
        head.next = p;
    }
    public bool Pop(ref string e)           //出栈算法
    {   LinkStack p;
        if (head.next == null)              //栈空的情况
            return false;
        p = head.next;                      //p 指向开始结点
        e = p.data;
        head.next = p.next;                 //删除 p 结点
        p = null;                           //释放 p 结点
        return true;
    }
    public bool GetTop(ref string e)        //取栈顶元素
    {   LinkStack p;
        if (head.next == null)              //栈空的情况
            return false;
        p = head.next;                      //p 指向开始结点
        e = p.data;
        return true;
    }
    //------ 其他运算算法 -------------------------
    public string DispStack()               //输出栈中所有元素构成的字符串
    {   int i; string str = "";
        if (StackEmpty()) str = "空栈";
        else
        {   LinkStack p = head.next;
            while (p.next != null)
            {   str += p.data + ",";
                p = p.next;
            }
            str += p.data;
        }
        return str;
    }
}
```

（3）设计项目 1 对应的窗体 Form1,其设计界面和图 3.2 类似,其操作过程和主要代码与顺序栈实践项目中的 Form1 类似。

（4）设计项目 2 对应的窗体 Form2,其设计界面和图 3.3 类似,其操作过程和主要代码与顺序栈实践项目中的 Form2 类似，只是用链栈替代顺序栈来判断该表达式中的圆括号是否配对。

（5）设计项目 3 对应的窗体 Form3，其设计界面和图 3.4 类似，其操作过程和主要代码与顺序栈实践项目中的 Form3 类似，只是用链栈替代顺序栈来判断该表达式是否为回文。

3.1.6 栈的应用实践项目——简单算术表达式求值

✍ 求简单表达式值的实践项目

这里限定的简单算术表达式求值问题是：用户输入一个包含"＋"、"－"、"＊"、"／"、正整数和圆括号的合法数学表达式，计算该表达式的运算结果。

其求解过程是：先将算术表达式 exp 即中缀表达式转换为后缀表达式 postexp，然后对后缀表达式 postexp 求值。在转换为后缀表达式时用到一个运算符栈 op，在对后缀表达式求值时用到一个运算数栈 st。

设计一个求简单算术表达式值的项目，给出求后缀表达式 postexp 和求值的过程。用相关数据进行测试，其操作界面如图 3.9 所示。

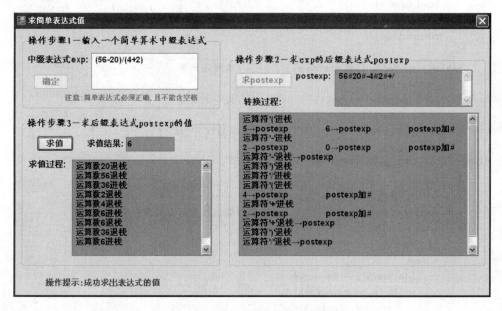

图 3.9　表达式值的实践项目的操作界面

🖥 实践项目设计

（1）新建一个 Windows 应用程序项目 ExpValue。

（2）设计求算术表达式运算类 ExpressClass，其基本结构如图 3.10 所示，其中，Trans 方法用于将 exp 转换为 postexp；GetValue 方法用于求 postexp 值；而 Trans1 和 GetValue1 方法分别用于生成转换和求值过程的中间步骤。

ExpressClass 类的代码和各种栈的定义（采用顺序栈）放在 Class1.cs 文件中，对应的代码如下：

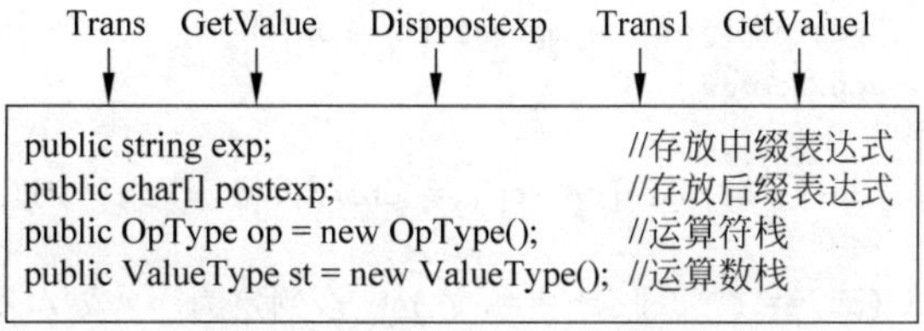

图 3.10　ExpressClass 类结构

```
struct OpType                                    //运算符栈类型
{    public char [ ] data;                       //存放运算符
     public int top;                             //栈顶指针
};
struct ValueType                                 //运算数栈类型
{    public double [ ] data;                      //存放运算数
     public int top;                             //栈顶指针
};
class ExpressClass                               //求表达式值运算类
{    const int MaxSize = 100;
     public string exp;                          //存放中缀表达式
     public char[] postexp;                      //存放后缀表达式
     public OpType op = new OpType();            //运算符栈
     public ValueType st = new ValueType();      //运算数栈
     public int pnum;                            //postexp 中字符个数
     public ExpressClass()                       //构造函数,用于栈等的初始化
     {    postexp = new char[MaxSize];           //分配 postexp 存储空间
          pnum = 0;
          op.data = new char[MaxSize]; op.top = -1;
          st.data = new double[MaxSize]; st.top = -1;
     }
     public void Trans()                         //将算术表达式 exp 转换成后缀表达式 postexp
     {    int i = 0, j = 0;                       //i、j 作为 exp 和 postexp 的下标
          char ch;
          while (i < exp.Length)                 //exp 表达式未扫描完时循环
          {    ch = exp[i];
               if (ch == '(')                     //判定为左括号
               {    op.top++;                     //将左括号进栈
                    op.data[op.top] = ch;
               }
               else if (ch == ')')                //判定为右括号
               {    while (op.top != -1 && op.data[op.top] != '(')
                    {    //将栈中'('前面的运算符退栈并存放到 postexp 中
                         postexp[j++] = op.data[op.top];
                         op.top--;
                    }
                    op.top--;                      //将'('退栈
               }
               else if (ch == '+' || ch == '-')   //判定为加或减号
               {    while (op.top != -1 && op.data[op.top] != '(')
                    {    //将栈中'('前面的运算符退栈并存放到 postexp 中
```

数据结构实践教程(C♯语言描述)

```
            postexp[j++] = op.data[op.top];
            op.top -- ;
        }
        op.top++; op.data[op.top] = ch;//再将'+'或'-'进栈
    }
    else if (ch == '*' || ch == '/')    //判定为'*'或'/'号
    {   while (op.top != -1 && op.data[op.top] != '(' &&
            (op.data[op.top] == '*' || op.data[op.top] == '/'))
        {   //将栈中'('前面的'*'或'/'运算符依次出栈并存放到 postexp 中
            postexp[j++] = op.data[op.top];
            op.top -- ;
        }
        op.top++; op.data[op.top] = ch;//再将'*'或'/'进栈
    }
    else                                //处理数字字符
    {   while (ch >= '0' && ch <= '9'   //判定为数字
        {   postexp[j++] = ch; i++;     //将连续的数字放入 postexp
            if (i < exp.Length) ch = exp[i];
            else break;
        }
        i -- ;
        postexp[j++] = '#';             //用#标识一个数值串结束
    }
    i++;                                //继续处理其他字符
}
while (op.top != -1)                     //此时 exp 扫描完毕,栈不空时循环
{   postexp[j++] = op.data[op.top];     //将栈中所有运算符退栈并放入 postexp
    op.top -- ;
}
pnum = j;                               //保存 postexp 中字符个数
}
public bool GetValue(ref double v)       //计算后缀表达式 postexp 的值
{   double a, b, c, d;
    int i = 0; char ch;
    while (i < pnum)                     //postexp 字符串未扫描完时循环
    {   ch = postexp[i];
        switch (ch)
        {
        case '+':                        //判定为'+'号
            a = st.data[st.top];
            st.top -- ;                  //退栈取数值 a
            b = st.data[st.top];
            st.top -- ;                  //退栈取数值 b
            c = a + b;                   //计算 c
            st.top++;
            st.data[st.top] = c;         //将计算结果进栈
            break;
        case '-':                        //判定为'-'号
            a = st.data[st.top];
            st.top -- ;                  //退栈取数值 a
            b = st.data[st.top];
```

```
              st.top -- ;                              //退栈取数值 b
              c = b - a;                               //计算 c
              st.top++;
              st.data[st.top] = c;                     //将计算结果进栈
              break;
         case ' * ':                                   //判定为' * '号
              a = st.data[st.top];
              st.top -- ;                              //退栈取数值 a
              b = st.data[st.top];
              st.top -- ;                              //退栈取数值 b
              c = a * b;                               //计算 c
              st.top++;
              st.data[st.top] = c;                     //将计算结果进栈
              break;
         case '/':                                     //判定为'/'号
              a = st.data[st.top];
              st.top -- ;                              //退栈取数值 a
              b = st.data[st.top];
              st.top -- ;                              //退栈取数值 b
              if (a != 0)
              {   c = b / a;                           //计算 c
                  st.top++;
                  st.data[st.top] = c;                 //将计算结果进栈
              }
              else return false;                       //除零错误返回 false
              break;
         default:                                      //处理数字字符
              d = 0;                                   //将连续的数字字符转换成数值存放到 d 中
              while (ch >= '0' && ch <= '9')           //判定为数字字符
              {   d = 10 * d + (ch - '0');
                  i++;
                  ch = postexp[i];
              }
              st.top++;
              st.data[st.top] = d;
              break;
         }
         i++;                                          //继续处理其他字符
    }
    v = st.data[st.top];
    return true;
}
public string Disppostexp()                            //将后缀表达式构成一个字符串
{   string mystr;
    mystr = ""; int i;
    for (i = 0; i < pnum; i++)
        mystr += postexp[i].ToString();
    return mystr;
}
//------ 显示求解过程 --------------------------
public string Trans1()                     //将算术表达式 exp 转换成后缀表达式 postexp
```

数据结构实践教程(C#语言描述)

```
{    string mystr = "";
     int i = 0, j = 0;                          //i、j 作为 exp 和 postexp 的下标
     char ch;
     while (i < exp.Length)                      //exp 表达式未扫描完时循环
     {  ch = exp[i];
        if (ch == '(')                           //判定为左括号
        {  op.top++;
           op.data[op.top] = ch;
           mystr += "运算符'" + ch.ToString() + "'进栈\r\n";
        }
        else if (ch == ')')                      //判定为右括号
        {  while (op.top != -1 && op.data[op.top] != '(')
           {  //将栈中'('前面的运算符退栈并存放到 postexp 中
              postexp[j++] = op.data[op.top];
              mystr += "运算符'" + op.data[op.top].ToString() +
                       "'退栈→postexp\r\n";
              op.top--;
           }
           op.top--;                             //将'('退栈
           mystr += "运算符')'退栈\r\n";
        }
        else if (ch == '+' || ch == '-')         //判定为加或减号
        {  while (op.top != -1 && op.data[op.top] != '(')
           {  //将栈中'('前面的运算符退栈并存放到 postexp 中
              postexp[j++] = op.data[op.top];
              mystr += "运算符'" + op.data[op.top].ToString() +
                       "'退栈→postexp\r\n";
              op.top--;
           }
           op.top++; op.data[op.top] = ch;   //将'+'或'-'进栈
           mystr += "运算符'" + ch.ToString() + "'进栈\r\n";
        }
        else if (ch == '*' || ch == '/')         //判定为'*'或'/'号
        {  while (op.top != -1 && op.data[op.top] != '(' &&
                  (op.data[op.top] == '*' || op.data[op.top] == '/'))
           {  //将栈中'('前面的'*'或'/'运算符依次出栈并存放到 postexp 中
              postexp[j++] = op.data[op.top];
              mystr += "运算符'" + op.data[op.top].ToString() +
                       "'退栈→postexp\r\n";
              op.top--;
           }
           op.top++; op.data[op.top] = ch;   //将'*'或'/'进栈
           mystr += "运算符'" + ch.ToString() + "'进栈\r\n";
        }
        else                                     //处理数字字符
        {  while (ch >= '0' && ch <= '9')         //判定为数字
           {  postexp[j++] = ch;
              mystr += ch.ToString() + "→postexp\t";
              i++;
              if (i < exp.Length) ch = exp[i];
              else break;
```

```
            }
            i--;
            postexp[j++] = '#';                    //用#标识一个数值串结束
            mystr += "postexp 加 #\r\n";
        }
        i++;                                       //继续处理其他字符
    }
    while (op.top != -1)                           //此时 exp 扫描完毕,栈不空时循环
    {   postexp[j++] = op.data[op.top];
        mystr += "运算符'" + op.data[op.top].ToString() + "'退栈→postexp\r\n";
        op.top--;
    }
    pnum = j;
    return mystr;
}
public bool GetValue1(ref double v, ref string mystr)        //计算后缀表达式 postexp 的值
{   double a, b, c, d; int i = 0;
    char ch; mystr = "";
    while (i < pnum)                               //postexp 字符串未扫描完时循环
    {   ch = postexp[i];
        switch (ch)
        {
        case '+':                                  //判定为'+'号
            a = st.data[st.top];
            mystr += "运算数" + a.ToString() + "退栈\r\n";
            st.top--;                              //退栈取数值a
            b = st.data[st.top];
            mystr += "运算数" + b.ToString() + "退栈\r\n";
            st.top--;                              //退栈取数值b
            c = a + b;                             //计算 c
            st.top++;
            mystr += "运算数" + c.ToString() + "进栈\r\n";
            st.data[st.top] = c;                   //将计算结果进栈
            break;
        case '-':                                  //判定为'-'号
            a = st.data[st.top];
            mystr += "运算数" + a.ToString() + "退栈\r\n";
            st.top--;                              //退栈取数值a
            b = st.data[st.top];
            mystr += "运算数" + b.ToString() + "退栈\r\n";
            st.top--;                              //退栈取数值b
            c = b - a;                             //计算 c
            st.top++;
            mystr += "运算数" + c.ToString() + "进栈\r\n";
            st.data[st.top] = c;                   //将计算结果进栈
            break;
        case '*':                                  //判定为'*'号
            a = st.data[st.top];
            mystr += "运算数" + a.ToString() + "退栈\r\n";
            st.top--;                              //退栈取数值a
            b = st.data[st.top];
```

```
                    mystr += "运算数" + b.ToString() + "退栈\r\n";
                    st.top--;                      //退栈取数值 b
                    c = a * b;                     //计算 c
                    st.top++;
                    mystr += "运算数" + c.ToString() + "进栈\r\n";
                    st.data[st.top] = c;           //将计算结果进栈
                    break;
                case '/':                          //判定为'/'号
                    a = st.data[st.top];
                    mystr += "运算数" + a.ToString() + "退栈\r\n";
                    st.top--;                      //退栈取数值 a
                    b = st.data[st.top];
                    mystr += "运算数" + b.ToString() + "退栈\r\n";
                    st.top--;                      //退栈取数值 b
                    if (a != 0)
                    {   c = b / a;                 //计算 c
                        st.top++;
                        mystr += "运算数" + c.ToString() + "进栈\r\n";
                        st.data[st.top] = c;       //将计算结果进栈
                    }
                    else return false;             //除零错误返回 false
                    break;
                default:                           //处理数字字符
                    d = 0;                         //将连续的数字字符转换成数值存放到d中
                    while (ch >= '0' && ch <= '9') //判定为数字字符
                    {   d = 10 * d + (ch - '0');
                        i++;
                        ch = postexp[i];
                    }
                    st.top++;
                    st.data[st.top] = d;
                    break;
                }
                i++;                               //继续处理其他字符
            }
            v = st.data[st.top];
            return true;
        }
    }
```

(3) 设计本项目对应的窗体 Form1,其设计界面如图 3.11 所示。用户在 textBox1 文本框中输入一个正确的简单算术表达式,单击"确定"命令按钮,然后单击"求 postexp"命令按钮,在 textBox2 文本框中显示对应的中缀表达式,在 textBox3 文本框中显示每一步的转换过程。单击"求值"命令按钮,在 textBox4 文本框中显示最终结果,在 textBox5 文本框中显示每一步的求值过程。

Form1 的主要代码如下:

```
public partial class Form1 : Form
{   ExpressClass obj = new ExpressClass();         //求表达式值运算类对象
    public Form1()                                 //构造函数
```

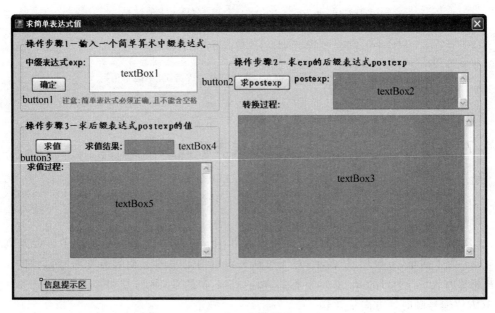

图 3.11 Form1 窗体设计界面

```
{    InitializeComponent(); }
private void Form1_Load(object sender, EventArgs e)
{    textBox1.Text = "(56 - 20)/(4 + 2)";        //预先设置的一个简单算术表达式
     button1.Enabled = true; button2.Enabled = false;
     button3.Enabled = false;
}
private void button1_Click(object sender, EventArgs e)      //确定
{    string mystr;
     mystr = textBox1.Text.Trim();
     if (mystr.Length < 2)                        //表达式不能少于 3 个字符
     {    infolabel.Text = "操作提示:必须输入一个简单算术表达式";
          return;
     }
     obj.exp = mystr;;
     infolabel.Text = "操作提示:成功输入一个简单算术表达式";
     button1.Enabled = false; button2.Enabled = true;
     button3.Enabled = false;
}
private void button2_Click(object sender, EventArgs e)      //求 postexp
{    textBox3.Text = obj.Trans1();                //显示转换过程
     textBox2.Text = obj.Disppostexp();           //显示转换后的中缀表达式
     infolabel.Text = "操作提示:成功转换为一个中缀表达式";
     button1.Enabled = false; button2.Enabled = false;
     button3.Enabled = true;
}
private void button3_Click(object sender, EventArgs e)      //求值
{    double v = 0;
     string mystr = "";
     if (obj.GetValue1(ref v, ref mystr))
```

```
        {   textBox4.Text = v.ToString();        //显示求值结果
            textBox5.Text = mystr;               //显示求值过程
            infolabel.Text = "操作提示:成功求出表达式的值";
        }
        else infolabel.Text = "操作提示:输入的表达式错误,不能求值";
    }
}
```

3.1.7 栈的应用实践项目——用栈求解迷宫问题

给定一个 $m \times n$ 的迷宫图,对应一个含有 $m \times n$ 个元素的迷宫数组 a,$a[i,j]$ 为 1 表示 (i,j) 方块不可走,$a[i,j]$ 为 0 表示 (i,j) 方块可走,其约定如下:

(1) 迷宫的最外围一圈都是不可走的。

(2) 从一个方块出发一步只能走其相邻的上、下、左、右 4 个方块中的一个可走方块。

(3) 为了简单,方位用 d_i 表示,对于方块 (i,j),约定它的上相邻方块 $(i-1,j)$ 的 d_i 为 0,右相邻方块 $(i,j+1)$ 的 d_i 为 1,下相邻方块 $(i+1,j)$ 的 d_i 为 2,左相邻方块 $(i,j-1)$ 的 d_i 为 3(方位编号顺时针方向从 0 到 3)。

求一条从指定入口到出口的路径。在求解过程中使用一个栈来保存迷宫路径,从入口开始搜索,当搜索出口时输出栈中所有方块即输出迷宫路径。其过程如下:

```
将入口进栈,其方位 di 置为 -1,对应迷宫数组元素置为 -1;
while (栈不空)
{   取栈顶方块为当前方块,其方位为 di;
    if (当前方块为出口)
    {   输出栈中方块构成一条迷宫路径;
        return true;
    }
    从方位 d = di+1~3 找当前方块的相邻可走方块;
    if (找到了相邻可走方块)
    {   栈顶方块的 di 值置为 d;
        相邻可走方块进栈,其 di 置为 -1;对应迷宫数组元素置为 -1;
    }
    else                              //表示不能从当前方块继续找下去了
    {   当前方块对应迷宫数组元素恢复为 0;
        退栈当前方块;
    }
}
return false;
```

当需要求所有的迷宫路径时,在找到一条迷宫路径后,还要从出口开始通过回溯继续找其他迷宫路径,直到到完所有迷宫路径为止。找下一条迷宫路径的过程如下:

```
将当前栈顶方块的迷宫数组元素恢复为 0;
退栈;
while (栈不空)
{   取栈顶方块为当前方块,其方位为 di;
    if (当前方块为出口)
    {   输出栈中方块构成一条迷宫路径;
```

```
        return true;
    }
    从方位 d = di + 1～3 找当前方块的相邻可走方块;
    if (找到了相邻可走方块)
    {   栈顶方块的 di 值置为 d;
        相邻可走方块进栈,其 di 置为 - 1;对应迷宫数组元素置为 - 1;
    }
    else                                 //表示不能从当前方块继续找下去了
    {   当前方块对应迷宫数组元素恢复为 0;
        退栈当前方块;
    }
}
return false;
```

⌨ **栈的应用实践项目**

设计一个项目求解迷宫问题的所有路径。要求如下:

(1) 根据用户要求设置一个 $M \times N$ 的迷宫(M、$N \leqslant 10$)以及迷宫的入口和出口。

(2) 提供"找路径"命令按钮,通过单击显示第一条迷宫路径。

(3) 提供"找下一条路径"命令按钮,单击它一次显示下一条迷宫路径,直到所有的迷宫路径显示完毕。

如图 3.12 所示是用户设置的一个 6×6 的迷宫,入口为(1,1),出口为(4,4),单击"找路径"命令按钮显示第一条迷宫路径,当单击"找下一条路径"命令按钮显示第二条迷宫路径,如此操作直到显示出所有的迷宫路径。

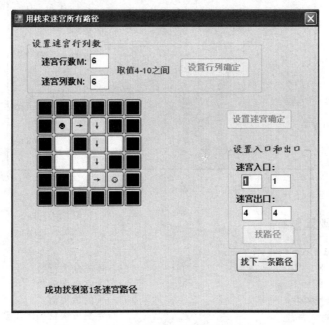

图 3.12　求所有迷宫路径项目的执行界面

🖳 **实践项目设计**

(1) 新建一个 Windows 应用程序项目 Maze2。

数据结构实践教程（C♯语言描述）

（2）设计本项目对应的窗体 Form1，其设计界面如图 3.13 所示。窗体上首先显示一个默认的 10×10 迷宫图（每个方块用一个命令按钮表示，白色表示可走，蓝色表示不可走），其操作步骤如下：

① 用户输入行数 $m(4 \leqslant m \leqslant 10)$ 和列数 $n(4 \leqslant n \leqslant 10)$，单击"设置行列确定"命令按钮，迷宫根据用户输入变成一个 $m \times n$ 迷宫图。

② 用户可以单击迷宫图中的方块命令按钮改变其颜色，定制完成后单击"设置迷宫确定"命令按钮。

③ 用户设置入口和出口方块位置。

④ 单击"找路径"命令按钮，如果存在迷宫路径，则在迷宫图中显示第一条迷宫路径，迷宫路径用浅红色方块标记，"●"方块表示入口，"☺"方块表示出口，迷宫路径上的方块的箭头表示路径走向。

⑤ 如果要找下一条迷宫路径，单击"找下一条路径"命令按钮，如果存在下一条迷宫路径，则在迷宫图中显示该迷宫路径，如果找完了所有迷宫路径，则显示相应的提示信息。

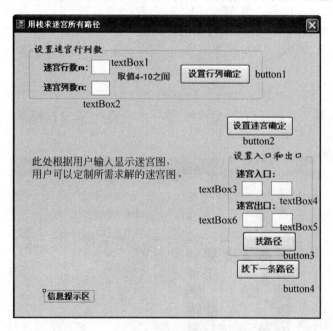

图 3.13   Form1 窗体的设计界面

Form1 的主要代码如下：

```
public partial class Form1 : Form
{   const int M = 10;                          //迷宫最大行数
    const int N = 10;                          //迷宫最大列数
    const int MaxSize = 100;                   //栈的最大值
    struct Box                                 //定义方块结构体类型
    {   public int i;                          //当前方块的行号
        public int j;                          //当前方块的列号
        public int di;                         //di 是下一可走相邻方位的方位号 0～3
    };
    struct StType                              //定义顺序栈结构体类型
```

```
{   public Box[ ] data;
    public int top;                          //栈顶指针
};
StType st = new StType();                     //定义栈 st
int xi, yi, xe, ye;                          //迷宫的入口和出口
int count = 1;                               //路径计数
public Button[,] mg = new Button[M, N];      //mg 中每个元素表示一个方块对象
public int m = M, n = N;
int[,] a = new int[,] {{1,1,1,1,1,1,1,1,1,1},{1,0,0,1,0,0,0,1,0,1},
                       {1,0,0,1,0,0,0,1,0,1},{1,0,0,0,0,1,1,0,0,1},
                       {1,0,1,1,1,0,0,0,0,1},{1,0,0,0,1,0,0,0,0,1},
                       {1,0,1,0,0,0,1,0,1,1},{1,0,1,1,1,0,1,1,0,1},
                       {1,1,0,0,0,0,0,0,0,1},{1,1,1,1,1,1,1,1,1,1} };
//数组 a 存放迷宫图,为 1 表示对应方块不能走,为 0 表示对应方块可走
public Form1()                               //构造函数
{   InitializeComponent(); }
private void Form1_Load(object sender, EventArgs e)
{   int i, j;
    int x = 40, y = 120;                     //(x,y)为每个方块左上角坐标
    Size s = new Size(30, 30);               //每个方块的大小
    for (i = 0; i < M; i++)                   //在窗体上显示默认的迷宫
        for (j = 0; j < N; j++)
        {   mg[i, j] = new Button();          //建立一个方块命令按钮
            mg[i, j].Left = x;                //设置其属性
            mg[i, j].Top = y;
            mg[i, j].Size = s;
            if (a[i, j] == 1)                 //不可走方块显示为蓝色背景
                mg[i, j].BackColor = System.Drawing.Color.Blue;
            else                              //可走方块显示为白色背景
                mg[i, j].BackColor = System.Drawing.Color.White;
            mg[i, j].Visible = true;
            mg[i, j].Click += new System.EventHandler(this.button_Click);
                                              //动态订阅单击事件处理过程
            this.Controls.Add(mg[i, j]);      //将方块命令按钮加入本窗体显示
            x = x + 30;
            if (x >= 40 + M * 30)
            {   x = 40;
                y += 30;
            }
        }
    textBox1.Text = Convert.ToString(M);     //显示行数
    textBox2.Text = Convert.ToString(N);     //显示列数
    button2.Enabled = false; button3.Enabled = false;
    button4.Enabled = false;
}
private void button_Click(object sender, EventArgs e)
/* 所有方块命令按钮的单击事件处理过程:单击白色方块(可走)时变为蓝色方块(不可走),单
击蓝色方块(不可走)时变为白色方块(可走) */
{   Button btn = (Button)sender;
    if (btn.BackColor == System.Drawing.Color.Blue)
        btn.BackColor = System.Drawing.Color.White;
```

```
        else
            btn.BackColor = System.Drawing.Color.Blue;
    }
    private void button1_Click(object sender, EventArgs e)   //设置行列确定
    {   int i,j;
        try
        {   if (textBox1.Text.ToString() != "")
                m = int.Parse(textBox1.Text.ToString());
            else
                m = M;
            if (textBox2.Text.ToString() != "")
                n = int.Parse(textBox2.Text.ToString());
            else
                n = N;
        }
        catch (Exception err)                        //捕捉行列数输入错误
        {   infolabel.Text = "操作提示:输入的迷宫大小是错误的,需重新输入";
            return;
        }
        if (m < 4 || m > 10 || n < 4 || n > 10)
        {   infolabel.Text = "迷宫行数或列数输入错误,请重置";
            return;
        }
        //以下代码根据用户输入的行列数定制迷宫大小
        for (i = 0; i < M; i++)
            for (j = n; j < N; j++)
                mg[i, j].Visible = false;
        for (i = m; i < M; i++)
            for (j = 0; j < N; j++)
                mg[i, j].Visible = false;
        for (i = 0; i < m; i++)
            mg[i, n - 1].BackColor = System.Drawing.Color.Blue;
        for (j = 0; j < n; j++)
            mg[m - 1, j].BackColor = System.Drawing.Color.Blue;
        button1.Enabled = false; button2.Enabled = true;
    }
    private void button2_Click(object sender, EventArgs e)      //设置迷宫确定
    {   int i, j;
        textBox3.Text = "1";                       //设置默认的入口
        textBox4.Text = "1";
        textBox5.Text = Convert.ToString(m - 2);    //设置默认的出口
        textBox6.Text = Convert.ToString(n - 2);
        for (i = 0; i < m; i++)                      //根据用户设置修改迷宫数组 a
            for (j = 0; j < n; j++)
                if (mg[i, j].BackColor == System.Drawing.Color.Blue)
                    a[i, j] = 1;
                else
                a[i, j] = 0;
        button2.Enabled = false; button3.Enabled = true;
```

```
}
private void button3_Click(object sender, EventArgs e)
//找路径,即找迷宫的第一条路径
{    int i;
     try
     {    if (textBox3.Text.ToString() != "")
              xi = int.Parse(textBox3.Text.ToString());
          else
              xi = 1;
          if (textBox4.Text.ToString() != "")
              yi = int.Parse(textBox4.Text.ToString());
          else
              yi = 1;
          if (textBox5.Text.ToString() != "")
              xe = int.Parse(textBox5.Text.ToString());
          else
              xe = m - 2;
          if (textBox6.Text.ToString() != "")
              ye = int.Parse(textBox6.Text.ToString());
          else
              ye = n - 2;
     }
     catch (Exception err)                    //捕捉用户输入的入口和出口错误
     {    infolabel.Text = "操作提示:输入的迷宫入口和出口位置是错误的,需重新输入";
          return;
     }
     if (mgpath())                            //调用 mgpath 方法找第一条路径
     {    display();                          //如果找到,则显示该路径
          button4.Enabled = true;
     }
     else infolabel.Text = "未找到迷宫路径";
     button3.Enabled = false;
}
private void button4_Click(object sender, EventArgs e)     //找下一条路径
{    if (nextpath())                          //调用 nextath 方法找下一条路径
         display();                           //如果找到,则显示该路径
     else                                     //如果未找到,表示所有路径都已找完
     {    button4.Enabled = false;
          infolabel.Text = "所有迷宫路径查找完毕,共" + Convert.ToString(count - 1) +
              "条路径";
     }
}
public bool mgpath()                          //求解路径为:(xi,yi) ->(xe,ye)
{    int i, j, di, find;
     st.data = new Box[MaxSize];
     st.top = -1;                             //初始化栈顶指针
     st.top++;                                //初始方块进栈
     st.data[st.top].i = xi; st.data[st.top].j = yi;
```

数据结构实践教程（C＃语言描述）

```
            st.data[st.top].di = -1; a[xi, yi] = -1;
            while (st.top > -1)                     //栈不空时循环
            {   i = st.data[st.top].i; j = st.data[st.top].j;
                di = st.data[st.top].di;            //取栈顶方块
                if (i == xe && j == ye)             //找到了出口,输出路径
                    return true;                    //找到一条路径后返回 true
                find = 0;
                while (di < 4 && find == 0)         //找下一个相邻可走方块
                {   di++;
                    switch (di)
                    {
                    case 0: i = st.data[st.top].i - 1; j = st.data[st.top].j; break;
                    case 1: i = st.data[st.top].i; j = st.data[st.top].j + 1; break;
                    case 2: i = st.data[st.top].i + 1; j = st.data[st.top].j; break;
                    case 3: i = st.data[st.top].i; j = st.data[st.top].j - 1; break;
                    }
                    if (a[i, j] == 0) find = 1;      //找到下一个相邻可走方块
                }
                if (find == 1)                       //找到了下一个可走方块
                {   st.data[st.top].di = di;         //修改原栈顶元素的 di 值
                    st.top++;                        //下一个可走方块进栈
                    st.data[st.top].i = i; st.data[st.top].j = j;
                    st.data[st.top].di = -1;
                    a[i, j] = -1;                    //避免重复走到该方块
                }
                else                                 //没有路径可走,则退栈
                {   a[st.data[st.top].i, st.data[st.top].j] = 0;
                                //让该位置变为其他路径可走方块
                    st.top--;                        //将该方块退栈
                }
            }
        return false;                                //表示没有可走路径,返回 false
    }
    private bool nextpath()                          //找下一条路径方法
    {   int i, j,di, find;
        restore();                                   //清除窗体上的上一条迷宫路径
        a[st.data[st.top].i,st.data[st.top].j] = 0;     //让该位置变为其他路径可走结点
        st.top--;                                    //退栈表示从出口开始回溯
        while (st.top > -1)                          //栈不空时循环
        {   i = st.data[st.top].i; j = st.data[st.top].j;
            di = st.data[st.top].di;                 //取栈顶方块
            if (i == xe && j == ye)                  //找到了出口,输出路径
                return true;                         //找到一条路径后返回 true
            find = 0;
            while (di < 4 && find == 0)              //找下一个可走方块
            {   di++;
                switch (di)
                {
```

```
                case 0: i = st.data[st.top].i - 1; j = st.data[st.top].j; break;
                case 1: i = st.data[st.top].i; j = st.data[st.top].j + 1; break;
                case 2: i = st.data[st.top].i + 1; j = st.data[st.top].j; break;
                case 3: i = st.data[st.top].i; j = st.data[st.top].j - 1; break;
                }
                if (a[i, j] == 0) find = 1;           //找到下一个相邻可走方块
            }
            if (find == 1)                            //找到了下一个可走方块
            {   st.data[st.top].di = di;              //修改原栈顶元素的di值
                st.top++;                             //下一个可走方块进栈
                st.data[st.top].i = i; st.data[st.top].j = j;
                st.data[st.top].di = -1;
                a[i, j] = -1;                         //避免重复走到该方块
            }
            else                                      //没有路径可走,则退栈
            {   a[st.data[st.top].i, st.data[st.top].j] = 0;
                        //让该位置变为其他路径可走方块
                st.top--;                             //将该方块退栈
            }
        }
        return false;                                 //表示没有可走路径,返回false
    }
    private void display()                       //显示一条迷宫路径
    {   int i;
        for (i = 0; i <= st.top; i++)
        {   mg[st.data[i].i, st.data[i].j].BackColor = System.Drawing.Color.AntigueWhite;
            switch (st.data[i].di)
            {
            case 0: mg[st.data[i].i, st.data[i].j].Text = "↑"; break;
            case 1: mg[st.data[i].i, st.data[i].j].Text = "→"; break;
            case 2: mg[st.data[i].i, st.data[i].j].Text = "↓"; break;
            case 3: mg[st.data[i].i, st.data[i].j].Text = "←"; break;
            }
        }
        mg[xi, yi].Text = "●";
        mg[xe, ye].Text = "☺";
        infolabel.Text = "成功找到第" + count.ToString() + "条迷宫路径";
        count++;
    }
    private void restore()                       //清除上一条迷宫路径
    {   int i;
        for (i = 0; i <= st.top; i++)
        {   mg[st.data[i].i, st.data[i].j].BackColor = System.Drawing.Color.White;
            mg[st.data[i].i, st.data[i].j].Text = "";
        }
        mg[xe, ye].Text = "☺";
    }
}
```

数据结构实践教程(C♯语言描述)

例如,在图 3.12 中,连续单击"找下一条路径"命令按钮,找到所有迷宫路径,如图 3.14 所示。

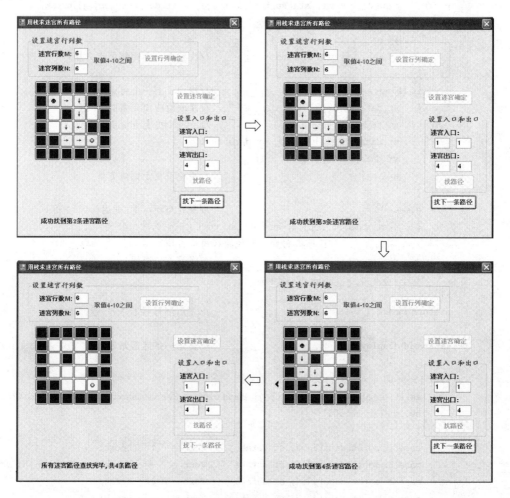

图 3.14　找到所有的迷宫路径

3.2　队列

本节先介绍队列的定义,然后讨论顺序队、链队和队列应用的实践项目设计。

3.2.1　队列的定义

队列(简称为队)是一种操作受限的线性表,其限制为仅允许在表的一端进行插入,而在表的另一端进行删除,和线性表一样,队列的逻辑结构也可以表示为$(a_1, a_2, \cdots, a_{i-1}, a_i, a_{i+1}, \cdots, a_n)$。

把进行插入的一端称做队尾(**rear**),进行删除的一端称做队头或队首(**front**)。向队列中插入新元素称为**进队**或**入队**,新元素进队后就成为新的队尾元素;从队列中删除元素称为**出队**或**离队**,元素出队后,其直接后继元素就成为队首元素。

由于队列的插入和删除操作分别是在各自的一端进行的,每个元素必然按照进入的次序出队,所以又把队列称为**先进先出表**。

例如,若元素进队顺序为 1234,只有 1、2、3、4 一种出队次序。

3.2.2　队列的顺序存储结构——顺序队

队可以采用顺序存储结构,称之为顺序队。顺序队是分配一块连续的存储空间 data(大小为常量 MaxSize)来存放队中元素,用变量 front 指向当前队列中队头元素的前一个位置(称为队头指针),用变量 rear 指向当前队列中队尾元素的位置(称为队尾指针),以反映队中元素的变化,如图 3.15 所示。

在这样的队列中,元素进队时队尾指针 rear 增 1,元素出队时队头指针 front 增 1,当进队 MaxSize 个元素后,满足队满的条件即 rear==MaxSize-1 成立,此时即使出队若干元素,队满条件仍成立(实际上队列中有空位置),这是一种假溢出。为了能够充分地使用数组 data 中的存储空间,把数组的前端和后端连接起来,形成一个循环的顺序表,即把存储队列元素的表从逻辑上看成一个环,称为循环队列(也称为环形队列),如图 3.16 所示。

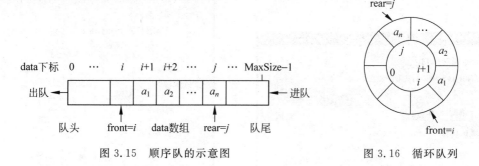

图 3.15　顺序队的示意图　　　　　图 3.16　循环队列

在循环队列中,初始时置 front 和 rear 均为 0,这样循环队列的四要素如下:

- 队空的条件:front==rear。
- 队满的条件:(rear+1)% MaxSize==front。
- 元素 e 进队操作:rear=(rear+1)%MaxSize;e=data[rear]。
- 元素 e 出队操作:front=(front+1)%MaxSize;e=data[front]。

说明:在上述循环队列中,通过队头指针 front 和队尾指针 rear 可以求出队中元素个数为(rear-front+MaxSize)%MaxSize。

3.2.3　顺序队实践项目及其设计

📺 循环队列的实践项目

项目 1:设计循环队列的基本运算算法。用相关数据进行测试,其操作界面如图 3.17 所示。

项目 2:设计一个算法,求循环队列中元素个数。用相关数据进行测试,其操作界面如图 3.18 所示。

项目 3:设计一个算法,利用队列的基本运算进队和出队第 k 个元素。用相关数据进行测试,其操作界面如图 3.19 所示。

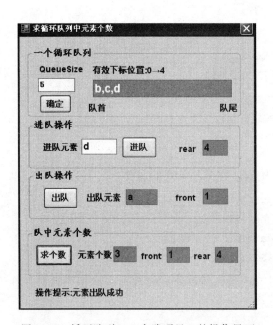

图 3.17　循环队列——实践项目 1 的操作界面

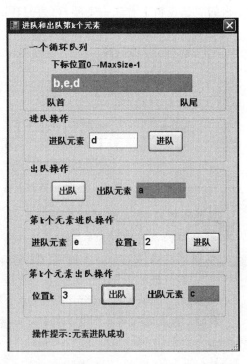

图 3.18　循环队列——实践项目 2 的操作界面　图 3.19　循环队列——实践项目 3 的操作界面

🖥 实践项目设计

（1）新建一个 Windows 应用程序项目 SqQueue。

（2）设计顺序队的基本运算类 SqQueueClass，其基本结构如图 3.20 所示，字段 data 数组存放顺序栈元素，front、rear 分别为队头和队尾指针。

SqQueueClass 类的代码放在 Class1.cs 文件中，对应的代码如下：

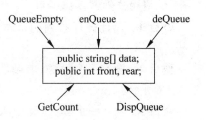

图 3.20　SqQueueClass 类结构

```
class SqQueueClass                          //循环队列类
{   const int MaxSize = 100;
    public string[] data;                   //存放队中元素
    public int front, rear;                 //队头和队尾指针
    public SqQueueClass()                   //构造函数
    {   data = new string[MaxSize];         //为 data 分配空间
        front = rear = 0;                   //队头队尾指针置初值
    }
    //------ 循环队列基本运算算法 --------------------------
    public bool QueueEmpty()                //判断队列是否为空
    {   return (front == rear); }
    public bool enQueue(string e)           //进队列算法
    {   if ((rear + 1) % MaxSize == front)  //队满上溢出
            return false;
        rear = (rear + 1) % MaxSize;
        data[rear] = e;
        return true;
    }
    public bool deQueue(ref string e)       //出队列算法
    {   if (front == rear)                  //队空下溢出
            return false;
        front = (front + 1) % MaxSize;
        e = data[front];
        return true;
    }
    //------ 其他运算算法 --------------------------
    public string DispQueue()               //将队中所有元素构成一个字符串返回
    {   int i; string mystr = "";
        if (front == rear)
            mystr = "空队";
        else
        {   i = (front + 1) % MaxSize;
            while (i != rear)
            {   mystr += data[i] + ",";
                i = (i + 1) % MaxSize;
            }
            mystr += data[rear];
        }
        return mystr;
    }
    public int GetCount()                   //返回队中元素个数
    {   return ((rear - front + MaxSize) % MaxSize); }
    }
}
```

（3）设计项目 1 对应的窗体 Form1,其设计界面如图 3.21 所示。用户在"进队元素"文本框中输入一个进队元素,单击"进队"命令按钮将其进队;单击"出队"命令按钮出队一个队头元素。每次操作均在队列文本框中显示当前队中元素序列。

Form1 的主要代码如下:

数据结构实践教程（C♯语言描述）

图 3.21　Form1 窗体设计界面

```
public partial class Form1 : Form
{   SqQueueClass qu = new SqQueueClass();                //顺序队对象 qu
    public Form1()                                       //构造函数
    {   InitializeComponent(); }
    private void button1_Click(object sender, EventArgs e)    //进队
    {   string x;
        x = textBox1.Text.Trim();
        if (x == "")
            infolabel.Text = "操作提示:必须输入进队的元素";
        else
        {   if (qu.enQueuc(x))                           //进队元素 x
            {   Display();                               //输出队中元素序列
                infolabel.Text = "操作提示:元素进队成功";
            }
            else infolabel.Text = "操作提示:队满不能进队";
        }
    }
    private void button2_Click(object sender, EventArgs e)    //出列
    {   string x = "";
        if (qu.deQueue(ref x))                           //出队元素 x
        {   textBox2.Text = x;
            Display();                                   //输出队中元素序列
            infolabel.Text = "操作提示:元素出队成功";
        }
        else infolabel.Text = "操作提示:队空不能出队";
    }
    private void Display()                               //将队中元素构成一个字符串并输出
    {   string str;
        str = qu.DispQueue();
        queueBox.Text = str;
    }
    private void Form1_Load(object sender, EventArgs e)
    {   queueBox.Text = "空队"; }
}
```

(4) 设计项目 2 对应的窗体 Form2,其设计界面如图 3.22 所示。用户先输入队大小 QueueSize,单击"确定"命令按钮,然后按照命令按钮提示进行相应操作。

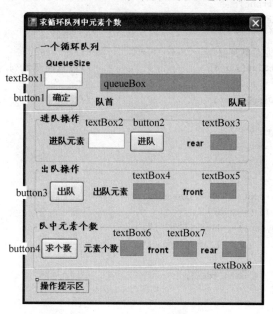

图 3.22 Form2 窗体设计界面

由于前面的循环队中队大小 MaxSize 是常量,不能修改,为此增加一个反映队大小的 QueueSize 变量,这样,在 Class1.cs 文件中增加与 SqQueueClass 类类似的循环队列类 SqQueueClass1:

```
class SqQueueClass1                          //长度为 QueueSize 的循环队列类
{   const int MaxSize = 100;
    public string[] data;                    //存放队中元素
    public int front, rear;                  //队头和队尾指针
    int QueueSize;
    public SqQueueClass1()                   //构造函数
    {   data = new string[MaxSize];          //为 data 分配空间
        front = rear = 0;                    //置队头队尾指针的初值
        QueueSize = 5;                       //预置队大小为 5
    }
    //------ 循环队列基本运算算法 -----------------------
    public bool QueueEmpty()                 //判断队列是否为空
    {   return (front == rear); }
    public bool enQueue(string e)            //进队列算法
    {   if ((rear + 1) % QueueSize == front) //队满上溢出
            return false;
        rear = (rear + 1) % QueueSize;
        data[rear] = e;
        return true;
    }
    public bool deQueue(ref string e)        //出队列算法
    {   if (front == rear)                   //队空下溢出
```

```
            return false;
        front = (front + 1) % QueueSize;
        e = data[front];
        return true;
    }
    //------ 其他运算算法 -------------------------
    public void SetSize(int n)                      //设置循环队列的长度
    {   QueueSize = n; }
    public string DispQueue()                       //将队中所有元素构成一个字符串返回
    {   int i;
        string mystr = "";
        if (front == rear)
            mystr = "空队";
        else
        {   i = (front + 1) % QueueSize;
            while (i != rear)
            {   mystr += data[i] + ",";
                i = (i + 1) % QueueSize;
            }
            mystr += data[rear];
        }
        return mystr;
    }
    public int GetCount()                           //返回队中元素个数
    {   return ((rear - front + QueueSize) % QueueSize); }
}
```

Form2 的主要代码如下：

```
public partial class Form2 : Form
{   SqQueueClass1 qu = new SqQueueClass1();          //SqQueueClass 对象 qu
    public Form2()                                   //构造函数
    {   InitializeComponent(); }
    private void Form2_Load(object sender, EventArgs e)
    {   textBox1.Text = "5";
        taglabel.Text = "有效下标位置:0→4";
        queueBox.Text = "空队";
    }
    private void button1_Click(object sender, EventArgs e)      //确定
    {   int n;
        if (textBox1.Text.Trim() == "")
        {   infolabel.Text = "操作提示:必须输入一个正整数";
            return;
        }
        try
        {   n = Convert.ToInt16(textBox1.Text.Trim()); }
        catch (Exception err)                        //捕捉输入的错误
        {   infolabel.Text = "操作提示:输入的 QueueSize 是错误的,需重新输入";
            return;
        }
        if (n < 1 || n > 10)
```

```
    {   infolabel.Text = "操作提示:输入的值为 2 到 10 之间";
        return;
    }
    qu.SetSize(n);
    taglabel.Text = "有效下标位置:0→" + (n - 1).ToString();
}
private void button2_Click(object sender, EventArgs e)      //进队
{   string x;
    x = textBox2.Text.Trim();
    if (x == "")
        infolabel.Text = "操作提示:必须输入进队的元素";
    else
    {   if (qu.enQueue(x))
        {   Display();
            textBox3.Text = qu.rear.ToString();
            infolabel.Text = "操作提示:元素进队成功";
        }
        else infolabel.Text = "操作提示:队满不能进队";
    }
}
private void button3_Click(object sender, EventArgs e)      //出列
{   string x = "";
    if (qu.deQueue(ref x))
    {   textBox4.Text = x;
        textBox5.Text = qu.front.ToString();
        Display();
        infolabel.Text = "操作提示:元素出队成功";
    }
    else infolabel.Text = "操作提示:队空不能出队";
}
private void button4_Click(object sender, EventArgs e)      //求个数
{   int n = qu.GetCount();
    textBox6.Text = n.ToString();
    textBox7.Text = qu.front.ToString();
    textBox8.Text = qu.rear.ToString();
}
private void Display()                        //将队中元素构成一个字符串并输出
{   string str;
    str = qu.DispQueue();
    queueBox.Text = str;
}
}
```

（5）设计项目 3 对应的窗体 Form3，其设计界面如图 3.23 所示。用户先通过"进队"命令按钮进队若干个元素，也可以通过输入位置 k 和进队元素，再单击"进队"命令按钮将该元素放在指定位置上；然后通过"出队"命令按钮出队队头元素，也可以通过输入位置 k，再单击"出队"命令按钮出队指定位置的元素。所有出队和进队都是通过调用队的基本运算实现，不能简单地将元素插入到第 k 个位置，也不能简单地取第 k 个位置的元素。

Form3 的主要代码如下：

数据结构实践教程(C♯语言描述)

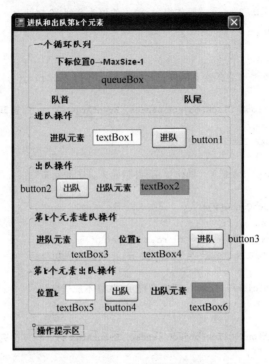

图 3.23　Form3 窗体设计界面

```csharp
public partial class Form3 : Form
{   SqQueueClass qu = new SqQueueClass();            //顺序队列对象 qu
    public Form3()                                    //构造函数
    {   InitializeComponent(); }
    private void button1_Click(object sender, EventArgs e)    //进队
    {   string x;
        x = textBox1.Text.Trim();
        if (x == "")
            infolabel.Text = "操作提示:必须输入进队的元素";
        else
        {   if (qu.enQueue(x))                        //进队元素 x
            {   Display();                            //显示队列中所有元素
                infolabel.Text = "操作提示:元素进队成功";
            }
            else infolabel.Text = "操作提示:队满不能进队";
        }
    }
    private void button2_Click(object sender, EventArgs e)     //出队
    {   string x = "";
        if (qu.deQueue(ref x))                         //出队元素 x
        {   textBox2.Text = x;
            Display();                                 //显示队中所有元素
            infolabel.Text = "操作提示:元素出队成功";
        }
        else infolabel.Text = "操作提示:队空不能出队";
    }
```

```csharp
        private void button3_Click(object sender, EventArgs e)      //进队第 k 个元素
        {   int k, i; string x;
            x = textBox3.Text.Trim();
            if (x == "")
            {   infolabel.Text = "操作提示:必须输入进队的元素";
                return;
            }
            if (textBox4.Text.Trim() == "")
            {   infolabel.Text = "操作提示:必须输入正整数 k";
                return;
            }
            try
            {   k = Convert.ToInt16(textBox4.Text.Trim()); }
            catch (Exception err)                         //捕捉位置输入错误
            {   infolabel.Text = "操作提示:输入的位置 k 是错误的,需重新输入";
                return;
            }
            if (enQueuek(k, x))                           //在位置 k 进队元素 x
            {   Display();                                //显示队中所有元素
                infolabel.Text = "操作提示:元素进队成功";
            }
            else infolabel.Text = "操作提示:参数 k 错误,不能进队";
        }
        private void button4_Click(object sender, EventArgs e)      //出队第 k 个元素
        {   int k, i; string x = "";
            if (textBox5.Text.Trim() == "")
            {   infolabel.Text = "操作提示:必须输入正整数 k";
                return;
            }
            try
            {   k = Convert.ToInt16(textBox5.Text.Trim()); }
            catch (Exception err)                         //捕捉位置输入错误
            {   infolabel.Text = "操作提示:输入的位置 k 是错误的,需重新输入";
                return;
            }
            if (deQueuek(k, ref x))
            {   Display();                                //显示队列中所有元素
                textBox6.Text = x;
                infolabel.Text = "操作提示:元素进队成功";
            }
            else infolabel.Text = "操作提示:参数 k 错误,不能出队";
        }
        private void Display()                            //输出队中所有元素
        {   string str;
            str = qu.DispQueue();
            queueBox.Text = str;
        }
        private bool enQueuek(int k, string e)            //进队第 k 个元素 e
        {   int i = 1, n = qu.GetCount();
            string x = "";
```

```
            if (k < 1 ‖ k > n + 1)
                return false;                    //参数 k 错误
            if (k <= n)
                for (i = 1; i <= n; i++)         //处理队中所有元素
                {   if (i == k)                  //将 e 元素进队到第 k 个位置
                        qu.enQueue(e);
                    qu.deQueue(ref x);           //出队元素 x
                    qu.enQueue(x);               //进队元素 x
                }
            else qu.enQueue(e);                  //k = n + 1 时直接进队 e
            return true;
        }
        private bool deQueuek(int k, ref string e)    //出队第 k 个元素 e
        {   int i = 1, n = qu.GetCount();
            string x = "";
            if (k < 1 ‖ k > n)
                return false;                    //参数 k 错误
            for (i = 1; i <= n; i++)             //处理队中所有元素
            {   qu.deQueue(ref x);               //出队元素 x
                if (i != k) qu.enQueue(x);       //将非 k 位置的元素进队
                else e = x;                      //取第 k 个出队的元素
            }
            return true;
        }
        private void Form3_Load(object sender, EventArgs e)
        {   queueBox.Text = "空队"; }            //显示队列初始状态
    }
```

3.2.4 队列的链式存储结构——链队

队列的链式存储结构也是通过由结点构成的单链表实现的，此时只允许在单链表的表首进行删除操作和在单链表表尾进行插入操作，因此需要使用两个指针：队首指针 front 和队尾指针 rear。用 front 指向队首结点，用 rear 指向队尾结点。用于存储队列的单链表简称为链队。

链队存储结构如图 3.24 所示，其中，链队中数据结点的类 LinkNode 定义如下：

```
class LinkNode                           //链队数据结点类
{   public string data;                  //结点数据字段
    public LinkNode next;                //指向下一个结点
};
```

链队结点的类 LinkQueue 定义如下：

```
class LinkQueueClass                     //链队结点类
{   public LinkNode front;               //指向队头结点
    public LinkNode rear;                //指向队尾结点
};
```

在链队中，初始时只有链队结点 Q，Q.front 和 Q.rear 均置为 null，这样链队的四要素

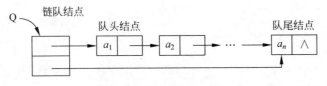

图 3.24　链队存储结构的示意图

如下：
- 队空的条件：Q.rear==null（也可以用 Q.front 作为队空的条件）。
- 队满的条件：不考虑。
- 元素 e 进队操作：新建一个数据结点 s，置 s.data=e，将 s 结点链到队尾，并由 Q.rear 指向它。
- 元素 e 出队操作：e=队头结点的 data 值，删除队头结点，置 Q.front 指向其下一个结点。

3.2.5　链队实践项目及其设计

链队的实践项目

项目 1：设计链队的基本运算算法。用相关数据进行测试，其操作界面类似于图 3.17。

项目 2：设计一个算法，求链队中元素个数。用相关数据进行测试，其操作界面类似于图 3.18。

项目 3：设计一个算法，利用链队的基本运算进队和出队第 k 个元素。用相关数据进行测试，其操作界面类似于图 3.19。

实践项目设计

（1）新建一个 Windows 应用程序项目 LinkQueue。

（2）设计链队的基本运算类 LinkQueueClass，其基本结构如图 3.25 所示，字段 Q 作为链队结点，其 front、rear 分别指向单链表的首结点和尾结点。

LinkQueueClass 类的代码放在 Class1.cs 文件中，对应的代码如下：

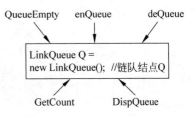

图 3.25　LinkQueueClass 类结构

```csharp
class LinkQueueClass                        //链队类
{   LinkQueue Q = new LinkQueue();          //链队结点 Q
    public LinkQueueClass()                 //构造函数
    {   Q.front = null;
        Q.rear = null;
    }
    //------ 链队基本运算算法 -------------------------
    public bool QueueEmpty()                //判断队列是否为空
    {   return(Q.rear == null); }
    public void enQueue(string e)           //进队算法
    {   LinkNode p = new LinkNode();
        p.data = e;
```

```
            p.next = null;
            if (Q.rear == null)              //若链队为空,则新结点是队首结点又是队尾结点
                Q.front = Q.rear = p;
            else
            {   Q.rear.next = p;             //将p结点链到队尾,并将rear指向它
                Q.rear = p;
            }
    }
    public bool deQueue(ref string e)        //出队算法
    {   LinkNode p;
        if (Q.rear == null)                  //队列为空
            return false;
        p = Q.front;                         //p指向第一个数据结点
        if (Q.front == Q.rear)               //队列中只有一个结点时
            Q.front = Q.rear = null;
        else                                 //队列中有多个结点时
            Q.front = Q.front.next;
        e = p.data;
        p = null;
        return true;
    }
    //------ 其他运算算法 -------------------------
    public string DispQueue()                //将队中所有元素构成一个字符串返回
    {   LinkNode p = Q.front;
        string str = "";
        if (Q.rear == null)
            str = "空队";
        else
        {   while (p.next! = null)
            {   str += p.data + ",";
                p = p.next;
            }
            str += p.data;
        }
        return str;
    }
    public int GetCount()                    //返回队中元素个数
    {   int n = 0;
        LinkNode p = Q.front;
        while (p ! = null)
        {   n++;
            p = p.next;
        }
        return n;
    }
}
```

(3) 设计项目1对应的窗体Form1,其设计界面和图3.17类似,其操作过程和主要代码与顺序队实践项目中的Form1类似。只是采用链队来替代顺序队。

（4）设计项目 2 对应的窗体 Form2,其设计界面和图 3.18 类似,其操作过程和主要代码与顺序队实践项目中的 Form2 类似。只是采用链队来替代顺序队。

（5）设计项目 3 对应的窗体 Form3,其设计界面和图 3.19 类似,其操作过程和主要代码与顺序队实践项目中的 Form3 类似。只是采用链队来替代顺序队。

3.2.6　队列的应用——用队列求解迷宫问题

⌨ 用队列求解迷宫问题的实践项目

迷宫问题的描述见 3.1.7 节。设计一个项目,对于给定的一个迷宫图,采用队列求解从指定入口到出口的一条最短路径。

🖳 实践项目设计

新建一个 Windows 应用程序项目 Maze3,添加一个 Form1 窗体,其设计界面如图 3.26 所示。

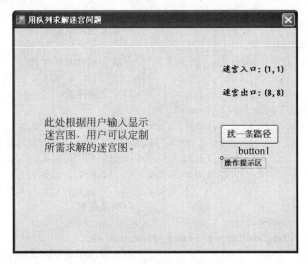

图 3.26　Form1 窗体的设计界面

首先在窗体上显示一个默认的对应迷宫数组 a 的 10×10 的迷宫图,每个方块用一个命令按钮表示,蓝色方块表示不可走(对应 a 的元素为 1),白色方块表示可走(对应 a 的元素为 0)。默认的入口为(1,1),出口为(8,8),然后利用一个队列采用以下过程求解迷宫问题:

```
find = 0;                              //找到一条迷宫路径时 find 置为 1,初值为 0
将入口进队;
while (队不空且 find == 0)
{    出队一个方块 front;
    if (该方块为出口)
    {    find = 1;
        通过队列查找从入口到出口的迷宫路径并输出;
        return true;                   //返回 true 表示找到一条迷宫路径
    }
    while (找当前方块的四周所有相邻方块,方位号 di 从 0 到 3 循环)
        if (相邻方块可走)
```

```
            {   将该相邻方块进队;
                置该相邻方块的双亲为 front;
                置该相邻方块的 a 元素为 - 1;          //将其赋值 - 1,以避免回过来重复搜索
            }
    }
    return false;                                    //返回 false 表示没有找到迷宫路径
```

当找到迷宫路径时,采用红色显示迷宫路径上的每个方块。

Form1 的主要代码如下:

```csharp
public partial class Form1 : Form
{   const int M = 10;
    const int N = 10;
    const int MaxSize = 200;
    struct Box                              //方块类型
    {   public int i, j;                    //方块的位置
        public int pre;                     //本路径中上一方块在队列中的下标
    };
    struct QuType                           //定义顺序队类型
    {   public Box [] data;
        public int front, rear;             //队头指针和队尾指针
    };
    QuType qu = new QuType();               //定义顺序队
    public Button[,] mg = new Button[10, 10];
    int[,] a = new int[,] {{1,1,1,1,1,1,1,1,1,1},{1,0,0,1,0,0,0,1,0,1},
                        {1,0,0,1,0,0,0,1,0,1},{1,0,0,0,0,1,1,0,0,1},
                        {1,0,1,1,1,0,0,0,0,1},{1,0,0,0,1,0,0,0,0,1},
                        {1,0,1,0,0,0,1,0,0,1},{1,0,1,1,1,0,1,1,0,1},
                        {1,1,0,0,0,0,0,0,0,1},{1,1,1,1,1,1,1,1,1,1} };
    public Form1()                          //构造函数
    {   InitializeComponent(); }
    private void Form1_Load(object sender, EventArgs e)
    {   int i, j;                           //在窗体中显示默认的 10×10 的迷宫图
        int x = 40, y = 40;                 //(x,y)为每个方块左上角坐标
        Size s = new Size(30, 30);
        for (i = 0; i < M; i++)
            for (j = 0; j < N; j++)
            {   mg[i, j] = new Button();
                mg[i, j].Left = x;
                mg[i, j].Top = y;
                mg[i, j].Size = s;
                if (a[i, j] == 1)
                    mg[i, j].BackColor = System.Drawing.Color.Blue;
                else
                    mg[i, j].BackColor = System.Drawing.Color.White;
                mg[i, j].Visible = true;
                this.Controls.Add(mg[i, j]);
                x = x + 30;
                if (x >= 40 + 10 * 30)
                {   x = 40;
                    y += 30;
```

```
            }
        }
    }
    public bool mgpath1(int xi,int yi,int xe,int ye)      //搜索路径为:(xi,yi)->(xe,ye)
    {   int i,j,find = 0,di;
        qu.data = new Box[MaxSize];
        qu.front = qu.rear = -1;
        qu.rear++;
        qu.data[qu.rear].i = xi; qu.data[qu.rear].j = yi;     //(xi,yi)进队
        qu.data[qu.rear].pre = -1;
        a[xi,yi] = -1;                            //将其赋值-1,以避免回过来重复搜索
        while (qu.front! = qu.rear && find == 0) //队列不为空且未找到路径时循环
        {   qu.front++;                           //出队,由于不是环形队列,该出队元素仍在队列中
            i = qu.data[qu.front].i; j = qu.data[qu.front].j;
            if (i == xe && j == ye)              //找到了出口,输出路径
            {   find = 1;
                infolabel.Text = qu.front.ToString();
                return true;                      //找到一条路径时返回 true
            }
            for (di = 0;di < 4;di++)        //循环扫描四周每个方位,把每个可走的方块插入队列中
            {   switch(di)
                {
                case 0:i = qu.data[qu.front].i-1; j = qu.data[qu.front].j;break;
                case 1:i = qu.data[qu.front].i; j = qu.data[qu.front].j+1;break;
                case 2:i = qu.data[qu.front].i+1; j = qu.data[qu.front].j;break;
                case 3:i = qu.data[qu.front].i; j = qu.data[qu.front].j-1;break;
                }
                if (a[i,j] == 0)
                {   qu.rear++;                    //将该相邻方块插入到队列中
                    qu.data[qu.rear].i = i; qu.data[qu.rear].j = j;
                    qu.data[qu.rear].pre = qu.front;     //指向路径中上一个方块的下标
                    a[i,j] = -1;                  //将其赋值-1,以避免回过来重复搜索
                }
            }
        }
        return false;                            //未找到一条路径时返回 false
    }
    public void print(int front)           //从队列 qu 中输出迷宫路径
    {   int k = front, j;
        do                             //反向找到最短路径,将该路径上的方块的 pre 成员设置成-1
        {   mg[qu.data[k].i, qu.data[k].j].BackColor = System.Drawing.Color.AntiqueWhite;
            mg[qu.data[k].i, qu.data[k].j].Text = k.ToString();
            //迷宫路径上的方块用红色表示,其上显示的数字为该方块在队列中的下标
            j = k;
            k = qu.data[k].pre;
            qu.data[j].pre = -1;
        } while (k != 0);
        mg[qu.data[k].i, qu.data[k].j].BackColor = System.Drawing.Color.AntiqueWhite;
        mg[qu.data[k].i, qu.data[k].j].Text = k.ToString();
    }
    private void button1_Click_1(object sender, EventArgs e)      //找一条路径
```

```
    {   int i;
        if (mgpath1(1, 1, 8, 8))                //找到迷宫路径时
        {   print(qu.front);                    //输出该迷宫路径
            infolabel.Text = "成功找到迷宫路径";
        }
        else
            infolabel.Text = "未找到迷宫路径";
        button1.Enabled = false;               //置本命令按钮为不可再用
    }
}
```

例如，本项目的一次执行结果如图 3.27 所示，由于采用队列求解，找到的迷宫路径一定是最短路径。

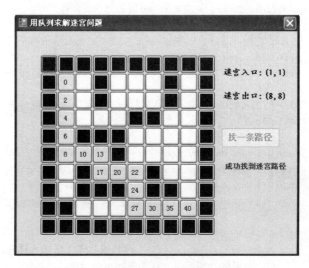

图 3.27   Form1 窗体的运行结果

3.2.7   队列的应用——用队列求解病人排队看病问题

求解病人排队看病的实践项目

设计一个项目反映病人到医院排队看病的情况。在病人排队过程中，主要重复两件事：

(1) 病人到达诊室，将病历本交给护士，排到等待队列中候诊。

(2) 护士从等待队列中取出下一位病人的病历，该病人进入诊室就诊。

要求模拟病人等待就诊这一过程。项目用弹出式菜单方式，其选项及功能说明如下：

(1) 一个病人排队——输入排队病人的姓名，加入到病人排队队列中。

(2) 查看排队情况——从队首到队尾列出所有的排队病人的姓名。

(3) 一个病人就诊——病人排队队列中最前面的病人就诊，并将其从队列中删除。

(4) 医生下班——从队首到队尾列出所有的排队病人的姓名，并退出运行。

本项目的一次执行界面如图 3.28 所示，用户右击鼠标出现弹出式菜单，其中包含上述 4 个功能的菜单项。

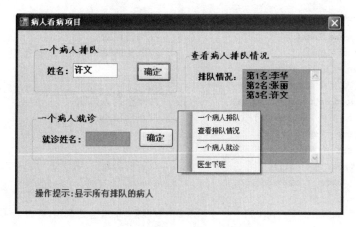

图 3.28　看病项目的操作界面

💻 实践项目设计

新建一个 Windows 应用程序项目 SeeDoctor,添加一个 Form1 窗体,其设计界面如图 3.29 所示,其中包含一个如图 3.30 所示的弹出式菜单 contextMenuStrip1(需设置本窗体的 ContextMenuStrip 属性为 contextMenuStrip1),它含有 4 个菜单项,从上向下分别为 menu1~menu4。

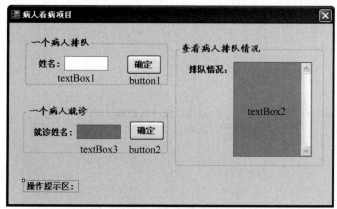

图 3.29　Form1 窗体的设计结果　　　　　图 3.30　弹出式菜单

为了实现病人排队,需要设计一个队列,这里采用链队,每个结点类型 QNode 定义如下:

```
class QNode                          //链队结点类型
{    public string name;             //病人姓名
     public QNode next;              //下一个病人指针
};
```

病人排队链队类 QueueClass 的代码放在 Class1.cs 文件中,其主要代码如下:

```
class QueueClass                     //病人排队链队类
{    QNode front;                    //队头指针
```

```
QNode rear;                              //队尾指针
public QueueClass()                      //构造函数
{   front = null;                        //队头队尾初始化
    rear = null;
}
public void enQueue(string na)           //一个病人排队
{   QNode p = new QNode();               //新建结点
    p.name = na;
    p.next = null;
    if (rear == null)                    //若链队为空,则新结点是队首结点又是队尾结点
        front = rear = p;
    else
    {   rear.next = p;                   //将p结点链到队尾,并将rear指向它
        rear = p;
    }
}
public bool deQueue(ref string e)        //一个病人出队
{   QNode t;
    if (rear == null)                    //队列为空
        return false;
    t = front;                           //t指向第一个数据结点
    if (front == rear)                   //队列中只有一个结点时
        front = rear = null;
    else                                 //队列中有多个结点时
        front = front.next;
    e = t.name;
    t = null;
    return true;
}
public bool Queuehead(ref string e)      //求排队第一名的病人
{   if (rear == null)                    //队列为空
        return false;
    e = front.name;
    return true;
}
public string Display()                  //带名次输出所有排队的病人
{   string mystr = "";
    int i = 1;
    QNode p = front;
    if (rear == null)                    //队空的情况
        return "没有病人排队";
    while (p! = null)                    //扫描所有结点
    {   mystr += "第" + i.ToString() + "名:" + p.name + "\r\n";
        i++;
        p = p.next;
    }
    return mystr;
}
public string Display1()                 //不带名次输出所有排队的病人
{   string mystr = "";
```

```
        QNode p = front;
        if (rear == null)                    //队空的情况
            return "";
        while (p != null)                    //扫描所有结点
        {   mystr += p.name + " ";
            p = p.next;
        }
        return mystr;
    }
    public int Count()                        //统计队中排序病人人数
    {   int n = 0;
        QNode p = front;                      //p指向队首结点
        while (p != null)                     //p不空循环
        {   n++;                              //累加n
            p = p.next;                       //p移至下一个结点
        }
        return n;
    }
}
```

Form1 窗体的主要代码如下：

```
public partial class Form1 : Form
{   QueueClass qu = new QueueClass();         //病人排队链队对象 qu
    public Form1()                            //构造函数
    {   InitializeComponent(); }
    private void menu1_Click(object sender, EventArgs e)    //一个病人排队
    {   infolabel.Text = "操作提示:输入一个病人姓名,并单击确定命令按钮";
        textBox1.Focus();                     //焦点移到 textBox1 文本框
    }
    private void menu2_Click(object sender, EventArgs e)    //显示病人排队情况
    {   textBox2.Text = qu.Display();
        infolabel.Text = "操作提示:显示所有排队的病人";
    }
    private void menu3_Click(object sender, EventArgs e)    //一个病人就诊
    {   string na = "";
        if (qu.Queuehead(ref na))             //取队头病人
            extBox3.Text = na;
        else
            infolabel.Text = "操作提示:没有任何排队的病人";
    }
    private void menu4_Click(object sender, EventArgs e)    //医生下班
    {   int n = qu.Count();
        MessageBox.Show("尚有" + n.ToString() + "位病人" + qu.Display1() +
            "在排队,通知他们明天来看病", "信息提示", MessageBoxButtons.OK);
        this.Close();                         //关闭本窗体
    }
    private void button1_Click(object sender, EventArgs e)    //排队确定
    {   string na;
        na = textBox1.Text;
        if (na == "")
```

```
    {    infolabel.Text = "操作提示:必须输入一个病人姓名";
         return;
    }
    qu.enQueue(na);                    //一个病人进队
    textBox2.Text = "";
    infolabel.Text = "操作提示:一个病人已成功排队";
}
private void button2_Click(object sender, EventArgs e)    //就诊确定
{    string na;
     na = textBox3.Text;
     if (na == "")
     {    infolabel.Text = "操作提示:没有病人要就诊";
          return;
     }
     qu.deQueue(ref na);                    //出队一个病人
     textBox2.Text = "";
     infolabel.Text = "操作提示:一个病人已成功就诊";
}
}
```

例如,如图 3.31 所示,先有 4 个病人排队,①操作是右击鼠标,在弹出式菜单中选择"一个病人就诊"选项,②操作是单击就诊确定命令按钮,张华开始就诊,选择弹出式菜单中的"查看排队情况"选项,看到还有 3 个病人排队,③操作是选择弹出式菜单中的"医生下班"选项,看到提示结果。

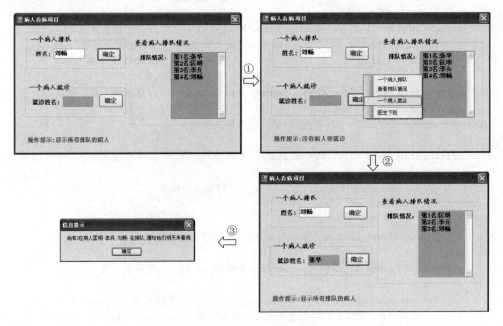

图 3.31 病人排队看病过程

串

串也属一种线性结构。本章通过实践项目介绍串存储结构、相关运算算法设计和串的模式匹配算法。

4.1 串的基本概念

本节讨论串的定义和相关的概念。

1. 什么是串

串(或字符串)是由零个或多个字符组成的有限序列。记作 str="$a_1a_2\cdots a_n$"($n\geqslant0$),其中 str 是串名,用双引号括起来的字符序列为串值,引号是界限符,$a_i(1\leqslant i\leqslant n)$是一个任意字符(字母、数字或其他字符),它称为串的元素,是构成串的基本单位,串中所包含的字符个数 n 称为**串的长度**,当 $n=0$ 时,称为**空串**。

将串值括起来的双引号本身不属于串,它的作用是避免串与常数或与标识符混淆。例如,A="123"是数字字符串,长度为 3,它不同于整常数 123。通常将仅由一个或多个空格组成的串称为空白串。注意空串和空白串的不同,例如" "(含一个空格)和""(不含任何字符)分别表示长度为 1 的空白串和长度为 0 的空串。

串和线性表的唯一区别是串中每个元素是单个字符,而线性表中每个元素可以是自定义的其他类型。

2. 串的相关概念

一个串中任意连续的字符组成的子序列称为该串的**子串**,例如,"a"、"ab"、"abc"和"abcd"等都是"abcde"的子串,空串是任意串的子串。

包含子串的串相应地称为**主串**。通常称字符在序列中的序号为该字符在串中的位置,例如字符元素 $a_i(1\leqslant i\leqslant n)$的序号为 i。子串在主串中的位置则以子串的第一个字符首次出现在主串中的位置来表示。例如,设有两个字符串 s 和 t,s="This is a string.",t="is",它们的长度分别为 17、2,则 t 是

s的子串,s为主串。t在s中出现了两次,其中首次出现所对应的主串位置是3,因此,称t在s中的序号(或位置)为3。

　　若两个串的长度相等且对应字符都相等,则称两个串是相等的。当两个串不相等时,可按"字典顺序"区分大小。

4.2　串的存储结构

　　如同线性表一样,串也有顺序存储结构和链式存储结构两种。前者简称为顺序串,后者简称为链串。

4.2.1　串的顺序存储结构——顺序串

　　在顺序串中,串中字符被依次存放在一组连续的存储单元里。一般来说,一个字节(8位)可以表示一个字符(即该字符的 ASCII 码)。

　　和顺序表一样,顺序串用一个字符 data 数组(假设大小为 MaxSize)和一个整型变量length 来表示串,length 表示 data 数组中实际字符的个数。

　　顺序串的很多算法与顺序表的算法类似。

4.2.2　顺序串实践项目及其设计

顺序串的实践项目

　　项目1:设计顺序串的基本运算(1),包括建立串、输出串、求串长度和串复制。用相关数据进行测试,其操作界面如图4.1所示。

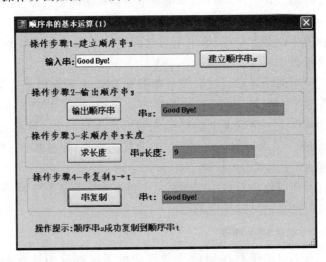

图 4.1　顺序串——实践项目 1 的操作界面

　　项目2:设计顺序串的基本运算(2),包括建立串连接、求子串、删除子串和子串替换。用相关数据进行测试,其操作界面如图4.2所示。

　　项目3:有两个顺序串 s 和 t,设计一个算法按"字典顺序"比较它们的大小。用相关数据进行测试,其操作界面如图4.3所示。

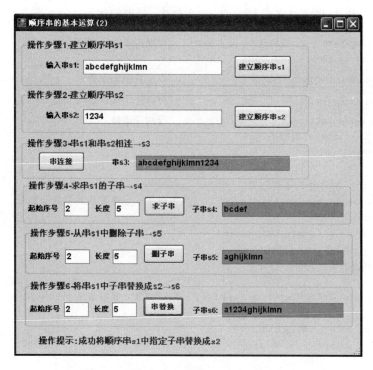

图 4.2　顺序串——实践项目 2 的操作界面

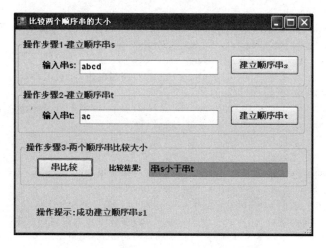

图 4.3　顺序串——实践项目 3 的操作界面

🖥 实践项目设计

（1）新建一个 Windows 应用程序项目
SqString。

（2）设计顺序串的基本运算类 SqStringClass，
其基本结构如图 4.4 所示，字段 data 数组存放顺
序串元素，length 为 data 中实际字符个数。

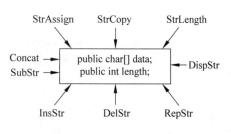

图 4.4　SqStringClass 类结构

数据结构实践教程（C#语言描述）

SqStringClass 类的代码放在 Class1. cs 文件中,对应的代码如下:

```csharp
class SqStringClass                          //顺序串类
{   const int MaxSize = 100;
    public char[] data;                      //存放串中字符
    public int length;                       //存放串长
    public SqStringClass()                   //构造函数
    {   data = new char[MaxSize];
        length = 0;
    }
    //------ 顺序串的基本运算 ------------------------
    public void StrAssign(string cstr)       //将一个字符串常量赋给串
    {   int i;
        for (i = 0;i < cstr. Length;i++)
            data[i] = cstr[i];
        length = i;
    }
    public void StrCopy(SqStringClass t)     //将串 t 复制给串 str
    {   int i;
        for (i = 0;i < t. length;i++)
            data[i] = t. data[i];
        length = t. length;
    }
    public int StrLength()                   //求串长
    {   return length; }
    public SqStringClass Concat(SqStringClass t)     //串连接:当前串 + t→nstr
    {   int i; SqStringClass nstr = new SqStringClass();
        nstr. length = length + t. length;
        for (i = 0; i < length; i++)         //将当前串 data[0..str.length-1]→nstr
            nstr. data[i] = data[i];
        for (i = 0; i < t. length; i++)      //将 t.data[0..t.length-1]→nstr
            nstr. data[length + i] = t. data[i];
        return nstr;
    }
    public SqStringClass SubStr(int i, int j)    //求子串:str.data[i..i+j-1]→nstr
    {   int k; SqStringClass nstr = new SqStringClass();
        if (i <= 0 || i > length || j < 0 || i + j - 1 > length)
            return nstr;                     //参数不正确时返回空串
        for (k = i - 1; k < i + j - 1; k++)  //将 str.data[i..i+j-1]→nstr
            nstr. data[k - i + 1] = data[k];
        nstr. length = j;
        return nstr;
    }
    public SqStringClass InsStr(int i, SqStringClass s)
    //串插入,在当前串位置 i 插入 s 产生新顺序串 nstr
    {   int j; SqStringClass nstr = new SqStringClass();
        if (i <= 0 || i > length + 1)        //参数不正确时返回空串
            return nstr;
        for (j = 0; j < i - 1; j++)          //将当前串 data[0..i-2]→nstr
            nstr. data[j] = data[j];
```

```
        for (j = 0; j < s.length; j++)           //将 s.data[0..s.length-1]→nstr
            nstr.data[i + j - 1] = s.data[j];
        for (j = i - 1; j < length; j++)         //将当前串 data[i-1..length-1]→nstr
            nstr.data[s.length + j] = data[j];
        nstr.length = length + s.length;
        return nstr;
    }
    public SqStringClass DelStr(int i, int j)    //串删除
    {   int k; SqStringClass nstr = new SqStringClass();
        if (i <= 0 || i > length || i + j - 1 > length) //参数不正确时返回空串
            return nstr;
        for (k = 0; k < i - 1; k++)              //将当前串 data[0..i-2]→nstr
            nstr.data[k] = data[k];
        for (k = i + j - 1; k < length; k++)    //将当前串 data[i+j-1..length-1]→nstr
            nstr.data[k - j] = data[k];
        nstr.length = length - j;
        return nstr;
    }
    public SqStringClass RepStr(int i, int j, SqStringClass s)       //串替换
    {   int k; SqStringClass nstr = new SqStringClass();
        if (i <= 0 || i > length || i + j - 1 > length)       //参数不正确时返回空串
            return nstr;
        for (k = 0; k < i - 1; k++)             //将当前串 data[0..i-2]→nstr
            nstr.data[k] = data[k];
        for (k = 0; k < s.length; k++)          //将 s.data[0..s.length-1]→nstr
            nstr.data[i + k - 1] = s.data[k];
        for (k = i + j - 1; k < length; k++)    //将当前串 data[i+j-1..length-1]→nstr
            nstr.data[s.length + k - j] = data[k];
        nstr.length = length - j + s.length;
        return nstr;
    }
    public string DispStr()                     //将串作为一个 string 类型返回
    {   int i;
        string mystr = "";
        if (length == 0)
            mystr = "空串";
        else
        {   for (i = 0; i < length; i++)
            mystr += data[i].ToString();
        }
        return mystr;
    }
}
```

(3) 设计项目 1 对应的窗体 Form1,其设计界面如图 4.5 所示。用户在"输入串"文本框中输入一个串,单击"建立顺序串 s"命令按钮建立对应的顺序串,然后按命令按钮的提示进行操作。

Form1 的主要代码如下:

```
public partial class Form1 : Form
{   SqStringClass s = new SqStringClass();      //顺序串对象 s
```

数据结构实践教程（C♯语言描述）

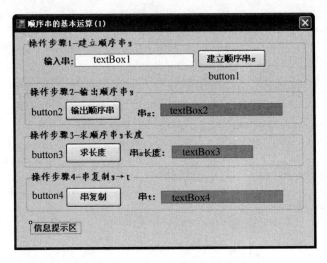

图 4.5　Form1 窗体的设计界面

```
public Form1()                              //构造函数
{    InitializeComponent(); }
private void button1_Click(object sender, EventArgs e)
{    string mystr = textBox1.Text.Trim();
     if (mystr == "")
     {    infolabel.Text = "操作提示:必须输入一个不为空的字符串";
          return;
     }
     s.StrAssign(mystr);                    //由 mystr 建立顺序串 s
     infolabel.Text = "操作提示:成功建立顺序串 s";
     button2.Enabled = true; button3.Enabled = true;
     button4.Enabled = true;
}
private void button2_Click(object sender, EventArgs e)
{    textBox2.Text = s.DispStr(); }
private void button3_Click(object sender, EventArgs e)
{    textBox3.Text = s.StrLength().ToString(); }
private void button4_Click(object sender, EventArgs e)
{    SqStringClass t = new SqStringClass();
     t.StrCopy(s);                          //由顺序串复制产生顺序串 t
     textBox4.Text = t.DispStr();           //显示顺序串 t
     infolabel.Text = "操作提示:顺序串 s 成功复制到顺序串 t";
}
private void Form1_Load(object sender, EventArgs e)
{    button1.Enabled = true; button2.Enabled = false;
     button3.Enabled = false; button4.Enabled = false;
}
}
```

（4）设计项目 2 对应的窗体 Form2,其设计界面如图 4.6 所示。用户先建立两个顺序串 s1 和 s2,然后按命令按钮的提示进行操作。

Form2 的主要代码如下:

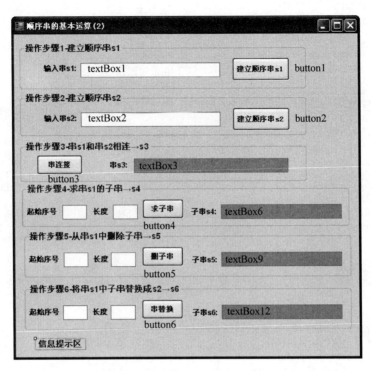

图 4.6 Form2 窗体的设计界面

```
public partial class Form2 : Form
{   SqStringClass s1 = new SqStringClass();      //顺序串对象 s1
    SqStringClass s2 = new SqStringClass();      //顺序串对象 s2
    public Form2()                               //构造函数
    {   InitializeComponent(); }
    private void button1_Click(object sender, EventArgs e)     //建立顺序串 s1
    {   string mystr = textBox1.Text.Trim();
        if (mystr == "")
        {   infolabel.Text = "操作提示:必须输入一个不为空的字符串";
            return;
        }
        s1.StrAssign(mystr);                     //由 mystr 产生串 s1
        infolabel.Text = "操作提示:成功建立顺序串 s1";
        button4.Enabled = true; button5.Enabled = true;
    }
    private void button2_Click(object sender, EventArgs e)     //建立顺序串 s2
    {   string mystr = textBox2.Text.Trim();
        if (mystr == "")
        {   infolabel.Text = "操作提示:必须输入一个不为空的字符串";
            return;
        }
        s2.StrAssign(mystr);                     //由 mystr 产生串 s2
        infolabel.Text = "操作提示:成功建立顺序串 s2";
        button3.Enabled = true; button6.Enabled = true;
    }
    private void button3_Click(object sender, EventArgs e)     //串连接
```

```
{   SqStringClass s3 = new SqStringClass();
    s3 = s1.Concat(s2);                    //将 s1 和 s2 连接得到串 s3
    textBox3.Text = s3.DispStr();          //输出 s3
    infolabel.Text = "操作提示:两个顺序串成功连接";
}
private void button4_Click(object sender, EventArgs e)        //求子串
{   int i,j;
    if (textBox4.Text.Trim() == "" ‖ textBox5.Text.Trim() == "")
    {   infolabel.Text = "操作提示:必须输入子串信息";
        return;
    }
    try
    {   i = Convert.ToInt16(textBox4.Text.Trim());
        j = Convert.ToInt16(textBox5.Text.Trim());
    }
    catch (Exception err)                  //捕捉 i 和 j 输入错误
    {   infolabel.Text = "操作提示:输入的子串信息是错误的,需重新输入";
        return;
    }
    SqStringClass s4 = new SqStringClass();
    s4 = s1.SubStr(i, j);                  //求 s1 的子串得到 s4
    if (s4.StrLength() == 0)
    {   textBox6.Text = "";
        infolabel.Text = "操作提示:输入的子串信息有错误或者结果为空串";
        return;
    }
    textBox6.Text = s4.DispStr();          //输出 s4
    infolabel.Text = "操作提示:成功求出顺序串 s1 的子串";
}
private void button5_Click(object sender, EventArgs e)        //删子串
{   int i, j;
    if (textBox7.Text.Trim() == "" ‖ textBox8.Text.Trim() == "")
    {   infolabel.Text = "操作提示:必须输入子串信息";
        return;
    }
    try
    {   i = Convert.ToInt16(textBox7.Text.Trim());
        j = Convert.ToInt16(textBox8.Text.Trim());
    }
    catch (Exception err)                  //捕捉 i 和 j 输入错误
    {   infolabel.Text = "操作提示:输入的子串信息是错误的,需重新输入";
        return;
    }
    SqStringClass s5 = new SqStringClass();
    s5 = s1.DelStr(i, j);                  //删 s1 的子串得到 s5
    if (s5.StrLength() == 0)
    {   textBox9.Text = "";
        infolabel.Text = "操作提示:输入的子串信息有错误或者结果为空串";
        return;
    }
    textBox9.Text = s5.DispStr();          //输出 s5
```

```
            infolabel.Text = "操作提示:成功从顺序串 s1 中删除指定的子串";
        }
        private void button6_Click(object sender, EventArgs e)        //串替换
        {   int i, j;
            if (textBox10.Text.Trim() == "" ‖ textBox11.Text.Trim() == "")
            {   infolabel.Text = "操作提示:必须输入子串信息";
                return;
            }
            try
            {   i = Convert.ToInt16(textBox10.Text.Trim());
                j = Convert.ToInt16(textBox11.Text.Trim());
            }
            catch (Exception err)                    //捕捉 i 和 j 输入错误
            {   infolabel.Text = "操作提示:输入的子串信息是错误的,需重新输入";
                return;
            }
            SqStringClass s6 = new SqStringClass();
            s6 = s1.RepStr(i,j,s2);                  //将 s1 中子串用 s2 替换得到 s6
            if (s6.StrLength() == 0)
            {   textBox12.Text = "";
                infolabel.Text = "操作提示:输入的子串信息有错误或者结果为空串";
                return;
            }
            textBox12.Text = s6.DispStr();           //输出串 s6
            infolabel.Text = "操作提示:成功将顺序串 s1 中指定子串替换成 s2";
        }
        private void Form2_Load(object sender, EventArgs e)
        {   button1.Enabled = true; button2.Enabled = true;
            button3.Enabled = false; button4.Enabled = false;
            button5.Enabled = false; button6.Enabled = false;
        }
    }
```

(5) 设计项目 3 对应的窗体 Form3,包含以下字段:

```
SqStringClass s = new SqStringClass();        //顺序串 s
SqStringClass t = new SqStringClass();        //顺序串 t
```

用户先建立两个顺序串 s 和 t,然后单击"串比较"命令按钮时调用以下方法来实现两个串的大小比较:

```
private int Strcmp()                        //两个串 s 和 t 按字典顺序比较大小
{   int i, comlen;
    if (s.StrLength() < t.StrLength())        //求 s 和 t 的共同长度
        comlen = s.StrLength();
    else
        comlen = t.StrLength();
    for (i = 0; i < comlen; i++)              //在共同长度内逐个字符比较
        if (s.data[i] > t.data[i])
            return 1;
        else if (s.data[i] < t.data[i])
```

```
            return - 1;
        if (s.length == t.length)              //s == t
            return 0;
        else if (s.length > t.length)          //s > t
            return 1;
        else return - 1;                       //s < t
    }
```

4.2.3 串的链式存储结构——链串

链串的组织形式与一般的链表类似。为了算法设计简便，采用每个结点存放一个字符的单链表结构，例如，串"ABCDEFGHIJKLMN"的链串结构如图 4.7 所示。

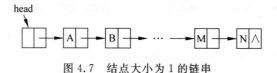

图 4.7　结点大小为 1 的链串

这样，链串的结点类型 LinkNode 定义如下：

```
class LinkNode                       //链串的结点类型
{   public char data;                //存放一个字符
    public LinkNode next;            //指向下一个结点
};
```

每个链串用一个头结点 head 来唯一标识。

4.2.4 链串实践项目及其设计

⌨ 链串的实践项目

项目 1：设计链串的基本运算(1)，包括建立串、输出串、求串长度和串复制。用相关数据进行测试，其操作界面类似于图 4.1。

项目 2：设计链串的基本运算(2)，包括建立串连接、求子串、删除子串和子串替换。用相关数据进行测试，其操作界面类似于图 4.2。

项目 3：有两个链串 s 和 t，设计一个算法按"字典顺序"比较它们的大小。用相关数据进行测试，其操作界面类似于图 4.3。

🖥 实践项目设计

（1）新建一个 Windows 应用程序项目 LinkString。

（2）设计链串的基本运算类 LinkStringClass，其基本结构如图 4.8 所示，字段 head 是链串单链表头结点指针。

LinkStringClass 类的代码放在 Class1.cs 文件中，对应的代码如下：

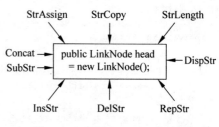

图 4.8　LinkStackClass 类结构

```
class LinkStringClass                           //链串基本运算类
{   public LinkNode head = new LinkNode();       //链串头结点
    public LinkStringClass()                     //构造函数
    {   head.next = null; }
    //------ 链串的基本运算算法 --------------------------
    public void StrAssign(string cstr)           //由字符串常量 cstr 产生链串 head
    {   int i; LinkNode r = head,p;              //r 始终指向尾结点
        for (i = 0; i < cstr.Length; i++)
        {   p = new LinkNode();
            p.data = cstr[i];
            r.next = p; r = p;
        }
        r.next = null;
    }

    public void StrCopy(LinkStringClass t)       //由串 t 复制产生当前串
    {   LinkNode p = t.head.next,q,r;
        r = head;                                //r 始终指向尾结点
        while (p! = null)                        //复制 t 的所有字符结点
        {   q = new LinkNode();
            q.data = p.data;
            r.next = q; r = q;
            p = p.next;
        }
        r.next = null;
    }

    public int StrLength()                       //求串长度运算
    {   int i = 0; LinkNode p = head.next;       //p 指向第一个字符结点
        while (p ! = null)
        {   i++;
            p = p.next;                          //p 移到下一个字符结点
        }
        return i;
    }
    public LinkStringClass Concat(LinkStringClass t)   //链串连接运算
    {   LinkStringClass nstr = new LinkStringClass();
        LinkNode p = head.next,q,r;
        r = nstr.head;
        while (p ! = null)                       //将当前链串的所有结点→nstr
        {   q = new LinkNode();
            q.data = p.data;
            r.next = q; r = q;
            p = p.next;
        }
        p = t.head.next;
        while (p ! = null)                       //将链串 t 的所有结点→nstr
        {   q = new LinkNode();
            q.data = p.data;
            r.next = q; r = q;
```

数据结构实践教程（C♯语言描述）

```
            p = p.next;
        }
        r.next = null;
        return nstr;
    }
    public LinkStringClass SubStr(int i,int j)  //求子串运算
    {   int k; LinkStringClass nstr = new LinkStringClass();
        LinkNode p = head.next,q,r;
        r = nstr.head;                          //r 指向新建链表的尾结点
        if (i<=0 ‖ i>StrLength() ‖ j<0 ‖ i+j-1>StrLength())
            return nstr;                        //参数不正确时返回空串
        for (k=0;k<i-1;k++)
            p = p.next;
        for (k = 1; k <= j; k++)                //将 s 的第 i 个结点开始的 j 个结点→nstr
        {   q = new LinkNode();
            q.data = p.data;
            r.next = q; r = q;
            p = p.next;
        }
        r.next = null;
        return nstr;
    }
    public LinkStringClass InsStr(int i,LinkStringClass t)     //插入子串运算
    {   int k; LinkStringClass nstr = new LinkStringClass();
        LinkNode p = head.next,p1 = t.head.next,q,r;
        r = nstr.head;                          //r 指向新建链表的尾结点
        if (i<=0 ‖ i>StrLength()+1)             //参数不正确时返回空串
            return nstr;
        for (k = 1; k < i; k++)                 //将当前链串的前 i 个结点→nstr
        {   q = new LinkNode();
            q.data = p.data;
            r.next = q; r = q;
            p = p.next;
        }
        while (p1 != null)                      //将 t 的所有结点→nstr
        {   q = new LinkNode();
            q.data = p1.data;
            r.next = q; r = q;
            p1 = p1.next;
        }
        while (p != null)                       //将 p 及其后的结点→nstr
        {   q = new LinkNode();
            q.data = p.data;
            r.next = q; r = q;
            p = p.next;
        }
        r.next = null;
        return nstr;
```

```
    }
public LinkStringClass DelStr(int i,int j)  //删除子串运算
{   int k; LinkStringClass nstr = new LinkStringClass();
    LinkNode p = head.next,q,r;
    r = nstr.head;                          //r 指向新建链表的尾结点
    if (i<=0 ‖ i>StrLength() ‖ j<0 ‖ i+j-1>StrLength())
        return nstr;                        //参数不正确时返回空串
    for (k = 0; k < i - 1; k++)             //将 s 的前 i-1 个结点→nstr
    {   q = new LinkNode();
        q.data = p.data;
        r.next = q; r = q;
        p = p.next;
    }
    for (k = 0;k < j; k++)                   //让 p 沿 next 跳 j 个结点
        p = p.next;
    while (p != null)                        //将 p 及其后的结点→nstr
    {   q = new LinkNode();
        q.data = p.data;
        r.next = q; r = q;
        p = p.next;
    }
    r.next = null;
    return nstr;
}
public LinkStringClass RepStr(int i,int j,LinkStringClass t)      //子串替换运算算法
{   int k; LinkStringClass nstr = new LinkStringClass();
    LinkNode p = head.next,p1 = t.head.next,q,r;
    r = nstr.head;                          //r 指向新建链表的尾结点
    if (i<=0 ‖ i>StrLength() ‖ j<0 ‖ i+j-1>StrLength())
        return nstr;                        //参数不正确时返回空串
    for (k = 0; k < i - 1; k++)             //将 s 的前 i-1 个结点→nstr
    {   q = new LinkNode();
        q.data = p.data;
        r.next = q; r = q;
        p = p.next;
    }
    for (k = 0;k < j;k++)                    //让 p 沿 next 跳 j 个结点
        p = p.next;
    while (p1 != null)                       //将 t 的所有结点→nstr
    {   q = new LinkNode();
        q.data = p1.data;
        r.next = q; r = q;
        p1 = p1.next;
    }
    while (p != null)                        //将 p 及其后的结点→nstr
    {   q = new LinkNode();
        q.data = p.data;
        r.next = q; r = q;
```

```
                p = p.next;
        }
        r.next = null;
        return nstr;
    }
    public string DispStr()                    //返回链串对应的字符串
    {   string mystr = "";
        LinkNode p = head.next;
        if (p == null)
            mystr = "空串";
        else
        {   while (p != null)
            {   mystr += p.data.ToString();
                p = p.next;
            }
        }
        return mystr;
    }
}
```

（3）设计项目 1 对应的窗体 Form1，其设计界面和图 4.1 类似，其操作过程和主要代码与顺序串实践项目中的 Form1 类似。

（4）设计项目 2 对应的窗体 Form2，其设计界面和图 4.2 类似，其操作过程和主要代码与顺序串实践项目中的 Form2 类似。

（5）设计项目 3 对应的窗体 Form3，其设计界面和图 4.3 类似，其操作过程和主要代码与顺序串实践项目中的 Form3 类似，只是用链串替代顺序串来实现串的比较。

4.3 串的模式匹配

4.3.1 模式匹配的概念

设有主串 s 和子串 t，子串 t 的定位就是要在主串 s 中找到一个与子串 t 相等的子串。通常把主串 s 称为目标串，把子串 t 称为模式串，因此定位也称做模式匹配。模式匹配成功是指在目标串 s 中找到一个模式串 t；不成功则指目标串 s 中不存在模式串 t。

主要模式匹配算法有 BF 算法（简单匹配算法）和 KMP 算法，对于两个长度为 m、n 的串，前者的时间复杂度为 $O(mn)$，后者的时间复杂度为 $O(m+n)$。

KMP 算法利用了模式串 t 被多次匹配的特点，预先从中提取部分匹配信息，从而提高了匹配效率。

4.3.2 串模式匹配实践项目及其设计

⌨ 串模式匹配的实践项目

设计一个串模式匹配的实践项目，要求如下：

（1）建立各含有 20 个字符的主串基和子串基，由主串基循环 2000 次、子串基循环 1000

次产生主串和子串数据,并将子串插入到主串中。

(2) 求出 BF 算法重复 n 次所总花费的时间及匹配结果。

(3) 求出 KMP 算法重复 n 次所总花费的时间及匹配结果。

本项目的一次实验结果如图 4.9 所示,这里的主串基为"aaaaaaaaaaaaaaaaaaab",子串基为"aaaaaaaaaaaaaaaaaaaa",n 为 20,最后产生的主串含 60 000 个字符,子串含 20 000 个字符。从执行结果看到,二者模式匹配的结果相同,均为 39 820,但 BF 算法总时间为 187.5ms,KMP 算法总时间为 46.875ms,KMP 算法明显优于 BF 算法。

是否在任何情况下,KMP 算法都优于 BF 算法呢? 读者可以给出不同主串基和子串基来分析结果。

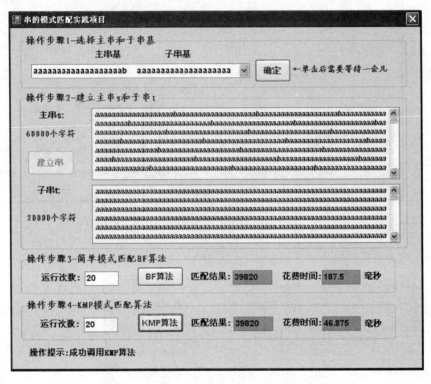

图 4.9　串模式匹配实践项目的操作界面

📖 实践项目设计

(1) 新建一个 Windows 应用程序项目 StringMatch。

(2) 串模式匹配适合顺序串,为此在本项目中设计顺序串的基本运算类 SqStringClass,其代码参见顺序串实践项目,只是将 MaxSize 改为 70 000,将该类放在 Class1.cs 类文件中。

(3) 在本项目中添加 Form1 窗体,其设计界面如图 4.10 所示。用户从 comboBox1 组合框中选择一个主串和子串基,单击"确定"命令按钮,项目通过循环自动产生相应的主串和子串,然后单击"建立串"命令按钮,产生用于模式匹配的顺序串 s 和 t。然后输入运行次数,单击"BF 算法"命令按钮求出采用 BF 算法所花的时间和匹配结果;输入运行次数,单击"KMP 算法"命令按钮求出采用 KMP 算法所花的时间和匹配结果。

之所以需要输入运行次数,是因为计算机运行速度较快,如果仅运行一次,有时以毫秒

数据结构实践教程(C♯语言描述)

为单位的运行时间可能为 0。

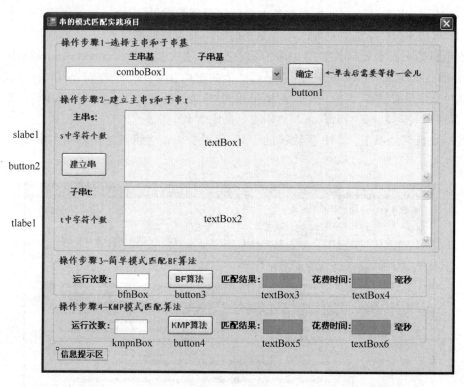

图 4.10　Form1 窗体的设计界面

Form1 的主要代码如下:

```csharp
public partial class Form1 : Form
{   SqStringClass s = new SqStringClass();          //顺序串 s
    SqStringClass t = new SqStringClass();          //顺序串 t
    int [] next = new int[60000];                   //next 数组
    public Form1()                                  //构造函数
    {   InitializeComponent(); }
    private void button1_Click(object sender, EventArgs e)      //确定
    {   int i;
        infolabel.Text = "操作提示:由主串基循环 2000 次,子串基循环 1000 次产生相关数据";
        string mystr = comboBox1.Text.Trim();
        if (mystr == "")
        {   infolabel.Text = "操作提示:必须选择一个字符串基";
            return;
        }
        string sb = mystr.Substring(0,20);
        string tb = mystr.Substring(24,20);
        string tstr = "";
        for (i = 0; i < 1000; i++)
            tstr += tb;
        textBox2.Text = tstr;
```

```
        string sstr = "";
        for (i = 0; i < 2000; i++)
        {   sstr += sb;
            if (i == 1990)
                sstr += tstr;
        }
        textBox1.Text = sstr;
        button2.Enabled = true;
}
private void button2_Click(object sender, EventArgs e)       //建立串
{   s.StrAssign(textBox1.Text.Trim());
    t.StrAssign(textBox2.Text.Trim());
    slabel.Text = s.StrLength().ToString() + "个字符";
    tlabel.Text = t.StrLength().ToString() + "个字符";
    infolabel.Text = "操作提示:成功建立两个顺序串";
    button2.Enabled = false; button3.Enabled = true;
    button4.Enabled = true;
}
private void button3_Click(object sender, EventArgs e)       //BF 算法
{   int k = 1,i,n;
    if (bfnBox.Text.Trim() == "")
    {   bfnBox.Text = "20";     //默认运行 20 次
        n = 20;
    }
    else
    {   try
        {   n = Convert.ToInt16(bfnBox.Text.Trim()); }
        catch (Exception err)           //捕捉 n 输入错误
        {   infolabel.Text = "操作提示:输入的次数是错误的,需重新输入";
            return;
        }
    }
    DateTime t1 = DateTime.Now;         //取当前时间
    for (i = 1; i <= n; i++)            //调用 BF 算法 n 次
        k = Index();
    DateTime t2 = DateTime.Now;         //求调用后的时间
    textBox4.Text = Difftime(t1, t2).ToString();    //求执行时间
    textBox3.Text = k.ToString();       //显示匹配结果
    infolabel.Text = "操作提示:成功调用 BF 算法";
}
private void button4_Click(object sender, EventArgs e)       //KMP 算法
{   int k = 1,i,n;
    if (bfnBox.Text.Trim() == "")
    {   bfnBox.Text = "20";
        n = 20;
    }
    else
    {   try
        {   n = Convert.ToInt16(bfnBox.Text.Trim()); }
        catch (Exception err)           //捕捉 n 输入错误
        {   infolabel.Text = "操作提示:输入的次数是错误的,需重新输入";
```

```
                return;
            }
        }
        DateTime t1 = DateTime.Now;          //取当前时间
        for (i = 1;i <= n;i++)               //调用 KMP 算法 n 次
            k = KMPIndex();
        DateTime t2 = DateTime.Now;          //求调用后的时间
        textBox6.Text = Difftime(t1, t2).ToString();    //求执行时间
        textBox5.Text = k.ToString();        //显示匹配结果
        infolabel.Text = "操作提示:成功调用 KMP 算法";
    }
    private int Index()                      //BF 算法
    {   int i = 0, j = 0;
        while (i < s.length && j < t.length)
        {   if (s.data[i] == t.data[j])      //继续匹配下一个字符
            {   i++;                         //主串和子串依次匹配下一个字符
                j++;
            }
            else                             //主串、子串指针回溯重新开始下一次匹配
            {   i = i - j + 1;               //主串从下一个位置开始匹配
                j = 0;                       //子串从头开始匹配
            }
        }
        if (j >= t.length)
            return (i - t.length);           //返回匹配的第一个字符的下标
        else
            return (-1);                     //模式匹配不成功
    }
    public void GetNext()                    //由模式串 t 求出 next 值
    {   int j,k; j = 0; k = -1;
        next[0] = -1;
        while (j < t.length - 1)
        {   if (k == -1 || t.data[j] == t.data[k])    //k 为 -1 或比较的字符相等时
            {   j++;k++;
                next[j] = k;
            }
            else k = next[k];
        }
    }
    public int KMPIndex()                    //KMP 算法
    {   int i = 0,j = 0;
        GetNext();                           //求 t 的 next 数组
        while (i < s.length && j < t.length)
        {   if (j == -1 || s.data[i] == t.data[j])
            {   i++;
                j++;                         //i、j 各增 1
            }
            else j = next[j];                //i 不变,j 后退
        }
        if (j >= t.length)
            return(i - t.length);            //返回匹配模式串的首字符下标
```

```
        else
            return( - 1);                        //返回不匹配标志
    }
private void Form1_Load(object sender, EventArgs e)
{                                               //组合框置初值
    comboBox1.Items.Add("aaaaaaaaaaaaaaaaaaab aaaaaaaaaaaaaaaaaaaa");
    comboBox1.Items.Add("12345678901234567890 12121212121212121212");
    comboBox1.Items.Add("abcdefghijklmnopqrst abcdefghijklmnopqrsx");
    comboBox1.Items.Add("abcdefghijklmnopqrst 01234567890123456789");
    bfnBox.Text = "20";
    kmpnBox.Text = "20";
    slabel.Text = "";
    tlabel.Text = "";
    button1.Enabled = true; button2.Enabled = false;
    button3.Enabled = false; button4.Enabled = false;
}
private double Difftime(DateTime t1, DateTime t2)      //求两时间相隔的毫秒数
{    TimeSpan ts = t2 - t1;
     return ts.TotalMilliseconds;
}
}
```

本项目中设置了 4 个主串和子串基,各种主串和子串基的匹配结果和执行时间分别如图 4.11～图 4.14 所示,从中看到,并非任何情况下 KMP 算法都比 BF 算法好,有些情况下 KMP 算法可能更差。

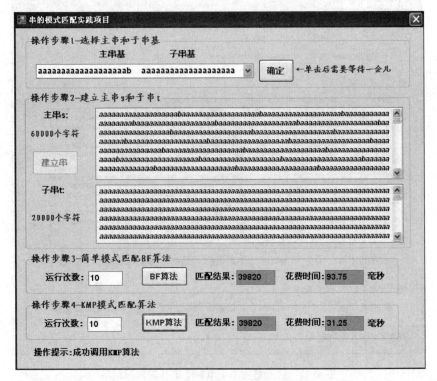

图 4.11　选择第一个主串和子串基的执行结果

数据结构实践教程（C♯语言描述）

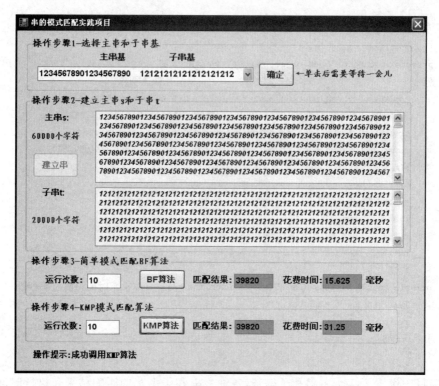

图 4.12　选择第二个主串和子串基的执行结果

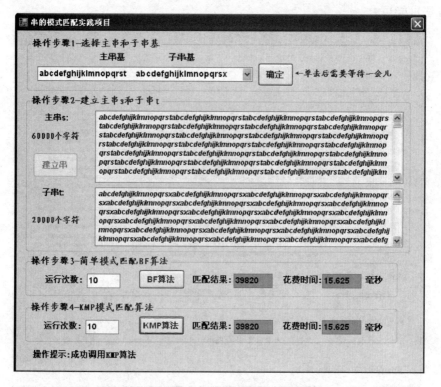

图 4.13　选择第三个主串和子串基的执行结果

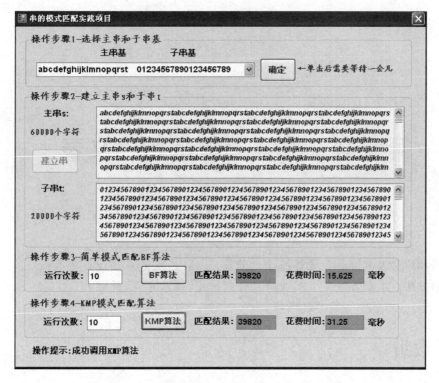

图 4.14　选择第四个主串和子串基的执行结果

CHAPTER 5

第 5 章　　　　　　　　　　数组和广义表

数组和广义表都可以看成是线性表的推广。在广义表算法设计中大量采用递归方法。本章通过多个实践项目介绍数组、稀疏矩阵、递归和广义表算法设计。

5.1　数组

本节介绍数组的定义、数组的存储结构和几种特殊矩阵的压缩存储等。

5.1.1　数组及其存储结构

从逻辑结构上看,数组是二元组(index,value)的集合,对每个 index,都有一个 value 值与之对应。index 称为下标,可以由一个整数、两个整数或多个整数构成,下标含有 $n(n \geqslant 1)$ 个整数称为维数是 n。数组按维数分为一维、二维和多维数组。

数组通常采用顺序存储方式来实现。

一维数组的所有元素依逻辑次序存放在一片连续的内存存储单元中,其起始地址为第一个元素 a_1 的地址即 $\mathrm{LOC}(a_1)$,假设每个数据元素占用 k 个存储单元,则任一数据元素 a_i 的存储地址 $\mathrm{LOC}(a_i)$ 就可由以下公式求出:

$$\mathrm{LOC}(a_i) = \mathrm{LOC}(a_1) + (i-1) \times k \qquad (2 \leqslant i \leqslant n)$$

对于 $d(d \geqslant 2)$ 维数组,其数据元素的存储必须约定存放次序即存储方案,这是因为存储单元是一维的(计算机的存储结构是线性的),而数组是 d 维的。通常存储方案有两种:

- 以行序为主序,C/C++、C♯、PASCAL、Basic 等语言采用。
- 以列序为主序,Fortran 语言采用。

以二维数组为例,若采用以行序为主序的存储方式,已知第 1 个数据元素 $a_{1,1}$ 的存储地址 $\mathrm{LOC}(a_{1,1})$ 和每个数据元素所占用的存储单元数 k 后,则该二维数组中任一数据元素 $a_{i,j}$ 的存储地址可由下式确定:

$$\text{LOC}(a_{i,j}) = \text{LOC}(a_{1,1}) + [(i-1) \times n + (j-1)] \times k \qquad (2 \leqslant i \leqslant m, 2 \leqslant j \leqslant n)$$

若采用以列序为主序的存储方式,同理可推出在以列序为主序的计算机系统中有:

$$\text{LOC}(a_{i,j}) = \text{LOC}(a_{1,1}) + [(j-1) \times m + (i-1)] \times k \qquad (2 \leqslant i \leqslant m, 2 \leqslant j \leqslant n)$$

在更一般的情况下,假设二维数组行下界是 c_1,行上界是 d_1,列下界是 c_2,列上界是 d_2,即数组 $A[c_1 \cdots d_1, c_2 \cdots d_2]$,则以行序为主序的存储方式中元素地址为:

$$\text{LOC}(a_{i,j}) = \text{LOC}(a_{c1,c2}) + [(i-c_1) \times (d_2 - c_2 + 1) + (j - c_2)] \times k$$

则以列序为主序的存储方式中元素地址为:

$$\text{LOC}(a_{i,j}) = \text{LOC}(a_{c1,c2}) + [(j-c_2) \times (d_1 - c_1 + 1) + (i - c_1)] \times k$$

5.1.2　特殊矩阵的压缩存储

二维数组也称为矩阵,一个 m 行 n 列的矩阵,其元素可以分为 3 部分,即上三角部分、主对角线和下三角部分,如图 5.1 所示。

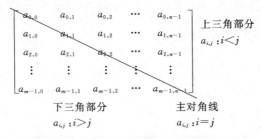

图 5.1　一个矩阵的三部分

所谓特殊矩阵,是指非零元素或零元素的分布有一定规律的矩阵,为了节省存储空间,特别是在高阶矩阵的情况下,可以利用特殊矩阵的规律,对它们进行压缩存储。

1. 对称矩阵的压缩存储

若一个 n 阶方阵 $a[n,n]$ 中的元素满足 $a_{i,j} = a_{j,i}$($0 \leqslant i, j \leqslant n-1$),则称其为 n 阶对称矩阵。

压缩存储方式:以行序为主序存储其主对角线和下三角部分的元素,将这些元素存储到一个一维数组中。这样,就可以将 n^2 个元素压缩存储到 $n(n+1)/2$ 个元素的空间中。

假设以一维数组 $b[0..n(n+1)/2-1]$ 作为 n 阶对称矩阵 $a[n,n]$ 的存储结构,a 数组元素 $a_{i,j}$ 存储在 b 数组的 b_k 元素中,元素 $a_{i,j}$ 和 b_k 之间存在着如下对应关系:

$$k = \begin{cases} i(i+1)/2 + j & \text{当 } i \geqslant j \\ j(j+1)/2 + i & \text{当 } i < j \end{cases}$$

所谓 n 阶下(上)三角矩阵,是指矩阵的上(下)三角(不包括对角线)中的元素均为常数 c 的 n 阶方阵。设以一维数组 $b[0..n(n+1)/2]$ 作为 n 阶三角矩阵 a 的存储结构,则 a 中任一元素 $a_{i,j}$ 和 b 中元素 b_k 之间存在着如下对应关系。

上三角矩阵:

$$k = \begin{cases} \dfrac{i(2n-i+1)}{2} + j - i & \text{当 } i \leqslant j \\ \dfrac{n(n+1)}{2} & \text{当 } i > j \end{cases}$$

数据结构实践教程（C♯语言描述）

下三角矩阵：

$$k = \begin{cases} \dfrac{i(i+1)}{2} + j & \text{当 } i \geqslant j \\[2mm] \dfrac{n(n+1)}{2} & \text{当 } i < j \end{cases}$$

其中，数组 b 的元素 $b_{n(n+1)/2}$ 中存放着常数 c。

2. 对角矩阵的压缩存储

若一个 n 阶方阵 a 满足其所有非零元素都集中在以主对角线为中心的带状区域中，则称其为 n 阶对角矩阵。其主对角线上下方各有 l 条次对角线，称 l 为矩阵半带宽，$(2l+1)$ 为矩阵的带宽。对于半带宽为 $l(0 \leqslant l \leqslant (n-1)/2)$ 的对角矩阵，其 $|i-j| \leqslant l$ 的元素 $a_{i,j}$ 不为零，其余元素为零。

特别地，对于 $l=1$ 的三对角矩阵，只存储其非零元素，并存储到一维数组 b 中，即以行序为主序将 a 的非零元素 $a_{i,j}$ 存储到 b 的元素 b_k 中，归纳起来有 $k=2i+j$。

5.1.3 数组实践项目及其设计

数组的实践项目

项目 1：设计一个项目求用户设定的二维数组中某指定元素的位置。用相关数据进行测试，其操作界面如图 5.2 所示。

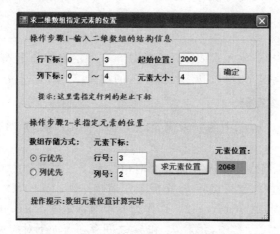

图 5.2 数组——实践项目 1 的操作界面

项目 2：设计一个项目用于上三角矩阵的压缩存储。用相关数据进行测试，其操作界面如图 5.3 所示。

实践项目设计

（1）新建一个 Windows 应用程序项目 SArray。

（2）设计项目 1 对应的窗体 Form1，其设计界面如图 5.4 所示。用户先输入数组 $A[c_1..d_1, c_2..d_2]$ 的 c_1、d_1、c_2 和 d_2 值，以及起始位置 loc 和元素大小 k，单击"确定"命令按钮设置好这些值。然后选择行优先或列优先的存储结构，再输入要计算位置的元素的行、列号，单击"求元素位置"命令按钮，则求出其物理位置并显示出来。

说明：本项目不涉及具体数组元素的值，只考虑数组的存储结构。

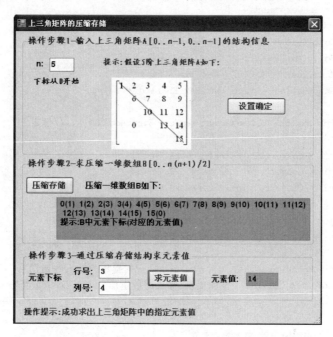

图 5.3 数组——实践项目 2 的操作界面

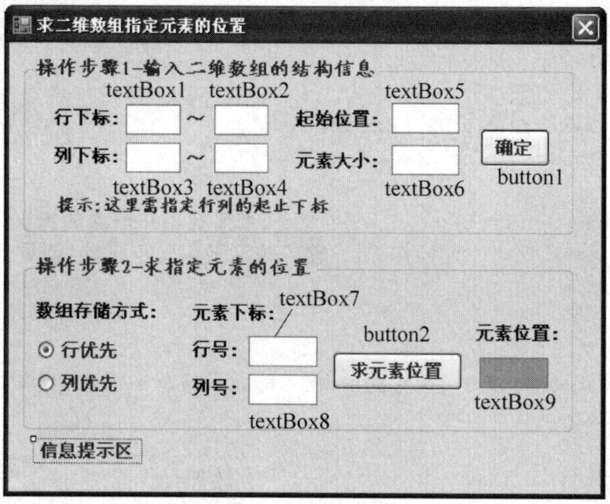

图 5.4 Form1 窗体的设计界面

Form1 的主要代码如下：

```
public partial class Form1 : Form
{    int c1;                              //数组行起始下标
     int d1;                              //数组行终止下标
     int c2;                              //数组列起始下标
     int d2;                              //数组列终止下标
     int loc;                             //数组起始位置
     int k;                               //数组元素大小
```

数据结构实践教程（C♯语言描述）

```
public Form1()                              //构造函数
{    InitializeComponent(); }
private void Form1_Load(object sender, EventArgs e)
{    textBox1.Text = "0";      textBox2.Text = "5";      //设置默认值
     textBox3.Text = "0";      textBox4.Text = "6";
     textBox5.Text = "1000";  textBox6.Text = "5";
     button1.Enabled = true; button2.Enabled = false;
}
private void button1_Click(object sender, EventArgs e)      //确定
{    try
     {    c1 = Convert.ToInt32(textBox1.Text);
          d1 = Convert.ToInt32(textBox2.Text);
          c2 = Convert.ToInt32(textBox3.Text);
          d2 = Convert.ToInt32(textBox4.Text);
          loc = Convert.ToInt32(textBox5.Text);
          k = Convert.ToInt32(textBox6.Text);
     }
     catch (Exception err)                    //捕捉用户输入的错误
     {    infolabel.Text = "操作提示:输入的数组信息不正确,请重新输入";
          return;
     }
     button2.Enabled = true;
     infolabel.Text = "操作提示:二维数组的结构信息设置成功";
}
private void button2_Click(object sender, EventArgs e)       //求元素位置
{    int i, j, locij;
     try
     {    i = Convert.ToInt32(textBox7.Text);
          j = Convert.ToInt32(textBox8.Text);
     }
     catch (Exception err)                      //捕捉用户输入的错误
     {    infolabel.Text = "操作提示:输入的元素信息不正确,请重新输入";
          return;
     }
     if (i < c1 || i > d1 || j < c2 || j > d2)
     {    infolabel.Text = "操作提示:输入的元素信息不正确,请重新输入";
          return;
     }
     if (radioButton1.Checked)               //选择行优先
          locij = loc + ((i - c1) * (d2 - c2 + 1) + (j - c2)) * k;
     else                                     //选择列优先
          locij = loc + ((j - c2) * (d1 - c1 + 1) + (i - c1)) * k;
     textBox9.Text = locij.ToString();
     infolabel.Text = "操作提示:数组元素位置计算完毕";
}
}
```

（3）设计项目 2 对应的窗体 Form2，其设计界面如图 5.5 所示。用户输入 n，单击"设置确定"命令按钮，系统自动建立一个上三角矩阵 A，图中列出的是 $n=5$ 的情况。单击"压缩存储"命令按钮，将其压缩存放到一个一维数组 B 中。然后在已知行、列号时从压缩数组 B 中取出相应的值。

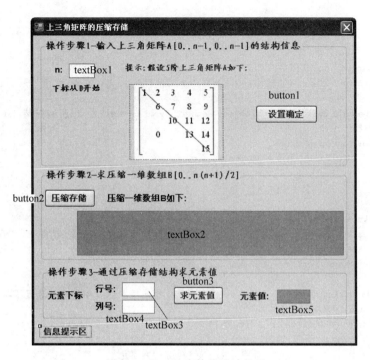

图 5.5　Form2 窗体的设计界面

Form2 的主要代码如下：

```
public partial class Form2 : Form
{   const int MaxSize = 20;
    const int MaxSize1 = MaxSize * (MaxSize + 1)/2;
    int[,] A = new int[MaxSize,MaxSize];
    int [] B = new int[MaxSize1];
    int n;
    public Form2()                              //构造函数
    {   InitializeComponent(); }
    private void Form2_Load(object sender, EventArgs e)
    {   textBox1.Text = "5";                    //设置默认值
        button1.Enabled = true;button2.Enabled = false;
        button3.Enabled = false;
    }
    private void button1_Click(object sender, EventArgs e)     //设置确定
    {   int i, j, v = 1;
        try
        {   n = Convert.ToInt32(textBox1.Text); }
        catch (Exception err)                   //捕捉用户输入错误
        {   infolabel.Text = "操作提示:输入的上三角矩阵数组信息不正确,请重新输入";
            return;
        }
        if (n < 3 || n > 20)
        {   infolabel.Text = "操作提示:n值应在 3 与 20 之间,请重新输入";
            return;
        }
        for (i = 0;i < n; i++)                   //根据 n 自动求出 A 的上三角元素值
            for (j = i; j < n; j++)
```

数据结构实践教程（C♯语言描述）

```
                { A[i, j] = v;
                    v++;
                }
         button2.Enabled = true;
         nfolabel.Text = "操作提示:上三角矩阵的结构信息设置成功";
    }
    private void button2_Click(object sender, EventArgs e)      //压缩存储
    { int i, j, k;
        for (i = 0;i < n;i++)
            for (j = i; j < n; j++)
            { k = i * (2 * n - i + 1) / 2 + j - i;
                B[k] = A[i,j];
            }
        B[n * (n + 1) / 2] = A[2, 1];
        textBox2.Text = disp();                     //输出 disp 调用的结果
        button3.Enabled = true;
        infolabel.Text = "操作提示:上三角矩阵压缩存储成功";
    }
    private string disp()                        //将压缩数组 B 中所有元素及下标构成一个字符串
    { int i; string mystr = "";
        for (i = 0; i <= n * (n + 1) / 2; i++)
            mystr += i.ToString() + "(" + B[i].ToString() + ") ";
        mystr += "\r\n 提示:B 中元素下标(对应的元素值)";
        return mystr;
    }
    private void button3_Click(object sender, EventArgs e)      //求元素值
    { int i, j, v;
        try
        { i = Convert.ToInt32(textBox3.Text);
            j = Convert.ToInt32(textBox4.Text);
        }
        catch (Exception err)                    //捕捉用户输入错误
        { infolabel.Text = "操作提示:行列号输入错误,请重新输入";
            return;
        }
        if (i < 0 || i >= n || j < 0 || j >= n)
        { infolabel.Text = "操作提示:行列号超界错误,请重新输入";
            return;
        }
        if (i <= j)
            v = B[i * (2 * n - i + 1)/2 + j - i];
        else
            v = B[n * (n + 1)/2];
        textBox5.Text = v.ToString();
        infolabel.Text = "操作提示:成功求出上三角矩阵中的指定元素值";
    }
}
```

5.2 稀疏矩阵

一个阶数较大的矩阵中的非零元素个数 s 相对于矩阵元素的总个数 t 十分小时,即 $s \ll t$ 时,称该矩阵为稀疏矩阵。例如一个 100×100 的矩阵,若其中只有 100 个非零元素,就可称

其为稀疏矩阵。

5.2.1　稀疏矩阵的存储结构

稀疏矩阵通常采用三元组和十字链表两种基本的存储结构。

1. 稀疏矩阵的三元组表示

不同于以上讨论的几种特殊矩阵的压缩存储方法,稀疏矩阵的压缩存储方法是只存储非零元素。由于稀疏矩阵中非零元素的分布没有任何规律,所以在存储非零元素时还必须同时存储该非零元素所对应的行下标和列下标。这样,稀疏矩阵中的每一个非零元素需由一个三元组$(i,j,a_{i,j})$唯一确定,稀疏矩阵中的所有非零元素构成三元组线性表。

假设有一个 6×7 阶稀疏矩阵 A(为图示方便,所取的行列数都很小),A 中元素及其三元组表示如图 5.6 所示。

$$A_{6 \times 7} = \begin{bmatrix} 0 & 0 & 1 & 0 & 0 & 0 & 0 \\ 0 & 2 & 0 & 0 & 0 & 0 & 0 \\ 3 & 0 & 0 & 0 & 0 & 0 & 0 \\ 0 & 0 & 0 & 5 & 0 & 0 & 0 \\ 0 & 0 & 0 & 0 & 6 & 0 & 0 \\ 0 & 0 & 0 & 0 & 0 & 7 & 4 \end{bmatrix} \Rightarrow \begin{array}{ccc} i & j & d \\ 0 & 2 & 1 \\ 1 & 1 & 2 \\ 2 & 0 & 3 \\ 3 & 3 & 5 \\ 4 & 4 & 6 \\ 5 & 5 & 7 \\ 5 & 6 & 4 \end{array}$$

图 5.6　稀疏矩阵 A 及其三元组表示

若把稀疏矩阵的三元组线性表按顺序存储结构存储,则称为稀疏矩阵的**三元组顺序表**。三元组顺序表的数据类型 TSMatrix 定义如下:

```
public struct TupNode        //单个三元组的类型
{    public int r;           //行号
     public int c;           //列号
     public int d;           //元素值
};
public struct TSMatrix       //三元组顺序表类型
{    public int rows;        //行数
     public int cols;        //列数
     public int nums;        //非零元素个数
     public TupNode[] data;
};
```

其中,data 数组中表示的非零元素通常以行序为主序顺序排列,是一种下标按行有序的存储结构。这种有序存储结构可简化大多数稀疏矩阵运算算法。

稀疏矩阵运算通常包括矩阵转置、矩阵加、矩阵减、矩阵乘等。

2. 稀疏矩阵的十字链表表示

十字链表为稀疏矩阵的每一行设置一个单独链表,同时也为每一列设置一个单独链表。这样,稀疏矩阵的每一个非零元素就同时包含在两个链表中,即每一个非零元素同时包含在所在行的行链表中和所在列的列链表中。

如图 5.7 所示是稀疏矩阵 B 及其对应的十字链表表示,其中,所有的行、列头结点是共享的,也就是说头结点 $h[1]$ 既作为第 1 行单链表的头结点,也作为第 1 列单链表的头结点,另外,这些头结点又构成一个单链表,再加上一个总的头结点,所以 $m \times n$ 的稀疏矩阵采用十字链表表示,其中,头结点的个数为 $\mathrm{MAX}\{m,n\}+1$。

一个稀疏矩阵如果采用二维数组来存储,具有随机存取特性;当采用压缩存储方式(三

数据结构实践教程（C♯语言描述）

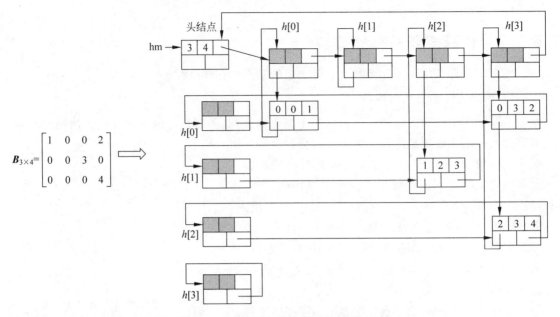

$$B_{3\times 4} = \begin{bmatrix} 1 & 0 & 0 & 2 \\ 0 & 0 & 3 & 0 \\ 0 & 0 & 0 & 4 \end{bmatrix}$$

图 5.7 一个稀疏矩阵及其十字链表表示

元组表示或十字链表表示），都不再具有随机存取特性。

5.2.2 稀疏矩阵实践项目及其设计

稀疏矩阵的实践项目

项目 1：设计一个算法用于建立稀疏矩阵的三元组存储结构。用相关数据进行测试，其操作界面如图 5.8 所示。

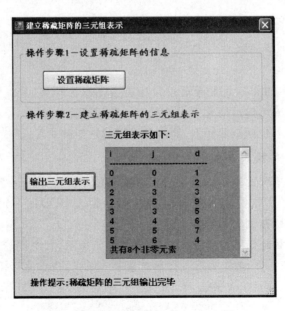

图 5.8 稀疏矩阵——实践项目 1 的操作界面

项目 2：设计在稀疏矩阵采用三元组表示时元素赋值和取元素的算法。用相关数据进行测试，其操作界面如图 5.9 所示。

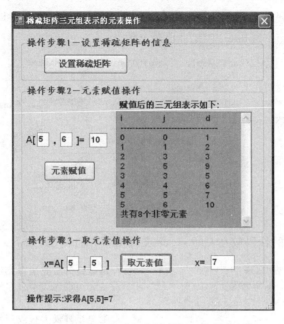

图 5.9 稀疏矩阵——实践项目 2 的操作界面

项目 3：设计通过三元组表示实现稀疏矩阵转置操作的算法。用相关数据进行测试，其操作界面如图 5.10 所示。

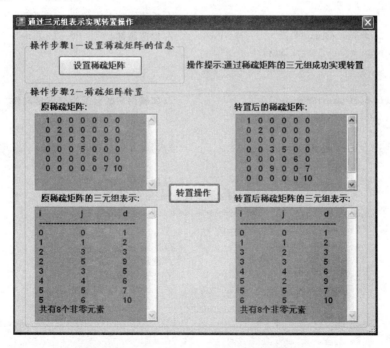

图 5.10 稀疏矩阵——实践项目 3 的操作界面

数据结构实践教程（C♯语言描述）

💻 实践项目设计

（1）新建一个 Windows 应用程序项目 SMatrix。

（2）设计三元组基本运算类 SMatrixClass，其基本结构如图 5.11 所示，字段 data 数组存放顺序表元素，length 为 data 中实际元素个数。

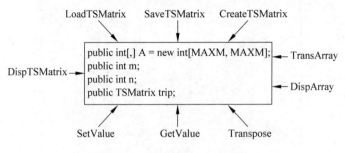

图 5.11　SMatrixClass 类结构

SMatrixClass 类的代码放在 Class1.cs 文件中，对应的代码如下：

```
public class SMatrixClass                        //稀疏矩阵三元组存储结构类
{   const int MaxSize = 100;                     //三元组顺序表中最多元素个数
    string filepath = "smatrix.dat";
    const int MAXM = 10;                         //稀疏矩阵最大行或列数
    public int[,] A = new int[MAXM, MAXM];
    public int m;                                //稀疏矩阵的行数
    public int n;                                //稀疏矩阵的列数
    public TSMatrix trip;                        //稀疏矩阵对应的三元组顺序表
    public SMatrixClass()                        //构造函数
    {   trip = new TSMatrix();
        trip.data = new TupNode[MaxSize];
    }
    public bool LoadTSMatrix()                   //加载用户的稀疏矩阵信息文件
    {   int i, j;
        int d;
        if (!File.Exists(filepath))              //不存在该文件时
            return false;
        else                                     //存在文件时
        {   FileStream fs = File.OpenRead(filepath);
            BinaryReader sb = new BinaryReader(fs, Encoding.Default);
            fs.Seek(0, SeekOrigin.Begin);
            m = sb.ReadInt32();                  //读取 m
            n = sb.ReadInt32();                  //读取 n
            for (i = 0; i < MAXM; i++)           //读取 A 数组
                for (j = 0; j < MAXM; j++)
                        A[i, j] = sb.ReadInt32();
            sb.Close();
            fs.Close();
            return true;
        }
```

```
}
public void SaveTSMatrix()                //将用户设置的稀疏矩阵信息保存在一个文件中
{   int i, j;
    if (File.Exists(filepath))            //存在该文件时删除之
        File.Delete(filepath);
    FileStream fs = File.OpenWrite(filepath);
    BinaryWriter sb = new BinaryWriter(fs, Encoding.Default);
    sb.Write(m);                          //写入 m
    sb.Write(n);                          //写入 n
    for (i = 0; i < MAXM; i++)            //写入 A 数组
        for (j = 0; j < MAXM; j++)
            sb.Write(A[i, j]);
    sb.Close();
    fs.Close();
}
public void CreateTSMatrix()              //创建稀疏矩阵的三元组顺序表表示
{   int i,j;
    trip.rows = m;
    trip.cols = n;
    trip.nums = 0;
    for (i = 0;i < m; i++)
    {   for (j = 0;j < n; j++)
        if (A[i,j] != 0)                  //只存储非零元素
        {   trip.data[trip.nums].r = i;
            trip.data[trip.nums].c = j;
            trip.data[trip.nums].d = A[i,j];
            trip.nums++;
        }
    }
}
public string DispTSMatrix()              //输出三元组表示
{   string mystr = "";
    int i;
    if (trip.nums <= 0)                   //没有非零元素时返回
        return mystr;
    mystr += "i\tj\td\r\n";
    mystr += " ------------------------ \r\n";
    for (i = 0;i < trip.nums; i++)
        mystr += trip.data[i].r.ToString() + "\t" + trip.data[i].c.ToString()
            + "\t" + trip.data[i].d.ToString() + "\r\n";
    mystr += "共有" + trip.nums.ToString() + "个非零元素";
    return mystr;
}
public void TransArray()                  //将三元组顺序表还原成稀疏矩阵
    {   int i, j, k;
        m = trip.rows;
        n = trip.cols;
        for (i = 0; i < m; i++)
            for (j = 0; j < n; j++)
                A[i, j] = 0;
        for (k = 0; k < trip.nums; k++)
```

数据结构实践教程(C#语言描述)

```
        A[trip.data[k].r, trip.data[k].c] = trip.data[k].d;
}
public string DispArray()                    //输出稀疏矩阵
{    int i,j; string mystr = "";
    for (i = 0;i < m;i++)
    {    for (j = 0; j < n; j++)
            mystr += string.Format("{0,4}",A[i,j]);
        mystr += "\r\n";
    }
    return mystr;
}
public bool Setvalue(int i, int j, int x)      //通过三元组给稀疏矩阵元素赋值
{    int k = 0, k1;
    if (i < 0 || i >= trip.rows || j < 0 || j >= trip.cols)
        return false;                          //下标错误时返回 false
    while (k < trip.nums && i > trip.data[k].r)
        k++;                                   //查找第 i 行的第一个非零元素
    while (k < trip.nums && i == trip.data[k].r && j > trip.data[k].c)
        k++;                                   //在第 i 行中查找第 j 列的元素
    if (trip.data[k].r == i && trip.data[k].c == j)    //找到了这样的元素
        trip.data[k].d = x;
    else                                       //不存在这样的元素时插入一个元素
    {    for (k1 = trip.nums - 1; k1 >= k; k1--)    //后移元素以便插入
        {    trip.data[k1 + 1].r = trip.data[k1].r;
            trip.data[k1 + 1].c = trip.data[k1].c;
            trip.data[k1 + 1].d = trip.data[k1].d;
        }
        trip.data[k].r = i;
        trip.data[k].c = j;
        trip.data[k].d = x;
        trip.nums++;
    }
    return true;                               //赋值成功时返回 true
}
public bool GetValue(int i,int j,ref int x)
{    int k = 0;
    if (i < 0 || i >= trip.rows || j < 0 || j >= trip.cols)
        return false;                          //下标错误时返回 false
    while (k < trip.nums && trip.data[k].r < i)
        k++;                                   //查找第 i 行的第一个非零元素
    while (k < trip.nums && trip.data[k].r == i && trip.data[k].c < j)
        k++;                                   //在第 i 行中查找第 j 列的元素
    if (trip.data[k].r == i && trip.data[k].c == j)    //找到了这样的元素
        x = trip.data[k].d;
    else
        x = 0;                                 //在三元组中没有找到表示是零元素
    return true;                               //取值成功时返回 true
}
public void Transpose(ref SMatrixClass tb)     //矩阵转置
{    int p, q = 0, v;                          //q 为 tb.trip.data 的下标
    tb.trip.rows = trip.cols;
```

```
                tb.trip.cols = trip.rows;
                tb.trip.nums = trip.nums;
                if (trip.nums != 0)                    //当前三元组表示中存在非零元素时执行转置
                {    for (v = 0; v < trip.cols; v++)    //tb.trip.data[q]中的记录以 c 域的次序排列
                        for (p = 0;p < trip.nums; p++) //p 为 trip.data 的下标
                            if (trip.data[p].c == v)
                            {    tb.trip.data[q].r = trip.data[p].c;
                                 tb.trip.data[q].c = trip.data[p].r;
                                 tb.trip.data[q].d = trip.data[p].d;
                                 q++;
                            }
                }
            }
        }
```

(3) 设计项目 1 对应的窗体 Form1,其中包含以下字段:

```
SMatrixClass tm = new SMatrixClass();              //稀疏矩阵对象 tm
```

用户先调用 SetForm 窗体(输入行数、列数和稀疏矩阵元素值)设置好一个稀疏矩阵对象 tm,然后单击"输出三元组表示"命令按钮显示对应的三元组表示,对应的单击事件过程如下:

```
private void button2_Click(object sender, EventArgs e)
{    if (tm.LoadTSMatrix())
        {    tm.CreateTSMatrix();
             textBox1.Text = tm.DispTSMatrix();
             infolabel.Text = "操作提示:稀疏矩阵的三元组输出完毕";
        }
        else
            infolabel.Text = "操作提示:不能产生稀疏矩阵的三元组表示";
}
```

(4) 设计项目 2 对应的窗体 Form2,其中包含以下字段:

```
SMatrixClass tm = new SMatrixClass();              //稀疏矩阵对象 tm
```

用户先调用 SetForm 窗体(输入行数、列数和稀疏矩阵元素值)设置好一个稀疏矩阵对象 tm,再输入要赋值的 $A[i,j]=x$ 形式中的 i、j 和 x 值,然后单击"元素赋值"命令按钮通过三元组给稀疏矩阵相应的元素赋值,并显示修改后的三元组表示,对应的单击事件过程如下:

```
private void button2_Click(object sender, EventArgs e)
{    int i, j, x;
    try
    {    i = Convert.ToInt32(textBox1.Text);
         j = Convert.ToInt32(textBox2.Text);
         x = Convert.ToInt32(textBox3.Text);
    }
    catch (Exception err)                    //捕捉输入的错误
    {    infolabel.Text = "操作提示:输入的行列号和元素值错误,请重新输入";
         return;
    }
    if (tm.Setvalue(i, j, x))
```

```
    {   textBox4.Text = tm.DispTSMatrix();
        tm.TransArray();                        //将三元组还原成稀疏矩阵
        tm.SaveTSMatrix();                       //将修改保存在稀疏矩阵文件中
        infolabel.Text = "操作提示:稀疏矩阵的三元组输出完毕";
    }
    else
    {   infolabel.Text = "操作提示:输入的行列号和元素值错误,请重新输入";
        return;
    }
}
```

输入要取值的 $v=A[i,j]$ 形式中的 i、j 值,然后单击"取元素值"命令按钮通过三元组提取稀疏矩阵中相应元素值 v,并显示 v,对应的单击事件过程如下:

```
private void button3_Click(object sender, EventArgs e)
{   int i, j, v = 0;
    try
    {   i = Convert.ToInt32(textBox5.Text);
        j = Convert.ToInt32(textBox6.Text);
    }
    catch (Exception err)                        //捕捉输入的错误
    {   infolabel.Text = "操作提示:输入的行号和列号错误,请重新输入";
        return;
    }
    if (tm.GetValue(i, j, ref v))
    {   textBox7.Text = v.ToString();
        infolabel.Text = "操作提示:求得 A[" + i.ToString() + "," +
            j.ToString() + "] = " + v.ToString();
    }
    else
    {   textBox7.Text = "";
        infolabel.Text = "操作提示:求得 A[" + i.ToString() + "," + j.ToString() + "] = 0";
    }
}
```

(5) 设计项目 3 对应的窗体 Form3,其中包含以下字段:

```
SMatrixClass tm = new SMatrixClass();            //原稀疏矩阵对象
SMatrixClass tsm = new SMatrixClass();           //转置后稀疏矩阵对象
```

用户先调用 SetForm 窗体(输入行数、列数和稀疏矩阵元素值)设置好一个稀疏矩阵对象 tm,并显示 tm 的稀疏矩阵和对应的三元组表示,然后单击"转置操作"命令按钮建立对应的转置矩阵的三元组表示 tsm,并显示 tm 的稀疏矩阵和对应的三元组表示,对应的单击事件过程如下:

```
private void button2_Click(object sender, EventArgs e)
{   tm.Transpose(ref tsm);
    tsm.TransArray();
    textBox3.Text = tsm.DispArray();
    textBox4.Text = tsm.DispTSMatrix();
    infolabel.Text = "操作提示:通过稀疏矩阵的三元组成功实现转置";
}
```

5.3　递归

本节通过实践项目讨论递归算法的一般方法。

5.3.1　递归及其算法设计方法

1. 递归的定义

在定义一个过程或函数时出现调用本过程或本函数的成分,称为**递归**。若调用自身,称为直接递归。若过程或函数 p 调用过程或函数 q,而 q 又调用 p,称为间接递归。所有的间接递归问题都可以转换成等价的直接递归问题,所以本小节仅讨论直接递归。

例如,以下是求 $n!$ 的递归函数:

```
int fun(int n)              //求 n! 的递归函数
{   if (n == 1)             //语句 1
        return(1);          //语句 2
    else                    //语句 3
        return(fun(n - 1) * n);   //语句 4
}
```

2. 递归模型

递归模型是递归算法的抽象,它反映一个递归问题的递归结构,例如,求 $n!$ 的递归算法对应的递归模型如下:

$$f(n) = 1 \qquad\qquad 当 n = 1$$
$$f(n) = n \times f(n-1) \qquad 当 n > 1$$

其中,第 1 个式子给出了递归的终止条件,第 2 个式子给出了 $f(n)$ 的值与 $f(n-1)$ 的值之间的关系,把第 1 个式子称为**递归出口**,把第 2 个式子称为**递归体**。

求解 Hanoi 问题的递归模型如下:

$$f(n,x,y,z) \equiv 将 n 号圆盘从 x 移动到 z \qquad\qquad 当 n = 1 时$$
$$f(n,x,y,z) \equiv f(n-1,x,z,y);将 n 号圆盘从 x 移动到 z;f(n-1,y,x,z) \quad 当 n > 1 时$$

其中,符号"$\equiv$"表示等价关系,即"大问题"可以等价地转换成若干个"小问题"。前面递归模型中的"$=$"表示等值关系,即"大问题"的解等于若干个"小问题"的解经过某种非递归运算的结果。

3. 递归算法设计的步骤

递归算法求解过程的特征是:先将整个问题划分为若干个子问题,通过分别求解子问题,最后获得整个问题的解。而这些子问题具有与原问题相同的求解方法,于是可以再将它们划分成若干个子问题,分别求解,如此反复进行,直到不能再划分成子问题,或已经可以求解为止。这种自上而下将问题分解、求解,再自上而下引用、合并,求出最后解答的过程称为递归求解过程。这是一种分而治之的算法设计方法。

递归算法设计先要给出递归模型,再转换成对应的 C/C++语言函数。

推导求解问题的递归模型的一般步骤如下:

（1）对原问题 $f(s_n)$ 进行分析，假设出合理的"较小问题" $f(s_{n-1})$（与数学归纳法中假设 $i=n-1$ 时等式成立相似）。

（2）假设 $f(s_{n-1})$ 是可解的，在此基础上确定 $f(s_n)$ 的求解方式，即给出 $f(s_n)$ 与 $f(s_{n-1})$ 之间的关系（与数学归纳法中求证 $i=n$ 时等式成立的过程相似）。

（3）确定一个特定情况（如 $f(1)$ 或 $f(0)$）的解，由此作为递归出口（与数学归纳法中求证 $i=1$ 或 $i=0$ 时等式成立相似）。

例如，采用递归算法求实数数组 $a[0..n-1]$ 中的最大值。先推导其递归模型，假设 $f(a,i)$（为"大问题"）求数组元素 $a[0..i]$（共 $i+1$ 个元素）中的最大值。当 $i=0$ 时，有 $f(a,i)=a[0]$（得到递归出口）；假设 $f(a,i-1)$（相对于 $f(a,i)$ 而言，它是"小问题"）已经求得，则 $f(a,i)=\text{MAX}(f(a,i-1),a[i])$（得到递归体），其中，MAX() 为求两个值较大值函数，它是一个非递归函数。

因此得到如下递归模型：

$f(a,i)=a[0]$ 　　　　　　　　　当 $i=0$ 时

$f(a,i)=\text{MAX}(f(a,i-1),a[i])$ 　　其他情况

由此得到如下递归求解算法：

```
double f(double [ ] a[ ], int i)              //求 a[0..n-1]中最大值的递归函数
{    double m;
     if (i == 0) return a[0];
     else
     {    m = f(a,i-1);
          if (m < a[i])                       //求 m 和 a[i]中的最大值
               return(a[i]);
          else
               return(m);
     }
}
```

5.3.2　递归实践项目及其设计

递归的实践项目

项目 1：设计用递归方法求顺序表最大和最小元素的递归算法。用相关数据进行测试，其操作界面如图 5.12 所示。

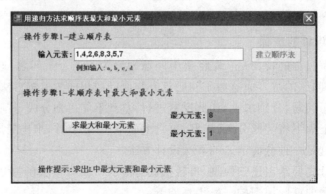

图 5.12　递归——实践项目 1 的操作界面

项目 2：设计一个递归算法求解 Hanoi 问题。用相关数据进行测试,其操作界面如图 5.13 所示。

图 5.13　递归——实践项目 2 的操作界面

项目 3：对于不带头结点的单链表,设计完成以下功能的递归算法：
(1) 求结点个数。
(2) 正向输出所有结点值。
(3) 反向输出所有结点值。
(4) 删除第 1 个值为指定值的结点。
(5) 删除所有值为指定值的结点。
用相关数据进行测试,其操作界面如图 5.14 所示。

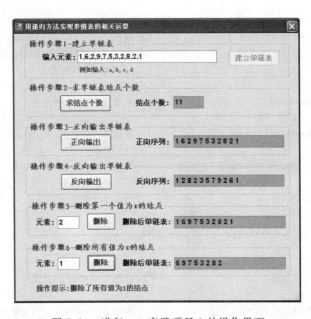

图 5.14　递归——实践项目 3 的操作界面

🖥 **实践项目设计**

（1）新建一个 Windows 应用程序项目 SMatrix。

（2）设计项目 1 对应的窗体 Form1，由于其中用到顺序表，在 Class1.cs 类文件中添加 SqListClass 类，该类仅包含建立顺序表的方法：

```
class SqListClass                              //顺序表类
{    const int MaxSize = 100;
     public string[] data;                      //存放顺序表中的元素
     public int length;                         //存放顺序表的长度
     public SqListClass()                       //构造函数
     {    data = new string[MaxSize];
          length = 0;
     }
     public void CreateList(string[] split)     //由 split 中的元素建立顺序表
     {    int i;
          for (i = 0; i < split.Length; i++)
               data[i] = split[i];
          length = i;
     }
}
```

Form1 窗体中包含以下字段：

```
SqListClass L = new SqListClass();             //顺序表对象 L
```

用户输入一个整数序列，单击"建立顺序表"命令按钮，调用 CreateList 方法建立好顺序表 L，然后单击"求最大和最小元素"命令按钮求顺序表 L 中的最大元素和最小元素，对应的单击事件过程如下：

```
private void button2_Click(object sender, EventArgs e)    //求最大和最小元素
{    textBox2.Text = MaxElem();               //调用 Form1 中的 MaxElem 方法
     textBox3.Text = MinElem();               //调用 Form1 中的 MinElem 方法
     infolabel.Text = "操作提示:求出 L 中的最大元素和最小元素";
}
private string MaxElem()                       //求出 L 中的最大元素
{    return MaxElem1(L.length); }
private string MaxElem1(int i)                 //求出 L.data[0..i-1]这 i 个元素的最大元素
{    string x;
     if (i == 1) return L.data[i-1];
     else
     {    x = MaxElem1(i - 1);                 //求出 L.data[0..i-2]这 i-1 个元素中的最大元素
          if (string.Compare(x, L.data[i-1]) > 0) return x;
          else return L.data[i-1];
     }
}
private string MinElem()                       //求出 L 中的最小元素
{    return MinElem1(L.length); }
private string MinElem1(int i)                 //求出 L.data[0..i-1]这 i 个元素的最小元素
{    string x;
```

```
        if (i == 1) return L.data[i-1];
        else
        {   x = MinElem1(i - 1);              //求出 L.data[0..i-2]这 i-1 个元素中的最小元素
            if (string.Compare(x, L.data[i-1]) < 0) return x;
            else return L.data[i-1];
        }
    }
```

（3）设计项目 2 对应的窗体 Form2，其设计界面如图 5.15 所示。当用户输入正确的盘片数 *n* 后，单击"求解"命令按钮在 textBox2 文本框中显示移动盘片的步骤。

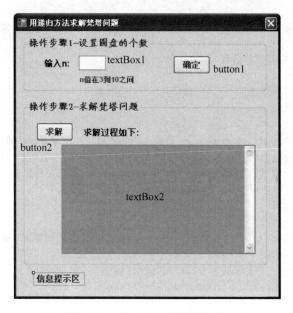

图 5.15　Form2 窗体设计界面

Form2 的主要代码如下：

```
public partial class Form2 : Form
{   string hstr;                            //用于存放求解过程
    int n;                                  //圆盘个数
    int m;                                  //累计搬动圆盘的次数
    public Form2()                          //构造函数
    {   InitializeComponent(); }
    private void Form2_Load(object sender, EventArgs e)
    {   textBox1.Text = "3";
        button1.Enabled = true; button2.Enabled = false;
    }
    private void button1_Click(object sender, EventArgs e)     //确定
    {   try
        {   n = Convert.ToInt32(textBox1.Text); }
        catch (Exception err)               //捕捉用户输入 n 的错误
        {   infolabel.Text = "操作提示:输入的 n 错误,请重新输入";
            return;
        }
```

数据结构实践教程(C#语言描述)

```
        if (n < 3 ‖ n > 10)
        {   infolabel.Text = "操作提示:n 只能在 3 到 10 之间,请重新输入";
            return;
        }
        button2.Enabled = true;
        infolabel.Text = "操作提示:n 值设置正确";
    }
    private void button2_Click(object sender, EventArgs e)      //求解
    {   textBox2.Text = Hanoi();
        infolabel.Text = "操作提示:成功求解梵塔问题";
    }
    private string Hanoi()                           //递归求解 Hanoi 问题的算法
    {   m = 0;
        hstr = "搬动圆盘过程:\r\n";
        Hanoi1(n, 'A', 'B', 'C');
        hstr += "共搬动" + m.ToString() + "次圆盘";
        return hstr;
    }
    private void Hanoi1(int n, char x, char y, char z)     //被 Hanoi 方法调用
    {   if (n == 1)                              //只有一个盘片的情况:递归出口
        {   hstr += "\t将编号为" + n.ToString() + "的盘片从" + x.ToString() +
                "移动到" + z.ToString() + "\r\n";
            m++;
        }
        else                                    //多于一个盘片的情况:递归体
        {   Hanoi1(n - 1, x, z, y);
            hstr += "\t将编号为" + n.ToString() + "的盘片从" + x.ToString() +
                "移动到" + z.ToString() + "\r\n";
            m++;
            Hanoi1(n - 1, y, x, z);
        }
    }
}
```

(4) 设计项目 3 对应的窗体 Form3,由于其中用到单链表,在 Class1.cs 类文件中添加 LinkListClass 类:

```
public class LinkList                    //单链表结点类
{   public string data;                  //存放数据元素
    public LinkList next;                 //指向下一个结点的字段
};
class LinkListClass                       //单链表类
{   LinkList head = new LinkList();       //单链表头结点
    string rstr;                          //用于输出字符串
    //------ 单链表的基本运算算法 -------------------------
    public void CreateListR(string[] split)     //尾插法建立单链表
    {   LinkList s, r; int i;
        r = head;                         //r 始终指向尾结点,开始时指向头结点
        for (i = 0; i < split.Length; i++) //循环建立数据结点
        {   s = new LinkList();
```

```
            s.data = split[i];              //创建数据结点 s
            r.next = s; r = s;              //将 s 结点插入 r 结点之后
        }
        r.next = null;                      //将尾结点的 next 字段置为 null
    }
    public string DispList()                //将单链表所有结点值构成一个字符串返回
    {   string str = ""; LinkList p;
        p = head.next;                      //p 指向开始结点
        if (p == null) str = "空串";
        while (p != null)                   //p 不为 null,输出 p 结点的 data 字段
        {   str += p.data + " ";
            p = p.next;                     //p 移向下一个结点
        }
        return str;
    }
    //------ 单链表的递归算法 --------------------------
    public int Count()                      //计算单链表的结点个数
    {
        return Count1(head.next);           //head.next 指向第 1 个数据结点
    }
    private int Count1(LinkList h)          //被 Count 方法调用
    {   if (h == null)
            return 0;
        else
            return (1 + Count1(h.next));
    }
    public string Traverse()                //正向输出单链表
    {   rstr = "";
        Traverse1(head.next);               //head.next 指向第 1 个数据结点
        return rstr;
    }
    private void Traverse1(LinkList h)      //被 Traverse 方法调用
    {   if (h != null)
        {   rstr += h.data + " ";
            Traverse1(h.next);
        }
    }
    public string Revtraverse()             //反向输出单链表
    {   rstr = "";
        Revtraverse1(head.next);            //head.next 指向第 1 个数据结点
        return rstr;
    }
    private void Revtraverse1(LinkList h)   //被 Revtraverse 方法调用
    {   if (h != null)
        {   Revtraverse1(h.next);
            rstr += h.data + " ";
        }
    }
    public void Delnode(string x)           //删除单链表中第 1 个值为 x 的结点
    {
        Delnode1(ref head.next, x);         //head.next 指向第 1 个数据结点
```

数据结构实践教程(C#语言描述)

```
        }
        private void Delnode1(ref LinkList h, string x)      //被 Delnode 方法调用
        {   LinkList p;
            if (h != null)
            {   if (h.data == x)                    //若首结点值为 x
                {   p = h;
                    h = h.next;
                    p = null;
                }
                else                                //若首结点值不为 x
                    Delnode1(ref h.next, x);
            }
        }
        public void Delallnode(string x)            //删除单链表中所有值为 x 的结点
        {
            Delallnode1(ref head.next, x);          //head.next 指向第 1 个数据结点
        }
        private void Delallnode1(ref LinkList h, string x)       //被 Delallnode 方法调用
        {   LinkList p;
            if (h != null)
            {   if (h.data == x)                    //若首结点值为 x
                {   p = h;
                    h = h.next;
                    p = null;
                    Delallnode1(ref h, x);          //在后继结点递归删除
                }
                else                                //若首结点值不为 x
                    Delallnode1(ref h.next, x);     //在后继结点递归删除
            }
        }
    }
```

说明：上述递归算法都是针对不带头结点的单链表的，而建立的单链表是带头结点的，所以需要通过 h.next 来调用递归算法。

Form3 的设计界面如图 5.16 所示，其中包含以下字段：

```
LinkListClass L = new LinkListClass();      //单链表对象 L
```

用户先建立好单链表 L，然后按命令按钮的提示进行相应的操作。

Form3 窗体的主要代码如下：

```
public partial class Form3 : Form
{   LinkListClass L = new LinkListClass();   //单链表对象 L
    public Form3()                           //构造函数
    {   InitializeComponent(); }
    private void Form3_Load(object sender, EventArgs e)
    {   textBox1.Text = "1,6,2,9,7,5,3,2,8,2,1";
        button1.Enabled = true;     button3.Enabled = false;
        button2.Enabled = false;    button4.Enabled = false;
        button5.Enabled = false;    button6.Enabled = false;
```

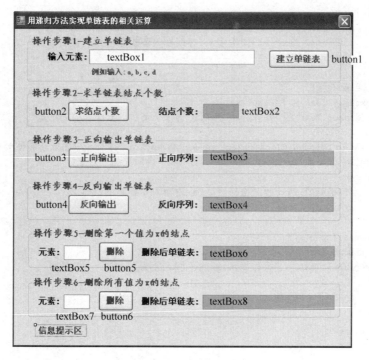

图 5.16   Form3 窗体设计界面

```
}
private void button1_Click(object sender, EventArgs e)      //建立单链表
{    string str = textBox1.Text.Trim();
     if (str == "")
         infolabel.Text = "操作提示:必须输入元素";
     else
     {    string[] split = str.Split(new Char[] { ' ', ',', '.', ':' });
          L.CreateListR(split);
          button1.Enabled = false;     button3.Enabled = true;
          button2.Enabled = true;      button4.Enabled = true;
          button5.Enabled = true;      button6.Enabled = true;
     }
}
private void button2_Click(object sender, EventArgs e)      //求结点个数
{    textBox2.Text = L.Count().ToString();
     infolabel.Text = "操作提示:成功求出结点个数";
}
private void button3_Click(object sender, EventArgs e)      //正向输出
{    textBox3.Text = L.Traverse();
     infolabel.Text = "操作提示:正向输出单链表中所有结点值";
}
private void button4_Click(object sender, EventArgs e)      //反向输出
{    textBox4.Text = L.Revtraverse();
     infolabel.Text = "操作提示:反向输出单链表中所有结点值";
}
private void button5_Click(object sender, EventArgs e)      //删除第 1 个值为 x 的结点
```

```
{    string x; x = textBox5.Text;
     if (x == "")
     {    infolabel.Text = "操作提示:必须输入要删除的结点值";
          return;
     }
     L.Delnode(x);
     textBox6.Text = L.DispList();
     infolabel.Text = "操作提示:删除了第一个值为" + x + "的结点";
}
private void button6_Click(object sender, EventArgs e)      //删除所有值为 x 的结点
{    string x; x = textBox7.Text;
     if (x == "")
     {    infolabel.Text = "操作提示:必须输入要删除的结点值";
          return;
     }
     L.Delallnode(x);
     textBox8.Text = L.DispList();
     infolabel.Text = "操作提示:删除了所有值为" + x + "的结点";
}
}
```

5.4 广义表

广义表是一种递归数据结构,本节通过实践项目设计介绍广义表的算法设计。

5.4.1 广义表及其存储结构

1. 广义表的定义

广义表是线性表的推广,其定义是:一个广义表是 $n(n \geqslant 0)$ 个元素的一个有限序列,若 $n=0$ 时则称为空表,用(♯)表示。设 a_i 为广义表的第 i 个元素,则广义表 GL 的一般表示与线性表相同:

$$GL = (a_1, a_2, \cdots, a_i, \cdots, a_n)$$

其中,n 表示广义表的长度,即广义表中所含元素的个数,$n \geqslant 0$。如果 a_i 是单个数据元素,则称为广义表 GL 的**原子**;如果 a_i 是一个广义表,则称为广义表 GL 的子表。

说明:为了简便,广义表中的原子均假设为单个小写字母,广义表名用大写字母表示。

2. 广义表的存储结构

广义表是一种递归的数据结构,因此很难为每个广义表分配固定大小的存储空间,所以其存储结构只有采用动态链式结构。

为了使子表和原子两类结点既能在形式上保持一致,又能加以区别,可采用如下结构形式:

tag	data	sublist	link

其中,tag 为标志字段,用于区分两类结点。sublist 或 data 字段由 tag 决定,若 tag=0,表示该结点为原子结点,第 2 个字段 data 才有意义,用于存放相应原子元素的信息;若 tag=1,表示该结点为表结点,第 3 个域为 sublist 才有意义,用于存放相应子表第 1 个元素对应结点

的地址。link 字段用于指向下一个元素的结点,当没有下一个元素时,其 link 字段为 null。

例如,广义表 GL＝(a,(b,c,d))的存储结构如图 5.17 所示(由于 data 和 sublist 字段在任何时刻只有一个是有意义的,图中将它们合起来作为每个结点的第 2 个字段),这是广义表的带头结点的链式存储结构。

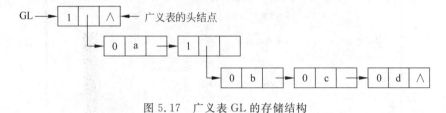

图 5.17　广义表 GL 的存储结构

采用 C♯语言描述广义表结点的类型 GLNode 定义:

```
class GLNode
{    public int tag;                      //结点类型标识 1:表/子表结点,0:原子结点
     public char data;                    //存放原子的值
     public GLNode sublist;               //指向子表的指针
     public GLNode link;                  //指向下一个元素
};
```

5.4.2　广义表实践项目及其设计

⌨ 广义表的实践项目

项目 1:设计建立广义表存储结构和输出广义表的算法。用相关数据进行测试,其操作界面如图 5.18 所示。

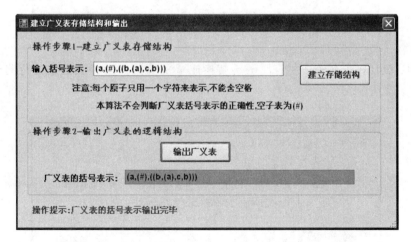

图 5.18　广义表——实践项目 1 的操作界面

项目 2:设计求广义表的长度和深度。用相关数据进行测试,其操作界面如图 5.19 所示。

项目 3:设计求广义表中原子个数的算法。用相关数据进行测试,其操作界面如图 5.20 所示。

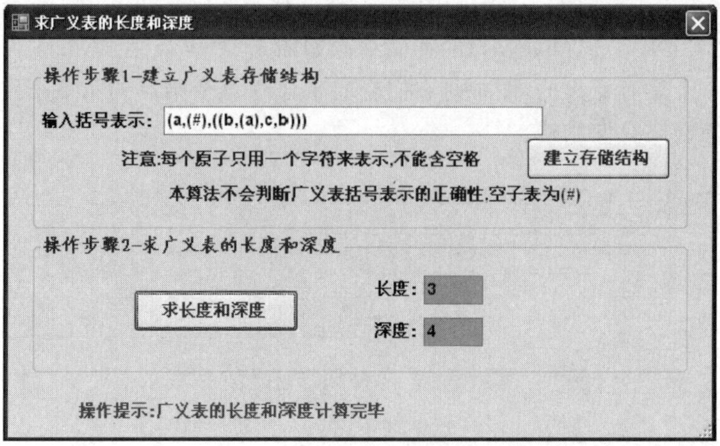

数据结构实践教程(C♯语言描述)

图 5.19　广义表——实践项目 2 的操作界面

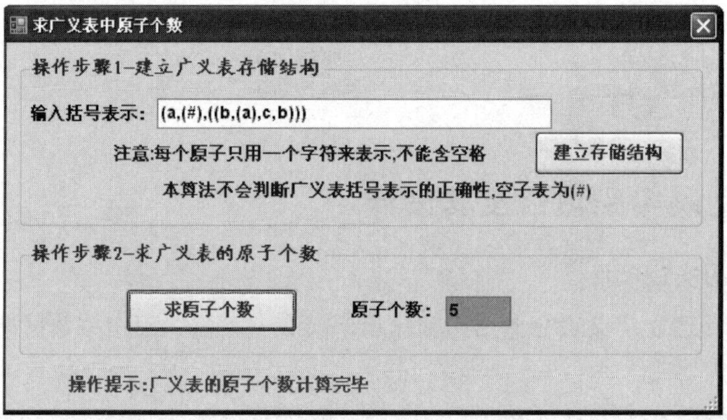

图 5.20　广义表——实践项目 3 的操作界面

项目 4：设计将广义表中所有原子 x 替换成 y 的算法。用相关数据进行测试,其操作界面如图 5.21 所示。

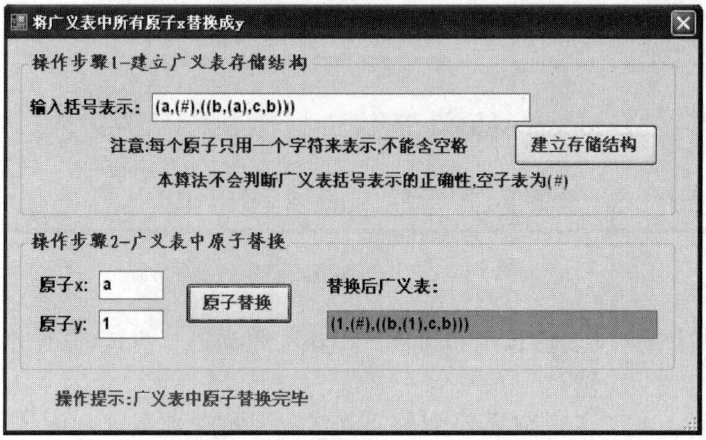

图 5.21　广义表——实践项目 4 的操作界面

实践项目设计

（1）新建一个 Windows 应用程序项目 GeneralTable。

（2）设计广义表基本运算类 GenTableClass，其基本结构如图 5.22 所示，字段 head 是广义表的头结点指针。

GenTableClass 类的代码放在 Class1.cs 文件中，对应的代码如下：

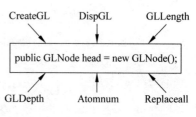

图 5.22 GenTableClass 类结构

```
class GenTableClass                              //广义表基本运算类
{   public GLNode head = new GLNode();           //广义表头结点
    string glstr;                                //用于递归算法中输出字符串
    public void CreateGL(string str)             //由括号表示法建立广义表的链式存储结构
    {   int i = 0;
        head = CreateGL1(str, ref i);
    }
    public GLNode CreateGL1(string str,ref int i) //被 CreateGL 方法调用
    {   GLNode h;
        char ch = str[i];                        //取一个字符
        i++;
        if (i < str.Length)                      //串未结束判断
        {   h = new GLNode();                    //创建一个新结点
            if (ch == '(')                       //当前字符为左括号时
            {   h.tag = 1;                       //新结点作为表头结点
                h.sublist = CreateGL1(str,ref i);//递归构造子表并链到表头结点
            }
            else if (ch == ')')
                h = null;                        //遇到')'字符,h 置为空
            else if (ch == '#')                  //遇到'#'字符,表示空表
                h = null;
            else                                 //为原子字符
            {   h.tag = 0;                       //新结点作为原子结点
                h.data = ch;
            }
        }
        else                                     //串结束,h 置为空
            h = null;
        if (i < str.Length)
        {   ch = str[i];                         //取下一个字符
            i++;
            if (h != null)                       //串未结束,继续构造兄弟结点
                if (ch == ',')                   //当前字符为','
                    h.link = CreateGL1(str, ref i);  //递归构造兄弟结点
                else                             //没有兄弟了,将兄弟指针置为 null
                    h.link = null;
        }
        return h;                                //返回广义表头结点 h
    }
    public string DispGL()                       //返回广义表的括号表示
    {   glstr = "";
        DispGL1(head);
```

数据结构实践教程（C♯语言描述）

```
            return glstr;
        }
        private void DispGL1(GLNode g)              //被 DispGL 方法调用
        {   if (g != null)                          //表不为空判断
            {                                        //先输出 g 的元素
                if (g.tag == 0)                      //g 元素为原子时
                    glstr += g.data.ToString();      //输出原子值
                else                                 //g 元素为子表时
                {   glstr += "(";
                    if (g.sublist == null)           //为空表时
                        glstr += "#";
                    else                             //为非空子表时
                        DispGL1(g.sublist);          //递归输出子表
                    glstr += ")";                    //输出')'
                }
                if (g.link != null)
                {   glstr += ",";
                    DispGL1(g.link);                 //递归输出 g 的兄弟
                }
            }
        }
        public int GLLength()                        //求广义表的长度
        {   int n = 0;
            GLNode g = head.sublist;                 //g 指向广义表的第 1 个元素
            while (g != null)
            {   n++;                                 //累加元素个数
                g = g.link;
            }
            return n;
        }
        public int GLDepth()                         //求广义表的深度
        {   return GLDepth1(head); }
        private int GLDepth1(GLNode g)               //被 GLDepth 方法调用
        {   GLNode g1;
            int max = 0, dep;
            if (g.tag == 0)                          //为原子时返回 0
                return 0;
            g1 = g.sublist;                          //g1 指向第一个元素
            if (g1 == null)                          //为空表时返回 1
                return 1;
            while (g1 != null)                       //遍历表中的每一个元素
            {   if (g1.tag == 1)                     //元素为子表的情况
                {   dep = GLDepth1(g1);              //递归调用求出子表的深度
                    if (dep > max)                   //max 为同一层所求过的子表中深度的最大值
                        max = dep;
                }
                g1 = g1.link;                        //使 g1 指向下一个元素
            }
            return (max + 1);                        //返回表的深度
        }
        public int Atomnum()                         //求广义表中的原子个数
```

```
    {
            return Atomnum1(head.sublist);        //head.sublist 指向广义表的第一个元素
    }
    private int Atomnum1(GLNode g)                //被 Atomnum 方法调用
    {   if (g != null)
        {   if (g.tag == 0)
                return 1 + Atomnum1(g.link);
            else
                return Atomnum1(g.sublist) + Atomnum1(g.link);
        }
        else return 0;
    }
    public void Replaceall(char x,char y)          //将广义表中所有原子 x 替换成 y
    {
            Replaceall1(head.sublist, x, y);        //head.sublist 指向广义表的第 1 个元素
    }
    private void Replaceall1(GLNode g,char x,char y)     //被 Replaceall 方法调用
    {   while (g != null)                       //对每个元素进行循环处理
        {   if (g.tag == 1)                     //为子表时
                Replaceall1(g.sublist, x, y);   //递归将子表中的 x 改为 y
            else if (g.data == x)               //为原子且 data 域值为 x 时
                g.data = y;
            g = g.link;                         //递归处理兄弟元素
        }
    }
}
```

(3) 设计项目 1 对应的窗体 Form1,其中包含以下字段:

```
GenTableClass gl = new GenTableClass();          //广义表对象 gl
```

用户先输入一个正确的广义表的括号表示,单击"建立存储结构"命令按钮建立对应的
广义表对象 gl,对应的单击事件过程如下:

```
private void button1_Click(object sender, EventArgs e)
{   string mystr = textBox1.Text.Trim();
    if (mystr.Length <= 1 || mystr.Length >= 100)
    {   infolabel.Text = "操作提示:输入的广义表括号表示不正确";
        return;
    }
    gl.CreateGL(mystr);                          //建立广义表的存储结构
    button2.Enabled = true;
    infolabel.Text = "操作提示:广义表存储结构创建完毕";
}
```

然后单击"输出广义表"命令按钮在 textBox2 文本框中输出对应的广义表对象 gl 的括
号表示,对应的单击事件过程如下:

```
private void button2_Click(object sender, EventArgs e)
{   textBox2.Text = gl.DispGL();                 //由广义表的存储结构建立相应的括号表示
    infolabel.Text = "操作提示:广义表的括号表示输出完毕";
}
```

(4) 设计项目 2 对应的窗体 Form2,其中包含以下字段:

```
GenTableClass gl = new GenTableClass();          //广义表对象 gl
```

用户先通过输入一个正确的广义表的括号表示来建立对应的广义表对象 gl,然后单击"求长度和深度"命令按钮在相应的文本框中显示求出的广义表长度和深度,对应的单击事件过程如下:

```
private void button2_Click(object sender, EventArgs e)
{   textBox2.Text = gl.GLLength().ToString();    //显示求出的广义表长度
    textBox3.Text = gl.GLDepth().ToString();     //显示求出的广义表深度
    infolabel.Text = "操作提示:广义表的长度和深度计算完毕";
}
```

(5) 设计项目 3 对应的窗体 Form3,其中包含以下字段:

```
GenTableClass gl = new GenTableClass();          //广义表对象 gl
```

用户先通过输入一个正确的广义表的括号表示来建立对应的广义表对象 gl,然后单击"求原子个数"命令按钮在相应的文本框中显示求出的广义表原子个数,对应的单击事件过程如下:

```
private void button2_Click(object sender, EventArgs e)
{   textBox2.Text = gl.Atomnum().ToString();    //显示求出的广义表原子个数
    infolabel.Text = "操作提示:广义表的原子个数计算完毕";
}
```

(6) 设计项目 4 对应的窗体 Form4,其中包含以下字段:

```
GenTableClass gl = new GenTableClass();          //广义表对象 gl
```

用户先通过输入一个正确的广义表的括号表示来建立对应的广义表对象 gl,并输入替换前的原子和替换后的原子,然后单击"原子替换"命令按钮在相应的文本框中显示替换后的广义表,对应的单击事件过程如下:

```
private void button2_Click(object sender, EventArgs e)
{   char x, y;
    try
    {   x = Convert.ToChar(textBox2.Text);
        y = Convert.ToChar(textBox3.Text);
    }
    catch (Exception err)                        //捕捉输入错误
    {   textBox4.Text = "";
        infolabel.Text = "操作提示:广义表的原子输入错误,请重新输入";
        return;
    }
    gl.Replaceall(x, y);                         //将原子 x 替换为 y
    textBox4.Text = gl.DispGL();                 //显示替换后的广义表
    infolabel.Text = "操作提示:广义表中原子替换完毕";
}
```

CHAPTER 6

树和二叉树

树和二叉树都属于树形结构。本章通过多个实践项目讨论树和二叉树的基本概念、存储结构和相关算法设计。

6.1 树

树是一种非线性结构,它特别适合于表示层次结构的数据。本节介绍树及其实践项目设计过程。

6.1.1 树的相关概念

1. 树的定义

树是由 $n(n \geqslant 0)$ 个结点组成的有限集合(记为 T)。如果 $n=0$,它是一棵空树,这是树的特例;如果 $n>0$,这 n 个结点中存在(仅存在)一个结点作为树的根结点(root),其余结点可分为 $m(m \geqslant 0)$ 个互不相交的有限集 $T_1, T_2, \cdots, T_m$,其中每个子集本身又是一棵符合本定义的树,称为根结点的子树。

树的定义是递归的,因为在树的定义中又用到树的定义。它刻画了树的固有特性,即一棵树由若干棵互不相交的子树构成,而子树又由更小的若干棵子树构成。

树具有以下特点:它的每一结点可以有零个或多个后继结点,但有且只有一个前趋结点(根结点除外);这些数据结点按分支关系组织起来,清晰地反映了数据元素之间的层次关系。可以看出,数据元素之间存在的关系是一对多的关系。

2. 树的逻辑结构表示方法

树的逻辑结构表示方法有多种,几种常见的逻辑结构表示方法是树形表示法、文氏图表示法、凹入表示法和括号表示法。

3. 树的基本术语

树的常用术语如下。

(1) 结点的度与树的度：树中某个结点的子树的个数称为该**结点的度**。树中各结点的度的最大值称为**树的度**，通常将度为 m 的树称为 m 次树。

(2) 分支结点与叶子结点：度不为零的结点称为非终端结点，又叫**分支结点**。度为零的结点称为**终端结点**或**叶子结点**。在分支结点中，每个结点的分支数就是该结点的度。如对于度为 1 的结点，其分支数为 1，称为单分支结点；对于度为 2 的结点，其分支数为 2，称为双分支结点，其余类推。

(3) 路径与路径长度：对于任意两个结点 k_i 和 k_j，若树中存在一个结点序列 $k_i, k_{i1}, k_{i2}, \cdots, k_j$，使得序列中除 k_i 外的任一结点都是其在序列中的前一个结点的后继结点，则称该结点序列为由 k_i 到 k_j 的一条**路径**，用路径所通过的结点序列 $(k_i, k_{i1}, k_{i2}, \cdots, k_j)$ 表示这条路径。**路径长度**等于路径所通过的结点个数减 1（即路径上的分支数目）。可见，路径就是从 k_i 出发"自上而下"到达 k_j 所通过的树中结点序列。显然，从树的根结点到树中其余结点均存在一条路径。

(4) 孩子结点、双亲结点和兄弟结点：在一棵树中，每个结点的后继结点称做该结点的**孩子结点**（或**子女结点**）。相应地，该结点称做孩子结点的**双亲结点**（或**父母结点**）。具有同一双亲的孩子结点互为**兄弟结点**。进一步推广这些关系，可以把每个结点的所有子树中的结点称为该结点的**子孙结点**，从树根结点到达该结点的路径上经过的所有结点（除自身外）称做该结点的**祖先结点**。

(5) 结点的层次和树的高度：树中的每个结点都处在一定的层次上。结点的层次从树根开始定义，根结点为第 1 层，它的孩子结点为第 2 层，以此类推，一个结点所在的层次为其双亲结点所在的层次加 1。树中结点的最大层次称为**树的高度**（或**树的深度**）。

(6) 有序树和无序树：若树中各结点的子树是按照一定的次序从左向右安排的，且相对次序是不能随意变换的，则称为**有序树**，否则称为**无序树**。

(7) 森林：$n(n>0)$ 个互不相交的树的集合称为森林。森林的概念与树的概念十分相近，因为只要把树的根结点删去就成了**森林**。反之，只要给 n 棵独立的树加上一个结点，并把这 n 棵树作为该结点的子树，则森林就变成了树。

4. 树的性质

性质 1 树中的结点数等于所有结点的度数加 1。

性质 2 度为 m 的树中第 i 层上至多有 m^{i-1} 个结点（$i \geq 1$）。

性质 3 高度为 h 的 m 次树至多有 $\dfrac{m^h - 1}{m-1}$ 个结点。

性质 4 具有 n 个结点的 m 次树的最小高度为 $\lceil \log_m(n(m-1)+1) \rceil$。

5. 树的基本运算

树的运算主要分为三大类：

(1) 寻找满足某种特定关系的结点，如寻找当前结点的双亲结点等。

(2) 插入或删除某个结点，如在树的当前结点上插入一个新结点或删除当前结点的第 i 个孩子结点等。

(3) 遍历树中每个结点。

树的遍历运算是指按某种方式访问树中的每一个结点且每一个结点只被访问一次。树的遍历运算主要有先根遍历、后根遍历和层次遍历 3 种。注意,先根遍历算法和后根遍历算法都是递归的。

1）先根遍历

先根遍历的过程为:

(1) 访问根结点。

(2) 按照从左到右的次序先根遍历根结点的每一棵子树。

2）后根遍历

后根遍历的过程为:

(1) 按照从左到右的次序后根遍历根结点的每一棵子树。

(2) 访问根结点。

3）层次遍历

层次遍历的过程为:从根结点开始,按照从上到下、从左到右的次序访问树中每一个结点。

6. 树的存储结构

树的存储要求既要存储结点的数据元素本身,又要存储结点之间的逻辑关系。有关树的存储结构很多,下面介绍 3 种常用的存储结构,即双亲存储结构、孩子链存储结构和孩子兄弟链存储结构。

1）双亲存储结构

这种存储结构是一种顺序存储结构,用一组连续空间存储树的所有结点,同时在每个结点中附设一个伪指针指示其双亲结点的位置。

双亲存储结构中结点类型 PTree 定义如下:

```
public struct PTree            //双亲存储结构的结点类型
{    public string data;       //存放结点的值
     public int parent;        //存放双亲的位置
};
public PTree[] t = new PTree[MaxSize];    //双亲存储结构 t
```

例如,图 6.1(a)所示树对应的双亲存储结构为图 6.1(b),其中,根结点 A 的伪指针为 −1,其孩子结点 B、C 和 D 的双亲伪指针均为 0,E、F 和 G 的双亲伪指针均为 2。

该存储结构利用了每个结点(根结点除外)只有唯一双亲的性质。在这种存储结构中,求某个结点的双亲结点十分容易,但求某个结点的孩子结点时需要遍历整个结构。

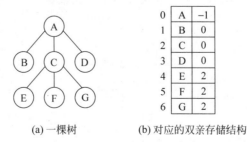

(a)一棵树　　　　(b)对应的双亲存储结构

图 6.1　树的双亲存储结构

数据结构实践教程(C♯语言描述)

2) 孩子链存储结构

这种存储结构中,每个结点不仅包含数据值,还包括指向所有孩子结点的指针。由于树中每个结点的子树个数(即结点的度)不同,如果按各个结点的度设计变长结构,则每个结点的孩子结点指针域个数增加使算法实现非常麻烦。孩子链存储结构可按树的度(即树中所有结点度的最大值)设计结点的孩子结点指针域个数。

孩子链存储结构的结点类型 TSonNode 定义如下:

```
public class TSonNode                              //孩子链存储结构的结点类型
{    public string data;                           //结点的值
     public TSonNode[ ] sons = new TSonNode[MaxSons];   //指向孩子结点
};
```

其中,MaxSons 为最多的孩子结点个数,或为该树的度。

例如,如图 6.2(a)所示的一棵树,其度为 3,所以在设计其孩子链存储结构时,每个结点的指针域个数应为 3,对应的孩子链存储结构如图 6.2(b)所示。

孩子链存储结构的优点是查找某结点的孩子结点十分方便,其缺点是查找某结点的双亲结点比较费时,另外,当树的度较大时,存在较多的空指针域,可以证明含有 n 个结点的 m 次树采用孩子链存储结构时有 $mn-n+1$ 个空指针域。

3) 孩子兄弟链存储结构

孩子兄弟链存储结构是为每个结点设计 3 个域:一个数据元素域、一个指向该结点的第 1 个孩子结点的指针域和一个指向该结点的下一个兄弟结点的指针域。

孩子兄弟链存储结构中结点类型 TSBNode 定义如下:

```
public class TSBNode                               //孩子兄弟链存储结构的结点类型
{    public string data;                           //结点的值
     public TSBNode hp;                            //指向兄弟
     public TSBNode vp;                            //指向孩子结点
};
```

例如,如图 6.2(a)所示树的孩子兄弟链存储结构如图 6.2(c)所示。

由于树的孩子兄弟链存储结构中,每个结点固定只有两个指针域,并且这两个指针是有序的(即兄弟域和孩子域不能混淆),所以孩子兄弟链存储结构实际上是把该树转换为二叉树的存储结构。后面将会讨论到,把树转换为二叉树所对应的结构恰好就是这种孩子兄弟链存储结构,所以孩子兄弟链存储结构的最大优点是可以方便地实现树和二叉树的相互转换。但是孩子兄弟链存储结构的缺点和孩子链存储结构的缺点一样,就是从当前结点查找双亲结点比较麻烦,需要从树的根结点开始逐个结点比较查找。

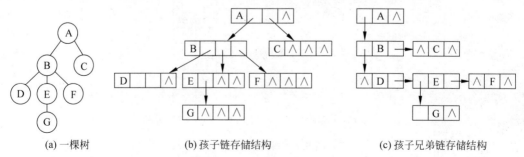

(a) 一棵树   (b) 孩子链存储结构   (c) 孩子兄弟链存储结构

图 6.2 树的孩子链存储结构和孩子兄弟链存储结构

6.1.2 树的实践项目及其设计

🖮 树的实践项目

项目1：设计一个项目建立树的双亲存储结构并输出树。用相关数据进行测试，其操作界面如图 6.3 所示。

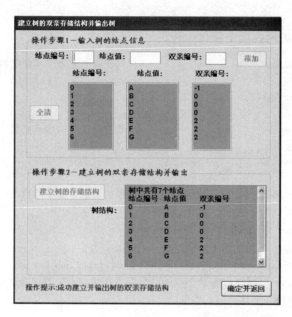

图 6.3 树——实践项目 1 的操作界面

项目2：设计一个项目在树的双亲存储结构中实现树的几个基本运算，如求某个结点的双亲和求某个结点的孩子列表。用相关数据进行测试，其操作界面如图 6.4 所示。

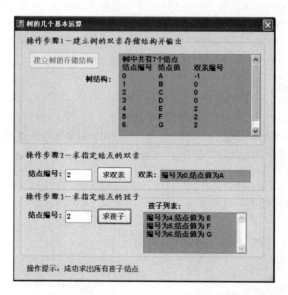

图 6.4 树——实践项目 2 的操作界面

数据结构实践教程（C♯语言描述）

▣ 实践项目设计

（1）新建一个 Windows 应用程序项目 Tree。

（2）设计双亲存储结构表示的树的基本运算类 TreeClass，其基本结构如图 6.5 所示，字段 t 数组用于存放树的双亲存储结构。

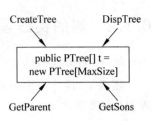

图 6.5　TreeClass 类结构

TreeClass 类和 TempData 类的代码放在 Class1. cs 文件中，其中，TempData 类用在两个窗体中传递树的存储结构信息：

```csharp
public class TempData                    //用于两个窗体之间传递数据
{
    public static TreeClass tmp = new TreeClass();
}
public struct PTree                      //双亲存储结构结点类型
{   public string data;                  //存放结点的值
    public int parent;                   //存放双亲的位置
};
public class TreeClass                    //树的双亲存储结构类
{   const int MaxSize = 100;
    public PTree[] t = new PTree[MaxSize];
    public int nums = 0;                 //树中结点个数
    public bool CreateTree(int [] no, string [] val, int[] pno, int n)
    //建立树的双亲存储结构,no 为结点编号数组,val 为结点值数组,pno 为双亲编号数组,n 为树
    //中结点个数
    {   int i,j;
        for (i = 0; i < n; i++)          //建立 n 个结点
        {   j = 0;
            while (j < n && no[j] != i)  //找编号为 i 的结点
                j++;
            if (j == n)                  //未找到编号为 i 的结点返回 false
                return false;
            t[i].data = val[j];          //找到了编号为 i 的结点
            t[i].parent = pno[j];
        }
        nums = n;
        return true;
    }
    public string DispTree()             //返回树的双亲存储结构
    {   int i; string mystr = "";
        if (nums > 0)
        {   mystr += "树中共有" + nums.ToString() + "个结点\r\n";
            mystr += "结点编号\t结点值\t双亲编号\r\n";
            for (i = 0; i < nums; i++)
            mystr += i.ToString() + "\t" + t[i].data + "\t" +
                t[i].parent.ToString() + "\r\n";
            return mystr;
        }
        else return "空树";
    }
```

```
public string GetParent(int i)              //求编号 i 结点的双亲结点
{   string mystr = ""; int j;
    if (i < nums && i >= 0)
    {   j = t[i].parent;
        if (j < 0 || j >= nums)
            mystr = "该结点没有双亲结点";
        else
            mystr += "编号为" + j.ToString() + ",结点值为" + t[j].data;
    }
    else mystr = "不存在这样编号的结点";
    return mystr;
}
public string GetSons(int i)                //求编号 i 结点的孩子结点
{   string mystr = ""; int j,k = 0;
    if (i < nums && i >= 0)
    {   for (j = 0; j < nums; j++)
        if (t[j].parent == i)
        {   mystr += "编号为" + j.ToString() + ",结点值为 " + t[j].data + "\r\n";
            k++;                            //累加孩子个数
        }
        if (k == 0) mystr = "该结点没有任何孩子结点";
    }
    else mystr = "不存在这样编号的结点";
    return mystr;
}
}
```

(3) 建立项目 1 对应的窗体 Form1,其设计界面如图 6.6 所示。

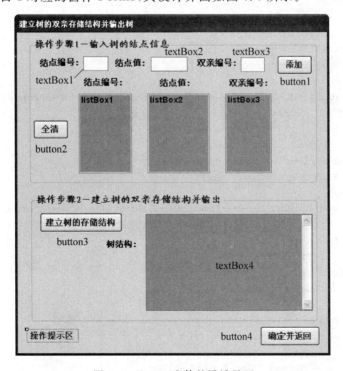

图 6.6 Form1 窗体的设计界面

数据结构实践教程（C♯语言描述）

用户在操作步骤 1 中，每次输入结点编号、结点值和双亲编号，通过单击"添加"命令按钮将该结点信息加入到 listBox1～listBox3 列表框中。通过单击"全清"命令按钮可以将列表框中的所有信息清除。系统先预置了一棵树的信息，3 个列表框分别放置结点编号、结点值和双亲编号的信息，用户在选择一个列表框项时，其他两个列表同时选中该结点的信息。

用户在操作步骤 2 中，单击"建立树的存储结构"命令按钮，根据 3 个列表框的信息构建树的双亲存储结构 tree，并在 textBox4 文本框中显示该存储结构。

Form1 窗体的主要代码如下：

```
public partial class Form1 : Form
{   TreeClass tree = new TreeClass();                    //双亲存储结构对象 tree
    public Form1()                                       //构造函数
    {   InitializeComponent(); }
    private void Form1_Load(object sender, EventArgs e)
    {   //预置一个树的双亲存储结构
        listBox1.Items.Add("0"); listBox2.Items.Add("A"); listBox3.Items.Add("-1");
        listBox1.Items.Add("1"); listBox2.Items.Add("B"); listBox3.Items.Add("0");
        listBox1.Items.Add("2"); listBox2.Items.Add("C"); listBox3.Items.Add("0");
        listBox1.Items.Add("3"); listBox2.Items.Add("D"); listBox3.Items.Add("0");
        listBox1.Items.Add("4"); listBox2.Items.Add("E"); listBox3.Items.Add("2");
        listBox1.Items.Add("5"); listBox2.Items.Add("F"); listBox3.Items.Add("2");
        listBox1.Items.Add("6"); listBox2.Items.Add("G"); listBox3.Items.Add("2");
        button4.Enabled = false;
    }
    private void listBox1_SelectedIndexChanged(object sender, EventArgs e)
    {   //用于使 listBox2 和 listBox3 与 listBox1 选项操作同步
        int i;
        i = listBox1.SelectedIndex;
        listBox2.SelectedIndex = i;
        listBox3.SelectedIndex = i;
    }
    private void listBox2_SelectedIndexChanged(object sender, EventArgs e)
    {   //用于使 listBox1 和 listBox3 与 listBox2 选项操作同步
        int i;
        i = listBox2.SelectedIndex;
        listBox1.SelectedIndex = i;
        listBox3.SelectedIndex = i;
    }
    private void listBox3_SelectedIndexChanged(object sender, EventArgs e)
    {   //用于使 listBox1 和 listBox2 与 listBox3 选项操作同步
        int i;
        i = listBox3.SelectedIndex;
        listBox1.SelectedIndex = i;
        listBox2.SelectedIndex = i;
    }
    private void button1_Click(object sender, EventArgs e) //添加
    {   string v; int no, pno;
        try
        {   no = Convert.ToInt32(textBox1.Text);
            v = textBox2.Text.Trim();
```

```
                pno = Convert.ToInt32(textBox3.Text);
            }
            catch (Exception err)                        //捕捉用户输入结点信息的错误
            {   infolabel.Text = "操作提示:输入的结点信息错误,请重新输入";
                return;
            }
            listBox1.Items.Add(no.ToString());
            listBox2.Items.Add(v);
            listBox3.Items.Add(pno.ToString());
            textBox1.Text = "";      textBox2.Text = "";
            textBox3.Text = "";      textBox1.Focus();
            infolabel.Text = "操作提示:已成功添加一个结点信息";
        }
        private void button2_Click(object sender, EventArgs e) //全清
        {   listBox1.Items.Clear();
            listBox2.Items.Clear();
            listBox3.Items.Clear();
            infolabel.Text = "操作提示:已清除所有预设或输入的结点信息";
        }
        private void button3_Click(object sender, EventArgs e) //建立树的存储结构
        {   const int MaxSize = 100;
            int[] no = new int[MaxSize];
            string[] val = new string[MaxSize];
            int[] pno = new int[MaxSize];
            int n = listBox1.Items.Count, i;
            if (n == 0)
            {   infolabel.Text = "操作提示:没有输入结点信息,无法建立树的双亲存储结构";
                return;
            }
            for (i = 0; i < n; i++)
            {   no[i] = Convert.ToInt32(listBox1.Items[i].ToString());
                val[i] = listBox2.Items[i].ToString();
                pno[i] = Convert.ToInt32(listBox3.Items[i].ToString());
            }
            if (tree.CreateTree(no, val, pno, n))
            {   textBox4.Text = tree.DispTree();
                infolabel.Text = "操作提示:成功建立并输出树的双亲存储结构";
                button1.Enabled = false;    button2.Enabled = false;
                button3.Enabled = false;    button4.Enabled = true;
                textBox1.Focus();
            }
            else infolabel.Text = "操作提示:无法建立树的双亲存储结构";
        }
        private void button4_Click(object sender, EventArgs e) //确定并返回
        {   TempData.tmp = tree;                            //将 tree 对象存放在静态字段 tmp 中
            this.Close();                                   //关闭本窗体
        }
    }
```

(4) 建立项目 2 对应的窗体 Form2,其设计界面如图 6.7 所示。

用户在操作步骤 1 中,通过单击"建立树的存储结构"命令按钮调用 Form1 窗体建立一

数据结构实践教程（C♯语言描述）

棵树的双亲存储结构，并在 textBox1 文本框中显示其结构。

用户在操作步骤 2 中，输入一个结点编号，单击"求双亲"命令按钮，求出其双亲结点并显示出来。

用户在操作步骤 3 中，输入一个结点编号，单击"求孩子"命令按钮，求出其所有孩子列表并显示出来。

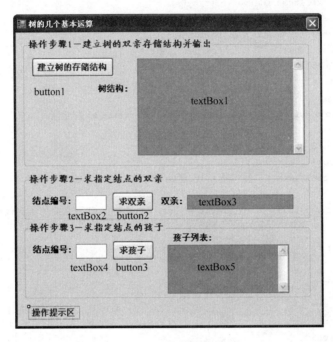

图 6.7　Form2 窗体的设计界面

Form2 窗体的主要代码如下：

```
public partial class Form2 : Form
{   TreeClass tree = new TreeClass();                          //双亲存储结构类对象
    public Form2()                                             //构造函数
    {   InitializeComponent(); }
    private void Form2_Load(object sender, EventArgs e)
    {   button1.Enabled = true; button2.Enabled = false;
        button3.Enabled = false;
    }
    private void button1_Click(object sender, EventArgs e) //建立树的存储结构
    {   Form myform = new Form1();
        myform.ShowDialog();
        tree = TempData.tmp;
        textBox1.Text = tree.DispTree();
        if (tree.nums > 0)
        {   button1.Enabled = false;    button2.Enabled = true;
            button3.Enabled = true;         textBox2.Focus();
            infolabel.Text = "操作提示:已成功建立树的双亲存储结构";
        }
        else infolabel.Text = "操作提示:没有建立树的双亲存储结构";
```

```
        }
        private void button2_Click(object sender, EventArgs e) //求双亲
        {   int no;
            try
            {   no = Convert.ToInt32(textBox2.Text); }
            catch (Exception err)                           //捕捉用户输入的结点编号错误
            {   infolabel.Text = "操作提示:输入的结点编号有错误,重新输入";
                return;
            }
            textBox3.Text = tree.GetParent(no);
            infolabel.Text = "操作提示:成功求出双亲结点";
        }
        private void button3_Click(object sender, EventArgs e) //求孩子
        {   int no;
            try
            {   no = Convert.ToInt32(textBox4.Text); }
            catch (Exception err)                           //捕捉用户输入的结点编号错误
            {   infolabel.Text = "操作提示:输入的结点编号有错误,重新输入";
                return;
            }
            textBox5.Text = tree.GetSons(no);
            infolabel.Text = "操作提示:成功求出所有孩子结点";
        }
    }
```

6.2　二叉树

二叉树和树一样都属于树形结构,但属于两种不同的树形结构。本节讨论二叉树的实践项目设计等。

6.2.1　二叉树的相关概念

1. 二叉树的定义

二叉树也称为二分树,它是有限的结点集合,这个集合或者是空,或者由一个根结点和两棵互不相交的称为左子树和右子树的二叉树组成。

显然,和树的定义一样,二叉树的定义也是一个递归定义。二叉树的结构简单,存储效率高,其运算算法也相对简单,而且任何 m 次树都可以转化为二叉树结构。因此,二叉树具有很重要的地位。

二叉树和度为 2 的树(2 次树)是不同的,其差别表现在,对于非空树:

- 度为 2 的树中至少有一个结点的度为 2,而二叉树没有这种要求;
- 度为 2 的树不区分左、右子树,而二叉树是严格区分左、右子树的。

二叉树有 5 种基本形态,如图 6.8 所示。二叉树的表示法也与树的表示法一样,有树形表示法、文氏图表示法、凹入表示法和括号表示法等。树的相关术语也可以用于二叉树中。

2. 满二叉树和完全二叉树

在一棵二叉树中,如果所有分支结点都有左孩子结点和右孩子结点,并且叶子结点都集

数据结构实践教程（C♯语言描述）

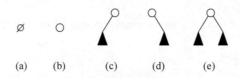

图 6.8　二叉树的 5 种基本形态

中在二叉树的最下一层，这样的二叉树称为**满二叉树**。如图 6.9(a)所示就是一棵满二叉树。可以对满二叉树的结点进行层序编号，约定编号从树根为 1 开始，按照结点层次从小到大、同一层从左到右的次序进行，图 6.9(a)中每个结点外边的数字为对该结点的编号。也可以从结点个数和树高度之间的关系来定义，即一棵高度为 h 且有 2^h-1 个结点的二叉树称为**满二叉树**。

若二叉树中最多只有最下面两层的结点的度数可以小于 2，并且最下面一层的叶子结点都依次排列在该层最左边的位置上，则这样的二叉树称为**完全二叉树**，如图 6.9(b)所示为一棵完全二叉树。同样可以对完全二叉树中每个结点进行层序编号，编号的方法同满二叉树相同，图 6.9(b)中每个结点外边的数字为对该结点的编号。

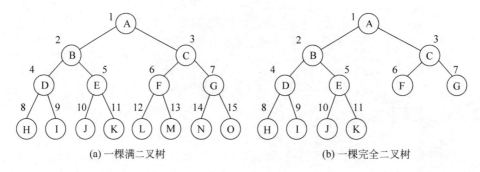

図 6.9　满二叉树和完全二叉树

3. 二叉树的性质

性质 1　非空二叉树上叶子结点数等于双分支结点数加 1。

性质 2　非空二叉树上第 i 层上至多有 2^{i-1} 个结点($i\geqslant 1$)。

性质 3　高度为 h 的二叉树至多有 2^h-1 个结点($h\geqslant 1$)。

性质 4　对完全二叉树中编号为 i 的结点($1\leqslant i\leqslant n,n\geqslant 1,n$ 为结点数)，有：

(1) 若 $i\leqslant\lfloor n/2\rfloor$，即 $2i\leqslant n$，则编号为 i 的结点为分支结点，否则为叶子结点。

(2) 若 n 为奇数，则每个分支结点都既有左孩子结点，也有右孩子结点；若 n 为偶数，则编号最大的分支结点(其编号为 $n/2$)只有左孩子结点，没有右孩子结点，其余分支结点都有左、右孩子结点。

(3) 若编号为 i 的结点有左孩子结点，则左孩子结点的编号为 $2i$；若编号为 i 的结点有右孩子结点，则右孩子结点的编号为 $2i+1$。

(4) 除树根结点外，若一个结点的编号为 i，则它的双亲结点的编号为 $\lfloor i/2\rfloor$。也就是说，当 i 为偶数时，其双亲结点的编号为 $i/2$，它是双亲结点的左孩子结点；当 i 为奇数时，其双亲结点的编号为 $(i-1)/2$，它是双亲结点的右孩子结点。

性质 5 具有 n 个($n>0$)结点的完全二叉树的高度为 $\lceil \log_2(n+1) \rceil$ 或 $\lfloor \log_2 n \rfloor + 1$。

4. 二叉树与树、森林之间的转换

树、森林与二叉树之间有一个自然的对应关系,它们之间可以互相转换,即任何一个森林或一棵树都可以唯一地对应一棵二叉树,而任一棵二叉树也能唯一地对应一个森林或一棵树。

1)树和二叉树的转换

一棵树转换为二叉树的转换过程如下。

(1)加线:在各兄弟结点之间加一连线,将其隐含的"兄-弟"关系以"双亲-右孩子"关系表示出来。

(2)抹线:对任意结点,除了其最左子树之外,抹掉该结点与其他子树之间的"双亲-孩子"关系。

(3)调整:以树的根结点作为二叉树的根结点,将树根与其最左子树之间的"双亲-孩子"关系改为"双亲-左孩子"关系,且将各结点按层次排列,形成二叉树。

例如,如图 6.10(a)所示的一棵树转换为二叉树的过程如图 6.10(b)~(d)所示,图 6.10(d)为最终转换成的二叉树。

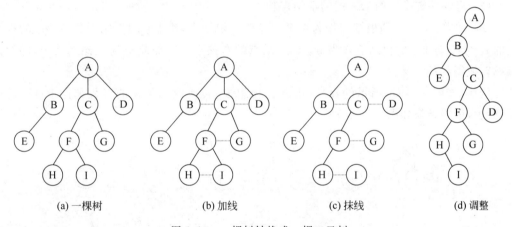

| (a) 一棵树 | (b) 加线 | (c) 抹线 | (d) 调整 |

图 6.10　一棵树转换成一棵二叉树

由一棵树转换成的二叉树是一棵根结点没有右孩子的二叉树,可以按照以下规则还原其相应的树。

(1)加线:在各结点的双亲与该结点右链上的每个结点之间加一连线,以"双亲-孩子"关系表示出来。

(2)抹线:抹掉二叉树中所有双亲结点与其右孩子之间的"双亲-右孩子"关系。

(3)调整:以二叉树的根结点作为树的根结点,将各结点按层次排列,形成树。

例如,如图 6.11(a)所示的二叉树还原成树的过程如图 6.11(b)~(d)所示,图 6.11(d)为最终由一棵二叉树还原成的树。

2)森林与二叉树的转换

从树与二叉树的转换中可知,转换之后的二叉树的根结点没有右子树,如果把森林中的第 2 棵树的根结点看成是第 1 棵树的根结点的兄弟,则同样可以导出森林和二叉树的对应

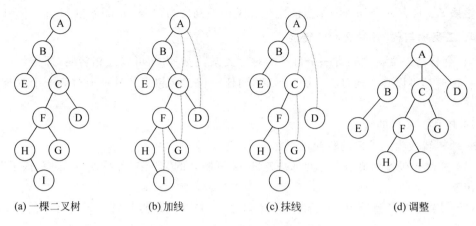

(a) 一棵二叉树　　(b) 加线　　(c) 抹线　　(d) 调整

图 6.11　一棵二叉树还原成一棵树

关系。

对于含有两棵或两棵以上树的森林，可以按照以下规则转换为二叉树。

(1) 转换：将森林中的每一棵树转换成二叉树，设转换成的二叉树为 $bt_1, bt_2, \cdots, bt_m$。

(2) 将各棵转换后的二叉树的根结点相连。

(3) 调整：以 bt_1 的根结点作为整个二叉树的根结点，将 bt_2 的根结点作为 bt_1 的根结点的右孩子，将 bt_3 的根结点作为 bt_2 的根结点的右孩子……如此得到一棵二叉树，即为该森林转换得到的二叉树。

例如，如图 6.12(a)所示的森林（由 3 棵树组成）转换成二叉树的过程如图 6.12(b)～(e)所示，最终结果如图 6.12(e)所示。

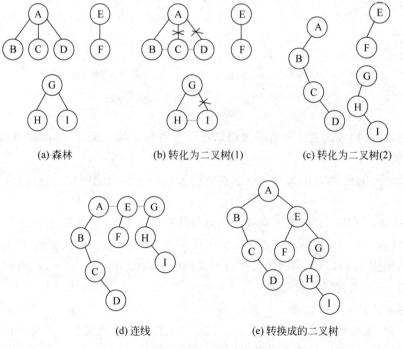

(a) 森林　　(b) 转化为二叉树(1)　　(c) 转化为二叉树(2)

(d) 连线　　(e) 转换成的二叉树

图 6.12　森林和转换成的二叉树

当一棵二叉树的根结点有 $m-1$ 个右下孩子,这样还原的森林中有 m 棵树。这样的二叉树可以按照以下规则还原其相应的森林。

(1) 抹线:抹掉二叉树根结点右链上所有结点之间的"双亲-右孩子"关系,分成若干个以右链上的结点为根结点的二叉树,设这些二叉树为 $bt_1,bt_2,\cdots,bt_m$。

(2) 转换:分别将 $bt_1,bt_2,\cdots,bt_m$ 二叉树各自还原成一棵树。

(3) 调整:将转换好的树构成森林。

例如,如图 6.13(a)所示的二叉树还原为森林的过程如图 6.13(b)~(e)所示,最终结果如图 6.13(e)所示。

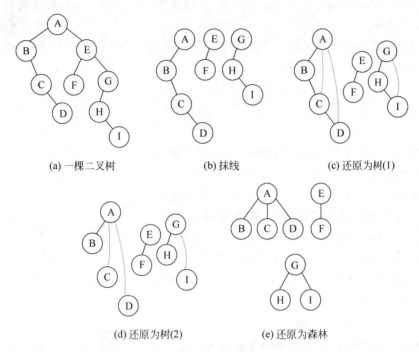

图 6.13   一棵二叉树及还原成的树

5. 二叉树存储结构

二叉树主要有顺序存储结构和链式存储结构两种。

1) 二叉树的顺序存储结构

二叉树的顺序存储结构就是用一组地址连续的存储单元来存放二叉树的数据元素。因此,必须确定好树中各数据元素的存放次序,使得各数据元素在这个存放次序中的相互位置能反映出数据元素之间的逻辑关系。

二叉树的顺序存储结构中结点的存放次序是:对该树中每个结点进行编号,其编号从小到大的顺序就是结点存放在连续存储单元的先后次序。若把二叉树存储到一维数组中,则该编号就是下标值加 1(注意,C♯语言中数组的起始下标为 0)。树中各结点的编号与等高度的完全二叉树中对应位置上结点的编号相同。其编号过程是:首先把树根结点的编号定为 1,然后按照层次从上到下、每层从左到右的顺序,对每一结点进行编号。当它是编号为 i 的双亲结点的左孩子结点时,它的编号应为 $2i$;当它是右孩子结点时,它的编号

数据结构实践教程（C♯语言描述）

应为 $2i+1$。

根据二叉树的性质 5，在二叉树的顺序存储中的各结点之间的关系可通过编号（存储位置）确定。对于编号为 i 的结点（即第 i 个存储单元），其双亲结点的编号为 $\lfloor i/2 \rfloor$；若存在左孩子结点，则左孩子结点的编号（下标）为 $2i$；若存在右孩子结点，则右孩子结点的编号（下标）为 $2i+1$。因此，访问每一个结点的双亲和左、右孩子结点（若有的话）都非常方便。

二叉树顺序存储结构用以下数组来存放（假设每个结点值为单个字符）：

char [ ] sqbtree = new char[MaxSize];　　　　　　//二叉树的顺序存储结构用 sqbtree 数组存储

当二叉树中某结点为空结点或无效结点（不存在该编号的结点）时，对应位置的值用特殊值（如'♯'）表示。

例如，图 6.14 所示的二叉树对应的顺序存储（先采用完全二叉树的编号方式，没有编号的结点在对应位置用'♯'表示）如下：

1	2	3	4	5	6	7	8	9	10	11	12	13	14	15	16	···
A	B	C	D	♯	E	F	♯	G	♯	♯	H	♯	♯	I	♯	♯

对于完全二叉树来说，其顺序存储是十分合适的，它能够充分利用存储空间。但对于一般的二叉树，特别是对于那些单分支结点较多的二叉树来说是很不合适的，因为可能只有少数存储单元被利用，特别是对退化的二叉树（即每个分支结点都是单分支的），空间浪费更是惊人。由于顺序存储结构这种固有的缺陷，使得二叉树的插入、删除等运算十分不方便。因此，对于一般二叉树通常采用后面介绍的链式存储方式。

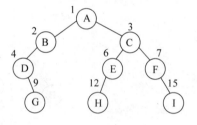

图 6.14　一棵二叉树

2）二叉树的链式存储结构

二叉树的链式存储结构是指用一个链表来存储一棵二叉树，二叉树中每一个结点用链表中的一个链结点来存储。在二叉树中，标准存储方式的结点结构如下：

| lchild | data | rchild |

其中，data 表示值域，用于存储对应的数据元素，lchild 和 rchild 分别表示左指针域和右指针域，分别存储左孩子结点和右孩子结点（即左、右子树的根结点）的存储位置。这种链式存储结构通常简称为**二叉链**。

对应 C♯语言的结点类型 BTNode 定义如下：

```
public class BTNode                        //二叉链中结点类型
{    public char data;                     //数据元素
     public BTNode lchild;                 //指向左孩子结点
     public BTNode rchild;                 //指向右孩子结点
};
```

例如，图 6.15(a)所示的二叉树对应的二叉链存储结构如图 6.15(b)所示。

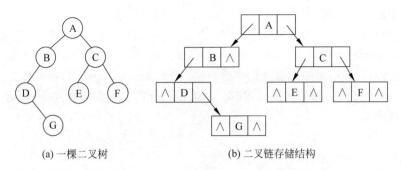

(a) 一棵二叉树　　　　(b) 二叉链存储结构

图 6.15　二叉树及其二叉链存储结构

6. 二叉树的基本运算

归纳起来,二叉树主要有以下基本运算。在后面算法设计中,假设二叉树均采用二叉链存储结构进行存储,为了算法设计方便,每个结点值为单个字符。

(1) 创建二叉树 CreateBTNode(str):根据二叉树的括号表示字符串 str 生成对应的二叉链存储结构。

(2) 查找结点 FindNode(x):在二叉树中寻找 data 域值为 x 的结点,并返回指向该结点的指针。

(3) 求高度 BTNodeHeight():求二叉树的高度。若二叉树为空,则其高度为 0;否则,其高度等于左子树与右子树中的最大高度加 1。

(4) 输出二叉树 DispBTNode():以括号表示法输出一棵二叉树。

7. 二叉树的遍历

二叉树遍历是指按照一定次序访问二叉树中所有结点,并且每个结点仅被访问一次的过程。通过遍历得到二叉树中某种结点的线性序列,即将非线性结构线性化,这里的“访问”的含义可以很多,如输出结点值或对结点值实施某种运算等。二叉树遍历是最基本的运算,是二叉树中所有其他运算的基础。

在遍历一棵树时,根据访问根结点、遍历子树的先后关系产生两种遍历方法,即先根遍历和后根遍历。在二叉树中,左子树和右子树是有严格区别的,因此在遍历一棵非空二叉树时,根据访问根结点、遍历左子树和遍历右子树之间的先后关系可以组合成 6 种遍历方法(假设 N 为根结点,L、R 分别为左、右子树,这 6 种遍历方法是 NLR、LNR、LRN、NRL、RNL、RLN),若再规定先遍历左子树,后遍历右子树,则对于非空二叉树,可得到 3 种递归的遍历方法,即 NLR、LNR 和 LRN。

1) 先序遍历

先序遍历二叉树的过程是:

(1) 访问根结点。

(2) 先序遍历左子树。

(3) 先序遍历右子树。

例如,图 6.15(a)所示的二叉树的先序序列为 ABDGCEF。显然,在一棵二叉树的先序序列中,第 1 个元素即为根结点对应的结点值。

2) 中序遍历

中序遍历二叉树的过程是:

（1）中序遍历左子树。

（2）访问根结点。

（3）中序遍历右子树。

例如，图 6.15(a)所示的二叉树的中序序列为 DGBAECF。显然，在一棵二叉树的中序序列中，根结点值将其序列分为前、后两部分，前一部分为左子树的中序序列，后一部分为右子树的中序序列。

3）后序遍历

后序遍历二叉树的过程是：

（1）后序遍历左子树。

（2）后序遍历右子树。

（3）访问根结点。

例如，图 6.15(a)所示的二叉树的后序序列为 GDBEFCA。显然，在一棵二叉树的后序序列中，最后一个元素即为根结点对应的结点值。

4）层次遍历

除前面介绍的几种遍历方法之外，还有一种层次遍历方法，其过程是：

若二叉树非空（假设其高度为 h），则

（1）访问根结点（第 1 层）。

（2）从左到右访问第 2 层的所有结点。

（3）从左到右访问第 3 层的所有结点……第 h 层的所有结点。

例如，图 6.15(a)所示的二叉树的层次遍历序列为 ABCDEFG。

6.2.2 二叉树实践项目及其设计

⌨ 二叉树的实践项目

项目 1：设计一个项目实现二叉树的基本运算。用相关数据进行测试，其操作界面如图 6.16 所示。

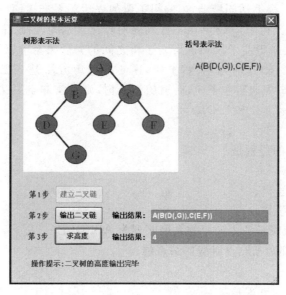

图 6.16 二叉树——实践项目 1 的操作界面

项目 2：设计一个项目实现二叉树的遍历，包括先序、中序、后序递归算法和非递归算法以及层次遍历算法。用相关数据进行测试，其操作界面如图 6.17 所示。

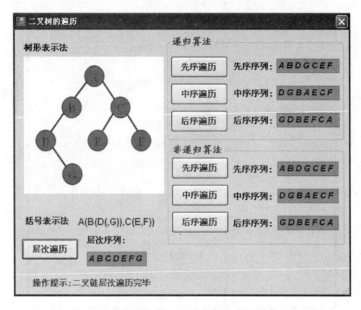

图 6.17 二叉树——实践项目 2 的操作界面

项目 3：设计计算二叉树中各类结点个数的算法。用相关数据进行测试，其操作界面如图 6.18 所示。

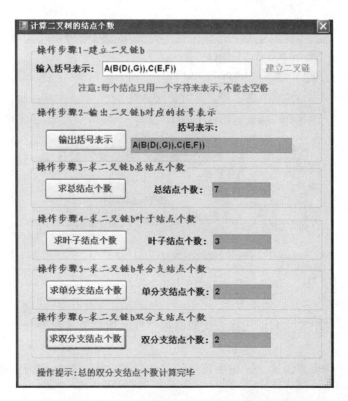

图 6.18 二叉树——实践项目 3 的操作界面

数据结构实践教程(C♯语言描述)

项目4：设计求二叉树中最大值和最小值的算法。用相关数据进行测试，其操作界面如图6.19所示。

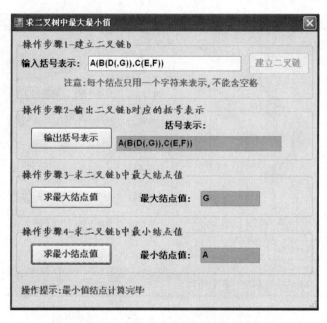

图6.19　二叉树——实践项目4的操作界面

项目5：设计一个算法实现二叉树的复制。用相关数据进行测试，其操作界面如图6.20所示。

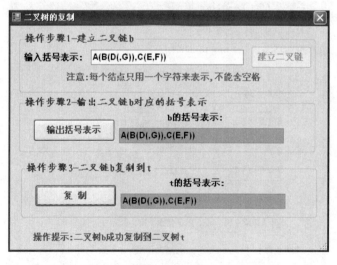

图6.20　二叉树——实践项目5的操作界面

项目6：设计一个算法判断两棵二叉树的相似性。用相关数据进行测试，其操作界面如图6.21所示。

项目7：设计一个算法求二叉树中指定结点的层次。用相关数据进行测试，其操作界面如图6.22所示。

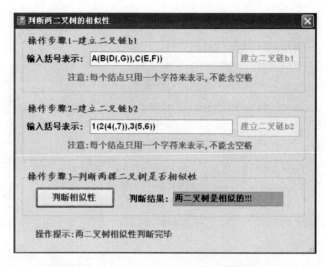

图 6.21　二叉树——实践项目 6 的操作界面

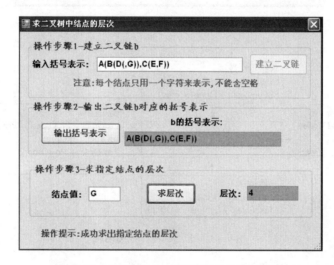

图 6.22　二叉树——实践项目 7 的操作界面

项目 8：设计一个算法求二叉树中所有根结点到叶子结点的路径。用相关数据进行测试,其操作界面如图 6.23 所示。

📖 **实践项目设计**

(1) 新建一个 Windows 应用程序项目 BTree。

(2) 设计二叉链存储结构表示的二叉树的基本运算类 BTNodeClass,其基本结构如图 6.24 所示,字段 r 表示二叉树的根结点。

BTNodeClass 类的代码放在 Class1.cs 文件中:

```
class BTNodeClass                          //二叉树类
{    const int MaxSize = 1000;
     BTNode r = new BTNode();              //二叉树的根结点 r
     public string btstr;                  //用于递归算法中建立返回字符串
```

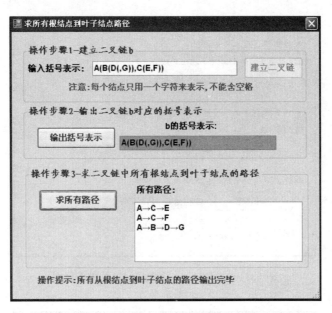

图 6.23　二叉树——实践项目 8 的操作界面

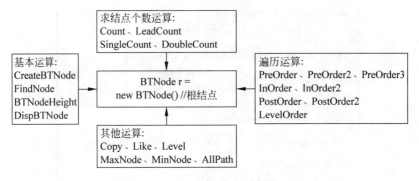

图 6.24　BTNodeClass 类结构

```
public BTNodeClass()                        //构造函数
{    r.lchild = r.rchild = null;   }
//-------- 二叉树的基本运算算法 ---------------------------------
public void CreateBTNode(string str)        //由正确的二叉树括号表示 str 创建二叉链
{    BTNode [] St = new BTNode[MaxSize];     //创建一个顺序栈
     BTNode p = null;
     int top = - 1,k = 0,j = 0;
     char ch;
     r = null;                              //建立的二叉树初始时为空
     while (j < str.Length)                 //循环扫描 str 中每个字符
     {   ch = str[j];
         switch(ch)
         {
         case '(':top ++ ; St[top] = p; k = 1; break;   //开始处理左孩子结点
         case ')':top -- ; break;
         case ',':k = 2; break;             //开始处理右孩子结点
```

```
            default: p = new BTNode();          //创建一个新结点 p
                p.lchild = p.rchild = null;
                p.data = ch;
                if (r == null)                   //若尚未建立根结点
                    r = p;                        //* p 为二叉树的根结点
                else                              //已建立二叉树根结点
                {   switch(k)
                    {
                    case 1:St[top].lchild = p; break;
                    case 2:St[top].rchild = p; break;
                    }
                }
                break;
            }
            j++;
        }
    }
public BTNode FindNode(char x)              //查找值为 x 的结点
{   return FindNode1(r,x); }
private BTNode FindNode1(BTNode t,char x)    //被 FindNode 方法调用
{   BTNode p;
    if (t == null)
        return null;
    else if (t.data == x)
        return t;
    else
    {   p = FindNode1(t.lchild,x);
        if (p != null)
            return p;
        else
            return FindNode1(t.rchild,x);
    }
}
public int BTNodeHeight()                    //求二叉树高度的算法
{   return BTNodeHeight1(r); }
private int BTNodeHeight1(BTNode t)          //被 BTNodeHeight 方法调用
{   int lchildh,rchildh;
    if (t == null)
        return 0;                             //空树的高度为 0
    else
    {   lchildh = BTNodeHeight1(t.lchild);    //求左子树的高度为 lchildh
        rchildh = BTNodeHeight1(t.rchild);    //求右子树的高度为 rchildh
        return (lchildh > rchildh)? (lchildh + 1):(rchildh + 1);
    }
}
public string DispBTNode()                   //将二叉链转换成括号表示法
{   btstr = "";
    DispBTNode1(r);
    return btstr;
}
private void DispBTNode1(BTNode t)           //被 DispBTNode 方法调用
```

数据结构实践教程（C♯语言描述）

```
    {    if (t != null)
        {    btstr += t.data.ToString();
            if (t.lchild != null || t.rchild != null)
            {    btstr += "(";                    //有孩子结点时才输出(
                DispBTNode1(t.lchild);            //递归处理左子树
                if (t.rchild != null)
                    btstr += ",";                 //有右孩子结点时才输出,
                DispBTNode1(t.rchild);            //递归处理右子树
                btstr += ")";                     //有孩子结点时才输出)
            }
        }
    }
    //-------- 二叉树的遍历算法 -----------------------------
    public string PreOrder()                      //先序遍历的递归算法
    {    btstr = "";
        PreOrder1(r);
        return btstr;
    }
    private void PreOrder1(BTNode t)              //被 PreOrder 方法调用
    {    if (t != null)
        {    btstr += t.data.ToString() + " ";    //访问根结点
            PreOrder1(t.lchild);                  //先序遍历左子树
            PreOrder1(t.rchild);                  //先序遍历右子树
        }
    }
    public string InOrder()                       //中序遍历的递归算法
    {    btstr = "";
        InOrder1(r);
        return btstr;
    }
    private void InOrder1(BTNode t)              //被 InOrder 方法调用
    {    if (t != null)
        {    InOrder1(t.lchild);                  //中序遍历左子树
            btstr += t.data.ToString() + " ";    //访问根结点
            InOrder1(t.rchild);                   //中序遍历右子树
        }
    }
    public string PostOrder()                     //后序遍历的递归算法
    {    btstr = "";
        PostOrder1(r);
        return btstr;
    }
    private void PostOrder1(BTNode t)            //被 PostOrder 方法调用
    {    if (t != null)
        {    PostOrder1(t.lchild);                //后序遍历左子树
            PostOrder1(t.rchild);                 //后序遍历右子树
            btstr += t.data.ToString() + " ";    //访问根结点
        }
    }
    public string LevelOrder()                    //层次遍历的算法
    {    string mystr = "";
```

```
        BTNode p;
        BTNode [ ] qu = new BTNode[MaxSize];        //定义环形队列,存放结点指针
        int front,rear;                             //定义队头和队尾指针
        front = rear = - 1;                         //置队列为空队列
        rear ++ ;
        qu[rear] = r;                               //根结点指针进入队列
        while (front! = rear)                       //队列不为空
        {   front = (front + 1) % MaxSize;
            p = qu[front];                          //队头出队列
            mystr += p.data.ToString() + " ";       //访问结点
            if (p.lchild ! = null)                  //有左孩子时将其进队
            {   rear = (rear + 1) % MaxSize;
                qu[rear] = p.lchild;
            }
            if (p.rchild ! = null)                  //有右孩子时将其进队
            {   rear = (rear + 1) % MaxSize;
                qu[rear] = p.rchild;
            }
        }
        return mystr;
}
public string PreOrder2()                           //先序遍历的非递归算法 1
{   return PreOrder21(r); }
private string PreOrder21(BTNode t)                 //被 PreOrder2 方法调用
{   string mystr = "";
    BTNode [ ] st = new BTNode[MaxSize];            //定义一个顺序栈
    int top =- 1;                                   //栈顶指针初始化
    BTNode p;
    top ++ ; st[top] = t;                           //根结点 t 进栈
    while (top ! = - 1)                             //栈不为空时循环
    {   p = st[top]; top -- ;                       //退栈结点
        mystr += p.data.ToString() + " ";           //访问 p 结点
        if (p.rchild ! = null)                      //p 结点有右孩子时将右孩子进栈
        {   top ++ ;
            st[top] = p.rchild;
        }
        if (p.lchild ! = null)                      //p 结点有左孩子时将左孩子进栈
        {   top ++ ;
            st[top] = p.lchild;
        }
    }
    return mystr;
}
public string PreOrder3()                           //先序遍历的非递归算法 2
{   return PreOrder31(r); }
private string PreOrder31(BTNode t)                 //被 PreOder3 方法调用
{   string mystr = "";
    BTNode [ ] st = new BTNode[MaxSize];            //定义一个顺序栈
    int top =- 1;                                   //栈顶指针初始化
    BTNode p;
    p = t;
```

数据结构实践教程（C♯语言描述）

```
        while (top! =- 1 ‖ p! = null)
        {    while (p! = null)                          //扫描 p 的所有左结点并进栈
             {    mystr += p.data.ToString() + " ";      //访问 p 结点
                  top ++ ;
                  st[ top] = p;
                  p = p.lchild;
             }
             if (top! =- 1)                              //若栈不空
             {   p = st[top];top -- ;                    //出栈 p 结点
                 p = p.rchild;                           //转向处理右子树
             }
        }
        return mystr;
    }
    public string InOrder2()                             //中序遍历的非递归算法
    {    return InOrder21(r); }
    private string InOrder21(BTNode t)                   //被 InOrder2 方法调用
    {    string mystr = "";
         BTNode [] st = new BTNode[MaxSize];             //定义一个顺序栈
         int top =- 1;                                   //栈顶指针初始化
         BTNode p; p = t;
         while (top! =- 1 ‖ p! = null)
         {    while (p! = null)                          //扫描 p 的所有左结点并进栈
              {    top ++ ; st[top] = p;
                   p = p.lchild;
              }
              if (top > - 1)                             //若栈不空
              {   p = st[top];top -- ;                   //出栈 p 结点
                  mystr += p.data + " ";                 //访问 p 结点
                  p = p.rchild;                          //转向处理右子树
              }
         }
         return mystr;
    }
    public string PostOrder2()                           //后序遍历的非递归算法
    {    return PostOrder21(r); }
    private string PostOrder21(BTNode t)                 //被 PostOrder2 方法调用
    {    string mystr = "";
         BTNode [] st = new BTNode[MaxSize];             //定义一个顺序栈
         int top =- 1;                                   //栈指针置初值
         BTNode p = t,q;
         bool flag;                                      //若当前结点的左子树已处理则为 true,否则为 false
         do
         {    while (p! = null)                          //将 p 结点及其所有左下结点进栈
              {    top ++ ; st[top] = p;
                   p = p.lchild;
              }
              q = null;                                  //q指向栈顶结点的前一个已访问的结点或为 null
              flag = true;                               //表示 p 结点的左子树已访问或为空
              while (top! =- 1 && flag == true)
              {   p = st[top];                           //取出当前的栈顶结点
```

```
            if (p.rchild == q)              //若 p 结点右子树已访问或为空
            {    mystr += p.data.ToString() + " ";    //访问 p 结点
                 top--;
                 q = p;                       //让 q 指向刚被访问的结点
            }
            else                             //若 p 结点右子树没有遍历
            {    p = p.rchild;               //转向处理 p 的右子树
                 flag = false;               //此时 p 的左子树未遍历
            }
        }
    } while (top != -1);
    return mystr;
}
//-------- 求二叉树中结点个数的算法 ----------------------------
public int Count()                           //求总的结点个数
{    return Count1(r); }
private int Count1(BTNode t)                  //被 Count 方法调用
{    int n1, n2;
    if (t == null) return 0;
    else
    {    n1 = Count1(t.lchild);
         n2 = Count1(t.rchild);
         return n1 + n2 + 1;
    }
}
public int LeafCount()                        //求叶子结点个数
{    return LeafCount1(r); }
private int LeafCount1(BTNode t)              //被 LeafCount 方法调用
{    int n1, n2;
    if (t == null) return 0;
    else
    {    if (t.lchild == null && t.rchild == null)    //t 为叶子结点
             return 1;
         else                                 //t 不为叶子结点
         {    n1 = LeafCount1(t.lchild);
              n2 = LeafCount1(t.rchild);
              return n1 + n2;
         }
    }
}
public int SingleCount()                      //求单分支结点个数
{    return SingleCount1(r); }
private int SingleCount1(BTNode t)            //被 SingleCount 方法调用
{    int n1, n2;
    if (t == null)
        return 0;
    else
    {    if ((t.lchild != null && t.rchild == null) ||
             (t.lchild == null && t.rchild != null))    //t 为单分支结点
         {    n1 = SingleCount1(t.lchild);
              n2 = SingleCount1(t.rchild);
```

```
                    return n1 + n2 + 1;
                }
                else                              //t 不为单分支结点
                {   n1 = SingleCount1(t.lchild);
                    n2 = SingleCount1(t.rchild);
                    return n1 + n2;
                }
            }
        }
    public int DoubleCount()                      //求双分支结点个数
    {   return DoubleCount1(r);   }
    private int DoubleCount1(BTNode t)            //被 DoubleCount 方法调用
    {   int n1, n2;
        if (t == null)
            return 0;
        else
        {   if (t.lchild != null && t.rchild != null)    //t 为双分支结点
            {   n1 = DoubleCount1(t.lchild);
                n2 = DoubleCount1(t.rchild);
                return n1 + n2 + 1;
            }
            else                              //t 不为双分支结点
            {   n1 = DoubleCount1(t.lchild);
                n2 = DoubleCount1(t.rchild);
                return n1 + n2;
            }
        }
    }
    //------- 二叉树的复制 ---------------------------------
    public BTNodeClass Copy()
    {   BTNodeClass b1 = new BTNodeClass();
        BTNode t = new BTNode();
        t = Copy1(r);
        b1.r = t;
        return b1;
    }
    private BTNode Copy1(BTNode p)
    {   BTNode t;
        if (p == null) return null;
        else
        {   t = new BTNode();
            t.data = p.data;
            t.lchild = Copy1(p.lchild);         //复制左子树
            t.rchild = Copy1(p.rchild);         //复制右子树
            return t;
        }
    }
    //-------- 判断两二叉树的相似性 ---------------------------
    public bool Like(BTNodeClass b)
    {   return Like1(r, b.r); }
    private bool Like1(BTNode t1, BTNode t2)
```

```
{   bool like1, like2;
    if (t1 == null && t2 == null)
        return true;
    else if (t1 == null || t2 == null)
        return false;
    else
    {   like1 = Like1(t1.lchild, t2.lchild);    //求左子树的相似性
        like2 = Like1(t1.rchild, t2.rchild);    //求右子树的相似性
        if (like1 && like2) return true;
        else return false;
    }
}
```

//--------- 求二叉树中结点的层次 -------------------------------
```
public int Level(char x)
{   return Level1(r, x, 1); }
private int Level1(BTNode t, char x, int h)        //被 Level 方法调用,h 置初值 1
{   int l;
    if (t == null) return 0;
    else if (t.data == x) return h;
    else
    {   l = Level1(t.lchild, x, h + 1);            //在左子树中查找
        if (l != 0)
            return l;
        else                                       //在左子树中未找到,再在右子树中查找
            return (Level1(t.rchild, x, h + 1));
    }
}
```

//--------- 求二叉树中最大最小值结点 -------------------------------
```
public char MaxNode()                              //求二叉树中最大值结点
{   return MaxNode1(r); }
private char MaxNode1(BTNode t)
{   char m1, m2, m3;
    if (t == null) return '';                      //空树返回一空字符
    else
    {   m1 = MaxNode1(t.lchild);
        m2 = MaxNode1(t.rchild);
        if (m1 > m2)  m3 = m1;                      //求 m1、m2 和 t.data 中的最大值
        else m3 = m2;
        if (m3 > t.data) return m3;
        else return t.data;
    }
}

public char MinNode()                              //求二叉树中最小值结点
{   return MinNode1(r); }
private char MinNode1(BTNode t)
{   char m1, m2, m3;
    if (t == null) return 'z';                     //空树返回一最小字符'z'
    else
    {   m1 = MinNode1(t.lchild);
        m2 = MinNode1(t.rchild);
        if (m1 < m2) m3 = m1;                       //求 m1、m2 和 t.data 中的最小值
```

```
            else m3 = m2;
            if (m3 < t.data) return m3;
            else return t.data;
        }
    }
//-------- 求二叉树中所有根结点到叶子结点的路径 -------------------------
public void AllPath(ref int count,params string[] path)
{    AllPath1(ref count,r,path); }
private void AllPath1(ref int count,BTNode t,params string[] path)
{    BTNode q; int p;
    int front =-1,rear = -1;                    //定义队头和队尾指针
    BTNode [] qu = new BTNode[MaxSize];          //定义环形队列,存放结点指针
    int [] parent = new int[MaxSize];            //存放双亲结点在队列中的位置
    rear++ ; qu[rear] = t;                       //根结点指针进入队列
    parent[rear] = -1;                           //根结点没有双亲结点
    count = 0;
    while (front != rear)                        //队列不为空
    {   front++ ;                                //front是当前结点q在qu中的位置
        q = qu[front];                           //队头出队列,该结点指针仍在qu中
        if (q.lchild == null && q.rchild == null)    //q为叶子结点
        {   p = front;                           //输出q到根结点的路径序列
            path[count] = "";
            while (parent[p] != -1)
            {   path[count] += qu[p].data.ToString();
                p = parent[p];
            }
            path[count] += qu[p].data.ToString();
            count++ ;                            //路径数增1
        }
        if (q.lchild != null)                    //q结点有左孩子时将其进入队列
        {   rear++ ; qu[rear] = q.lchild;
            parent[rear] = front;                //q的左孩子的双亲位置为front
        }
        if (q.rchild != null)                    //q结点有右孩子时将其进入队列
        {   rear++ ; qu[rear] = q.rchild;
            parent[rear] = front;                //q的右孩子的双亲位置为front
        }
    }
}
```

（3）设计项目1对应的窗体Form1,包含以下字段：

```
BTNodeClass b = new BTNodeClass();              //二叉链对象b
```

用户单击"建立二叉链"命令按钮（button1）,建立一棵括号表示为"A(B(D(,G)),C(E,F))"的二叉树对应的二叉链b。单击"输出二叉链"命令按钮（button2）以括号表示输出二叉链b。单击"求高度"命令按钮（button3）求出二叉链b的高度并输出,对应的单击事件过程如下：

```
private void button3_Click(object sender, EventArgs e)
```

```
{    textBox2.Text = b.BTNodeHeight().ToString();
     infolabel.Text = "操作提示:二叉树的高度输出完毕";
}
```

（4）设计项目 2 对应的窗体 Form2,包含以下字段:

```
BTNodeClass b = new BTNodeClass();                    //二叉链对象 b
```

在启动本窗体时,自动建立一棵括号表示为"A(B(D(,G)),C(E,F))"的二叉树对应的二叉链 b。单击递归算法框中的"先序遍历"(button1)、"中序遍历"(button2)和"后序遍历"(button3)命令按钮,分别调用递归算法 PreOrder、InOrder 和 PostOrder 来输出相应的遍历序列。

单击非递归算法框中的"先序遍历"(button4)、"中序遍历"(button5)和"后序遍历"(button6)命令按钮,分别调用非递归算法 PreOrder2、InOrder2 和 PostOrder2 来输出相应的遍历序列。

单击"层次遍历"(button7)调用算法 LevelOrder 来输出相应的层次遍历序列。

（5）设计项目 3 对应的窗体 Form3,包含以下字段:

```
BTNodeClass b = new BTNodeClass();                    //二叉链对象 b
```

用户先在"输入括号表示:"文本框中输入一个二叉树的括号表示,用户单击"建立二叉链"命令按钮(button1)建立对应的二叉链 b。

单击"输出括号表示"(button2)命令按钮,调用 DispBTNode 算法输出该二叉树。

单击"求总结点个数"(button3)命令按钮,调用 Count 算法输出该二叉树的总结点个数。

单击"求叶子结点个数"(button4)命令按钮,调用 LeafCount 算法输出该二叉树的叶子结点个数。

单击"求单分支结点个数"(button5)命令按钮,调用 SingleCount 算法输出该二叉树的单分支结点个数。

单击"求双分支结点个数"(button6)命令按钮,调用 DoubleCount 算法输出该二叉树的双分支结点个数。

（6）设计项目 4 对应的窗体 Form4,包含以下字段:

```
BTNodeClass b = new BTNodeClass();                    //二叉链对象 b
```

用户先在"输入括号表示:"文本框中输入一个二叉树的括号表示,用户单击"建立二叉链"命令按钮(button1)建立对应的二叉链 b。

单击"输出括号表示"(button2)命令按钮,调用 DispBTNode 算法输出该二叉树。

单击"求最大结点值"(button3)命令按钮,调用 MaxNode 算法输出该二叉树中最大结点值。

单击"求最小结点值"(button4)命令按钮,调用 MinNode 算法输出该二叉树中最小结点值。

（7）设计项目 5 对应的窗体 Form5,包含以下字段:

```
BTNodeClass b = new BTNodeClass();                    //二叉链对象 b
```

用户先在"输入括号表示："文本框中输入一个二叉树的括号表示，用户单击"建立二叉链"命令按钮（button1）建立对应的二叉链 b。

单击"输出括号表示"（button2）命令按钮，调用 DispBTNode 算法输出该二叉树。

单击"复制"（button3）命令按钮，调用 Copy 算法由 b 复制产生 b1，然后输出 b1 二叉树的括号表示。

（8）设计项目 6 对应的窗体 Form6，包含以下字段：

```
BTNodeClass b1 = new BTNodeClass();                    //二叉链对象 b1
BTNodeClass b2 = new BTNodeClass();                    //二叉链对象 b2
```

用户先在"输入括号表示："文本框（textBox1）中输入一个二叉树的括号表示，用户单击"建立二叉链 b1"命令按钮（button1）建立对应的二叉链 b1。

然后在"输入括号表示："文本框（textBox2）中输入一个二叉树的括号表示，用户单击"建立二叉链 b2"命令按钮（button2）建立对应的二叉链 b2。

单击"判断相似性"（button3）命令按钮，调用 Like 算法判断二叉树 b1 和 b2 是否相似，然后输出判断的结果。

（9）设计项目 7 对应的窗体 Form7，包含以下字段：

```
BTNodeClass b = new BTNodeClass();                     //二叉链对象 b
```

用户先在"输入括号表示："文本框中输入一个二叉树的括号表示，用户单击"建立二叉链"命令按钮（button1）建立对应的二叉链 b。

单击"输出括号表示"（button2）命令按钮，调用 DispBTNode 算法输出该二叉树。

在"结点值"文本框（textBox3）中输入一个结点值 x，单击"求层次"（button3）命令按钮调用 Level 算法求值为 x 的结点的层次，然后在 textBox4 文本框中输出该层次。

（10）设计项目 8 对应的窗体 Form8，包含以下字段：

```
BTNodeClass b = new BTNodeClass();                     //二叉链对象 b
```

用户先在"输入括号表示："文本框中输入一个二叉树的括号表示，用户单击"建立二叉链"命令按钮（button1）建立对应的二叉链 b。

单击"输出括号表示"（button2）命令按钮，调用 DispBTNode 算法输出该二叉树。

单击"求所有路径"（button3）命令按钮，调用 AllPath 算法求所有从根结点到叶子结点的路径，然后在 listBox1 列表框中输出这些路径。

6.3　构造二叉树

构造二叉树是指通过二叉树的某些遍历序列产生该二叉树的存储结构。本节通过实践项目介绍构造二叉树的算法。

6.3.1　构造二叉树的过程

假设二叉树中每个结点的值均不相同，同一棵二叉树具有唯一先序序列、中序序列和后序序列，但不同的二叉树可能具有相同的先序序列、中序序列和后序序列。

显然,仅由一个先序序列(或中序序列、后序序列),无法确定这棵二叉树的树形。但是如果同时知道一棵二叉树的先序序列和中序序列,或者同时知道中序序列和后序序列,就能确定这棵二叉树。

1. 由先序序列和中序序列构造二叉树

对于任何 $n(n \geqslant 0)$ 个不同结点的二叉树,其先序序列为 $a_0 a_1 \cdots a_{n-1}$,中序序列为 $b_0 b_1 \cdots b_{n-1}$,构造该二叉树的过程如下:

(1) 首先确定根结点为 a_0,构造根结点 a_0。

(2) a_0 必然出现在中序序列中,假设 $b_k = a_0$,就是根结点 a_0,如图 6.25 所示,从而确定左子树的先序序列为 $a_1 \cdots a_k$,左子树的中序序列为 $b_0 b_1 \cdots b_{k-1}$,右子树的先序序列为 $a_{k+1} \cdots a_{n-1}$,右子树的中序序列为 $b_{k+1} \cdots b_{n-1}$。

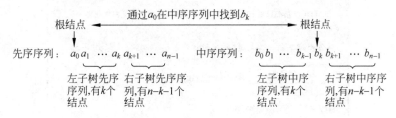

图 6.25　由先序序列和中序序列确定一棵二叉树

(3) 采用类似的方法构造 a_0 的左子树和右子树。

实际上,先序序列的作用是确定一棵二叉树的根结点(其第一个元素即为根结点),中序序列的作用是确定左、右子树的中序序列(含各自的结点个数),反过来又可以确定左、右子树的先序序列。

2. 由后序序列和中序序列构造二叉树

对于任何 $n(n \geqslant 0)$ 个不同结点的二叉树,其后序序列为 $a_0 a_1 \cdots a_{n-1}$,中序序列为 $b_0 b_1 \cdots b_{n-1}$,构造该二叉树的过程如下:

(1) 首先确定根结点为 a_{n-1},构造根结点 a_{n-1}。

(2) a_{n-1} 必然出现在中序序列中,假设 $b_k = a_{n-1}$,就是根结点 a_{n-1},如图 6.26 所示,从而确定左子树的后序序列为 $a_0 \cdots a_{k-1}$,左子树的中序序列为 $b_0 \cdots b_{k-1}$,右子树的先序序列为 $a_k \cdots a_{n-2}$,右子树的中序序列为 $b_{k+1} \cdots b_{n-1}$。

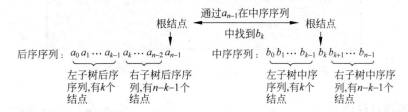

图 6.26　由后序序列和中序序列确定一棵二叉树

(3) 采用类似的方法构造 a_{n-1} 的左子树和右子树。

实际上,先序序列的作用是确定一棵二叉树的根结点(其第一个元素即为根结点),中序序列的作用是确定左、右子树的中序序列(含各自的结点个数),反过来又可以确定左、右树的先序序列。

6.3.2　构造二叉树实践项目及其设计

📠 构造二叉树的实践项目

项目1：设计一个算法通过先序序列和中序序列构造二叉树。用相关数据进行测试，其操作界面如图 6.27 所示。

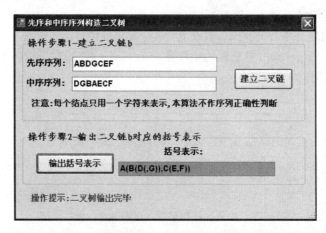

图 6.27　构造二叉树——实践项目 1 的操作界面

项目2：设计一个算法通过后序序列和中序序列构造二叉树。用相关数据进行测试，其操作界面如图 6.28 所示。

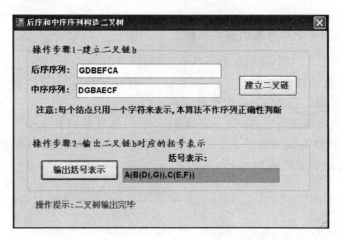

图 6.28　构造二叉树——实践项目 2 的操作界面

💻 实践项目设计

（1）新建一个 Windows 应用程序项目 CreateBTree。

（2）设计构造二叉树二叉链存储结构的基本运算类 BTNodeClass，其基本结构如图 6.29 所示，字段 r 是构建二叉链存储结构的根结点。

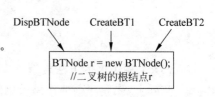

图 6.29　BTNodeClass 类结构

BTNodeClass 类和相关代码放在 Class1.cs 文件中：

```
class BTNode                                    //二叉树的结点类型
{   public char data;                           //数据元素
    public BTNode lchild;                       //指向左孩子结点
    public BTNode rchild;                       //指向右孩子结点
};
class BTNodeClass                               //二叉树类
{   const int MaxSize = 1000;
    BTNode r = new BTNode();                    //二叉树的根结点 r
    public string btstring;
    public BTNodeClass()                        //构造函数
    {   r.lchild = r.rchild = null; }
//-------- 二叉树的基本运算算法 -----------------------------
    public string DispBTNode()                  //将二叉链转换成括号表示法
    {   btstring = "";
        DispBTNode1(r);
        return btstring;
    }
    private void DispBTNode1(BTNode t)          //被 DispBTNode 方法调用
    {   if (t != null)
        {   btstring += t.data.ToString();
            if (t.lchild != null || t.rchild != null)
            {   btstring += "(";                //有孩子结点时才输出(
                DispBTNode1(t.lchild);          //递归处理左子树
                if (t.rchild != null)
                    btstring += ",";            //有右孩子结点时才输出,
                DispBTNode1(t.rchild);          //递归处理右子树
                btstring += ")";                //有孩子结点时才输出)
            }
        }
    }
//-------- 二叉树的构造算法 -----------------------------
    public void CreateBT1(string prestr, string instr)  //由先序序列和中序序列构造二叉链
    {   int n = prestr.Length;
        r = CreateBT11(prestr, 0, instr, 0, n);
    }
    private BTNode CreateBT11(string prestr, int ipre, string instr, int iin, int n)
    {   //由先序序列 prestr[ipre..ipre+n-1]和 instr 中序序列[iin..iin+n-1]构造二叉链
        BTNode t; char ch; int p,k;
        if (n <= 0) return null;
        t = new BTNode();                       //创建根结点
        ch = prestr[ipre];                      //ch 为根结点值
        t.data = ch;                            //ch 为先序序列中的第 1 个结点值
        p = iin;
        while (p < iin + n)                     //在中序序列中找等于 ch 的位置 k
        {   if (instr[p] == ch)
                break;                          //在 instr 中找到后退出循环
            p++;
        }
```

```
        k = p - iin;                                        //确定根结点在 instr 中的位置
        t.lchild = CreateBT11(prestr, ipre + 1, instr, iin, k);        //递归构造左子树
        t.rchild = CreateBT11(prestr, ipre + k + 1, instr, p + 1, n - k - 1); //递归构造右子树
        return t;
    }
    public void CreateBT2(string poststr, string instr)   //后序序列和中序序列构造二叉链
    {   int n = poststr.Length;
        r = CreateBT22(poststr, 0, instr, 0, n);
    }
    private BTNode CreateBT22(string poststr, int ipost, string instr, int iin, int n)
    {   //由后序序列 poststr[ipost..ipost + n - 1]和 instr 中序序列[iin..iin + n - 1]构造二叉链
        BTNode t; char ch; int p, k;
        if (n <= 0) return null;
        t = new BTNode();                    //创建根结点
        ch = poststr[ipost + n - 1];         //ch 为根结点值
        t.data = ch;
        p = iin;
        while (p < iin + n)                  //在中序序列中找等于 prestr[ipre]的位置 k
        {   if (instr[p] == ch)
                break;                       //在 instr 中找到后退出循环
            p++;
        }
        k = p - iin;                         //确定根结点在 instr 中的位置
        t.lchild = CreateBT22(poststr, ipost, instr, iin, k);        //递归构造左子树
        t.rchild = CreateBT22(poststr, ipost + k, instr, p + 1, n - k - 1); //递归构造右子树
        return t;
    }
}
```

（3）设计项目 1 对应的窗体 Form1，包含以下字段：

```
BTNodeClass b = new BTNodeClass();           //二叉链对象 b
```

用户先在 textBox1 和 textBox2 文本框中分别输入先序序列和中序序列，单击"建立二叉链"命令按钮（button1）建立对应的二叉链 b，其单击事件过程如下：

```
private void button1_Click(object sender, EventArgs e)
{   string prestr, instr;
    if (textBox1.Text.Trim() == "")
    {   infolabel.Text = "操作提示:必须输入一个先序序列";
        return;
    }
    if (textBox2.Text.Trim() == "")
    {   infolabel.Text = "操作提示:必须输入一个中序序列";
        return;
    }
    prestr = textBox1.Text.Trim();           //获得先序序列
    instr = textBox2.Text.Trim();            //获得中序序列
    if (isRight(prestr, instr))
    {   b.CreateBT1(prestr, instr);          //由先序序列和中序序列构造二叉链
        infolabel.Text = "操作提示:二叉链构造完毕";
        button2.Enabled = true;
```

```
    }
        else infolabel.Text = "操作提示:输入的先序序列和中序序列错误";
    }
```

单击"输出括号表示"(button2)命令按钮,调用 DispBTNode 算法输出该二叉树。

(4) 设计项目 2 对应的窗体 Form2,包含以下字段:

```
BTNodeClass b = new BTNodeClass();              //二叉链对象 b
```

用户先在 textBox1 和 textBox2 文本框中分别输入后序序列和中序序列,单击"建立二叉链"命令按钮(button1)建立对应的二叉链 b,其单击事件过程如下:

```
private void button1_Click(object sender, EventArgs e)
{   string poststr, instr;
    if (textBox1.Text.Trim() == "")
    {   infolabel.Text = "操作提示:必须输入一个先序序列";
        return;
    }
    if (textBox2.Text.Trim() == "")
    {   infolabel.Text = "操作提示:必须输入一个中序序列";
        return;
    }
    poststr = textBox1.Text.Trim();             //获得后序序列
    instr = textBox2.Text.Trim();               //获得中序序列
    if (isRight(poststr, instr))
    {   b.CreateBT2(poststr, instr);            //由后序序列和中序序列构造二叉链
        infolabel.Text = "操作提示:二叉链构造完毕";
        button2.Enabled = true;
    }
    else infolabel.Text = "操作提示:输入的后序序列和中序序列错误";
}
```

单击"输出括号表示"(button2)命令按钮,调用 DispBTNode 算法输出该二叉树。

6.4　线索二叉树

线索二叉树是为了提高二叉链的遍历效率而提出的。本节通过实践项目介绍构造线索二叉树及遍历线索二叉树的算法。

6.4.1　构造和遍历线索二叉树

1. 线索二叉树的定义

遍历二叉树的结果是一个结点的线性序列。可以利用二叉链中空链域存放指向结点的前趋结点和后继结点的指针。这样的指向该线性序列中的"前趋结点"和"后继结点"的指针称做线索。从中看到,线索与某种遍历方式有关。

为了区分一个结点的左、右指针是线索还是指向孩子结点,在结点的存储结构上增加两个标志位来区分这两种情况:

数据结构实践教程（C♯语言描述）

$$左标志\ ltag=\begin{cases}0 & 表示\ lchild\ 指向左孩子结点\\1 & 表示\ lchild\ 指向前趋结点的线索\end{cases}$$

$$右标志\ rtag=\begin{cases}0 & 表示\ rchild\ 指向右孩子结点\\1 & 表示\ rchild\ 指向后继结点的线索\end{cases}$$

这样，每个结点的存储结构如下：

ltag	lchild	data	rchild	rtag

按上述原则在二叉树的每个结点上加上线索的二叉树称做线索二叉树。对二叉树以某种方式遍历使其变为线索二叉树的过程称做按该方式对二叉树进行线索化。

为使算法设计方便，在线索二叉树中再增加一个头结点 root。头结点的 data 域为空；lchild 指向无线索时的根结点，ltag 为 0；rchild 指向按某种方式遍历二叉树时的最后一个结点，rtag 为 1。

2. 构造线索二叉树

构造线索二叉树，或者说，对二叉树线索化，实质上就是遍历一棵二叉树，在遍历的过程中，检查当前结点的左、右指针域是否为空。如果为空，将它们改为指向前趋结点或后继结点的线索。另外，在对一棵二叉树添加线索时，创建一个头结点，并建立头结点与二叉树的根结点的线索。对二叉树线索化后，还须建立最后一个结点与头结点之间的线索。

为了实现线索化二叉树，将前面二叉树结点的类型定义修改如下：

```
class TBTNode                          //线索二叉树的结点类型
{    public char data;                 //数据元素
     public int ltag,rtag;             //线索标志
     public TBTNode lchild;            //指向左孩子结点或线索
     public TBTNode rchild;            //指向右孩子结点或线索
};
```

本小节仅讨论二叉树的中序线索化。通过递归中序遍历一棵二叉树，一边遍历一边构造线索，其中，用全局变量 pre 指向中序前一个结点，p 指向中序当前结点。对于当前结点 p 执行以下操作：

```
if (p.lchild == null)                  //左孩子不存在：进行前趋结点线索化
{    p.lchild = pre;                   //建立当前结点的前趋结点线索
     p.ltag = 1;
}
else   p.ltag = 0;                     //p结点的左子树已线索化
if (pre.rchild == null)                //对 pre 的后继结点线索化
{    pre.rchild = p;                   //建立前趋结点的后继结点线索
     pre.rtag = 1;
}
else pre.rtag = 0;
```

3. 遍历线索二叉树

遍历某种次序的线索二叉树，就是从该次序下的开始结点出发，反复找到该结点在该次

序下的后继结点,直到终端结点。

以中序线索二叉树为例,其中序遍历过程是:在中序线索二叉树中,开始结点就是根结点的最左下结点,从开始结点 p 遍历起,如果 p. rtag==1 && p. rchild!=root,表示 p 的右指针为线索,沿右指针一直遍历下去,否则,转向右子树的根结点(p=p. rchild)去遍历,直到头结点为止。该算法是一个不用栈的非递归算法,算法的时间复杂度为 O(n)。

6.4.2 线索二叉树实践项目及其设计

⌨ 线索二叉树的实践项目

设计一个项目实现二叉树的中序线索化并进行中序遍历。用相关数据进行测试,其操作界面如图 6.30 所示。

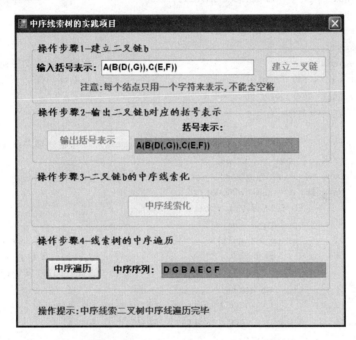

图 6.30 线索二叉树——实践项目的操作界面

💻 实践项目设计

(1) 新建一个 Windows 应用程序项目 Thread。

(2) 设计线索二叉树的基本运算类 TBTNodeClass,其基本结构如图 6.31 所示,字段 r 是原二叉树的根结点,root 是构建的中序线索二叉树的头结点。

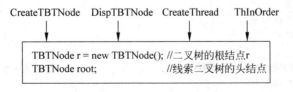

图 6.31 TBTNodeClass 类结构

TBTNodeClass 类的代码放在 Class1.cs 文件中：

```
class TBTNodeClass                                    //线索二叉树类
{   const int MaxSize = 1000;
    TBTNode r = new TBTNode();                        //二叉树的根结点 r

    TBTNode root;                                     //线索二叉树的头结点

    TBTNode pre;                                       //用于中序线索化
    public string btstr;
    public TBTNodeClass()                             //构造函数
    {   r.lchild = r.rchild = null;  }
    //--------- 二叉树的基本运算算法 -----------------------------------
    public void CreateTBTNode(string str)   //由正确的二叉树括号表示 str 创建二叉链的算法
    {   TBTNode[] St = new TBTNode[MaxSize];           //创建一个顺序栈
        TBTNode p = null;
        int top = -1, k = 0, j = 0;
        char ch;
        r = null;                                      //建立的二叉树初始时为空
        while (j < str.Length)                         //循环扫描 str 中每个字符
        {   ch = str[j];
            switch (ch)
            {
            case '(': top++; St[top] = p; k = 1; break; //开始处理左孩子结点
            case ')': top--; break;
            case ',': k = 2; break;                    //开始处理右孩子结点
            default: p = new TBTNode();
                    p.lchild = p.rchild = null;
                    p.data = ch;
                    if (r == null)                     //若尚未建立根结点
                        r = p;                         //p 为二叉树的根结点
                    else                               //已建立二叉树根结点
                    {   switch (k)
                        {   case 1: St[top].lchild = p; break;
                            case 2: St[top].rchild = p; break;
                        }
                    }
                    break;
            }
            j++;
        }
    }

    public string DispTBTNode()                        //将二叉链转换成括号表示法
    {   btstr = "";
        DispTBTNode1(r);
        return btstr;
    }
    private void DispTBTNode1(TBTNode t)               //被 DispTBTNode 方法调用
    {   if (t != null)
        {   btstr += t.data.ToString();
            if (t.lchild != null || t.rchild != null)
            {   btstr += "(";                          //有孩子结点时才输出(
```

```
        DispTBTNode1(t.lchild);                    //递归处理左子树
        if (t.rchild != null)
            btstr += ",";                          //有右孩子结点时才输出,
        DispTBTNode1(t.rchild);                    //递归处理右子树
        btstr += ")";                              //有孩子结点时才输出)
        }
    }
}
//---------- 中序线索化二叉树及其中序遍历 ----------------------------
public void CreateThread()                         //中序线索化二叉树
{   root = new TBTNode();                           //创建头结点
    root.ltag = 0; root.rtag = 1;                  //头结点标记字段置初值
    root.rchild = r;
    if (r == null)                                 //空二叉树
        root.lchild = root;
    else
    {   root.lchild = r;
        pre = root;                                //pre 是 p 的前趋结点,供加线索用
        Thread(ref r);                             //中序遍历线索化二叉树
        pre.rchild = root;                         //最后处理,加入指向头结点的线索
        pre.rtag = 1;
        root.rchild = pre;                         //头结点右线索化
    }
}

private void Thread(ref TBTNode p)                  //对二叉树 p 进行中序线索化
{   if (p != null)
    {   Thread(ref p.lchild);       //左子树线索化,此时 p 结点的左子树不存在或已线索化
        if (p.lchild == null)                       //左孩子不存在:进行前趋结点线索化
        {   p.lchild = pre;                         //建立当前结点的前趋结点线索
            p.ltag = 1;
        }
        else p.ltag = 0;                            //p 结点的左子树已线索化
        if (pre.rchild == null)                     //对 pre 的后继结点线索化
        {   pre.rchild = p;                         //建立前趋结点的后继结点线索
            pre.rtag = 1;
        }
        else pre.rtag = 0;
        pre = p;
        Thread(ref p.rchild);                       //右子树线索化
    }
}
public string ThInOrder()                           //中序线索二叉树的中序遍历
{   string mystr = "";
    TBTNode p = root.lchild;                        //p 指向根结点
    while (p != root)
    {   while (p != root && p.ltag == 0)
            p = p.lchild;                           //找开始结点
        mystr += p.data.ToString() + " ";
        while (p.rtag == 1 && p.rchild != root)
        {   p = p.rchild;
            mystr += p.data.ToString() + " ";
```

```
            }
            p = p.rchild;
        }
        return mystr;
    }
```

（3）设计本项目对应的窗体 Form1，包含以下字段：

```
TBTNodeClass tb = new TBTNodeClass();                    //线索二叉树对象 tb
```

用户先在 textBox1 文本框中输入二叉树的括号表示，单击"建立二叉链"命令按钮
（button1），调用 CreateTBTNode 方法建立对应的二叉链 tb.r。

单击"输出括号表示"命令按钮（button2），调用 DispTBTNode 方法输出对应的二叉树
括号表示。

单击"中序线索化"命令按钮（button3），由 tb.r 产生中序线索二叉树 tb.root。其单击
事件过程如下：

```
private void button3_Click(object sender, EventArgs e)
{    tb.CreateThread();                                  //中序线索化
     button3.Enabled = false; button4.Enabled = true;
     nfolabel.Text = "操作提示:二叉树中序线索化完毕";
}
```

单击"中序遍历"命令按钮（button4），输出中序线索二叉树的中序遍历序列。其单击事
件过程如下：

```
private void button4_Click(object sender, EventArgs e)
{    textBox3.Text = tb.ThInOrder();                     //中序遍历
     infolabel.Text = "操作提示:中序线索二叉树中序遍历完毕";
}
```

6.5 哈夫曼树

哈夫曼树是二叉树的应用之一。本节通过实践项目介绍哈夫曼树和哈夫曼编码的产生
过程。

6.5.1 哈夫曼树的相关概念

在 n_0 个带权叶子结点构成的所有二叉树中，带权路径长度 WPL 最小的二叉树称为**哈
夫曼树**（或最优二叉树）。

给定 n_0 个权值，如何构造一棵含有 n_0 个带有给定权值的叶子结点的二叉树，使其带权
路径长度 WPL 最小呢？哈夫曼最早给出了一个带有一般规律的算法，称为哈夫曼算法。
哈夫曼算法如下：

（1）根据给定的 n_0 个权值 $W=(w_1,w_2,\cdots,w_{n0})$，对应结点构成 n_0 棵二叉树的森林
$T=(T_1,T_2,\cdots,T_{n0})$，其中每棵二叉树 $T_i(1\leqslant i\leqslant n_0)$ 中都只有一个带权值为 w_i 的根结点，
其左、右子树均为空。

（2）在森林 T 中选取两棵结点的权值最小的子树分别作为左、右子树构造一棵新的二

叉树,且置新的二叉树的根结点的权值为其左、右子树上根的权值之和。

(3) 在森林 T 中,用新得到的二叉树代替这两棵树。

(4) 重复(2)和(3),直到 T 只含一棵树为止。这棵树便是哈夫曼树。

在哈夫曼树基础上构造哈夫曼编码的方法如下:

设需要编码的字符集合为 $\{d_1, d_2, \cdots, d_{n0}\}$,各个字符在电文中出现的次数集合为 $\{w_1, w_2, \cdots, w_{n0}\}$,以 $d_1, d_2, \cdots, d_{n0}$ 作为叶子结点,以 $w_1, w_2, \cdots, w_{n0}$ 作为各根结点到每个叶子结点的权值构造一棵哈夫曼树,规定哈夫曼树中的左分支为 0,右分支为 1,则从根结点到每个叶子结点所经过的分支对应的 0 和 1 组成的序列便为该结点对应字符的编码。这样的编码称为**哈夫曼编码**。

6.5.2 哈夫曼树实践项目及其设计

⌨ 哈夫曼树的实践项目

设计一个项目,由用户输入若干个叶子结点值和权值产生哈夫曼树,并输出相应的哈夫曼编码。用相关数据进行测试,其操作界面如图 6.32 所示。

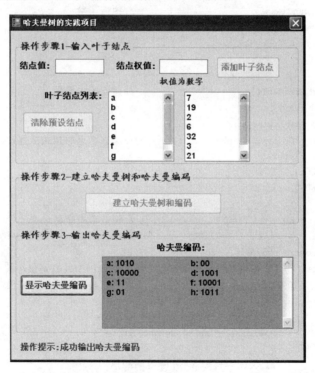

图 6.32 哈夫曼树——实践项目的操作界面

🖳 实践项目设计

(1) 新建一个 Windows 应用程序项目 Huffman。

(2) 设计哈夫曼树的基本运算类 HuffmanClass,其基本结构如图 6.33 所示,字段 ht 和 hcd 数组分别用于存放哈夫曼树和哈夫曼编码。

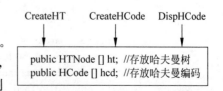

图 6.33 HuffmanClass 类结构

HuffmanClass 类和相关代码放在 Class1.cs 文件中：

```
struct HTNode                          //哈夫曼树结点类
{    public string data;               //结点值
     public double weight;             //权重
     public int parent;                //双亲结点
     public int lchild;                //左孩子结点
     public int rchild;                //右孩子结点
};
struct HCode                           //哈夫曼编码类
{    public char [] cd;                //存放当前结点的哈夫曼编码,码长最多为50
     public int start;                 //cd[start]～cd[n0]存放哈夫曼编码
};
class HuffmanClass                     //哈夫曼树类
{    const int MaxSize = 100;
     public int n0;                    //权值个数
     public HTNode [] ht;              //存放哈夫曼树
     public HCode [] hcd;              //存放哈夫曼编码
     public HuffmanClass()             //构造函数
     {    ht = new HTNode[MaxSize];
          hcd = new HCode[MaxSize];
     }
     //-------- 哈夫曼树类的基本运算 -------------------------------
     public void CreateHT()            //建立哈夫曼树
     {    int i,k,lnode,rnode;
          double min1,min2;
          for (i = 0; i < (2 * n0-1); i++)    //所有结点的相关域置初值 - 1
          {    ht[i].parent = - 1;
               ht[i].lchild = - 1;
               ht[i].rchild = - 1;
          }
          for (i = n0;i < (2 * n0-1);i++)     //构造哈夫曼树
          {    min1 = min2 = 32767.00;        //lnode 和 rnode 为最小权重的两个结点位置
               lnode = rnode = - 1;
               for (k = 0;k <= (i-1);k++)     //在 ht[]中找权值最小的两个结点
                   if (ht[k].parent == - 1)   //只在尚未构造二叉树的结点中查找
                   {    if (ht[k].weight < min1)
                        {    min2 = min1;  rnode = lnode;
                             min1 = ht[k].weight; lnode = k;
                        }
                        else if (ht[k].weight < min2)
                        {    min2 = ht[k].weight;
                             rnode = k;
                        }
                   }
               ht[lnode].parent = i;
               ht[rnode].parent = i;
               ht[i].weight = ht[lnode].weight + ht[rnode].weight;
               ht[i].lchild = lnode;
               ht[i].rchild = rnode;           //ht[i]作为双亲结点
```

```
    }
}
public void CreateHCode()                   //根据哈夫曼树求哈夫曼编码
{    int i,f,c;
     for (i = 0;i < n0;i++)
     {    hcd[i].cd = new char[50];
          hcd[i].cd[0] = 'A';
          hcd[i].start = n0;
          c = i;
          f = ht[i].parent;
          while (f != -1)                   //循环直到无双亲结点即到达树根结点
          {    if (ht[f].lchild == c)        //当前结点是双亲结点的左孩子结点
               {    hcd[i].cd[hcd[i].start] = '0';
                    hcd[i].start--;
               }
               else                         //当前结点是双亲结点的右孩子结点
               {    hcd[i].cd[hcd[i].start] = '1';
                    hcd[i].start--;
               }
               c = f;                       //再对双亲结点进行同样的操作
               f = ht[f].parent;
          }
          hcd[i].start++;                    //start指向哈夫曼编码最开始字符
     }
}
public string DispHCode()                   //输出哈夫曼编码
{    int i,j;
     string mystr = "",astr;
     for (i = 0; i < n0; i++)
     {    astr = ht[i].data + ": ";
          for (j = hcd[i].start; j <= n0; j++)
               astr += hcd[i].cd[j].ToString();
          mystr += astr + "\t\t";
          if (i % 2 == 1)
               mystr += "\r\n";
     }
     return mystr;
}
}
```

（3）在项目中添加一个窗体 Form1，其设计界面如图 6.34 所示。

用户在操作步骤 1 中，每次输入结点值和结点权值，通过单击"添加叶子结点"命令按钮将该叶子结点信息加入到 listBox1 和 listBox2 列表框中。通过单击"清除预设结点"命令按钮可以将列表框中的所有信息清除。系统先预置了一组叶子结点的信息，两个列表框分别放置结点值和对应权值的信息，用户在选择一个列表框项时，另一个列表同时选中该叶子结点的信息。

用户在操作步骤 2 中，单击"建立哈夫曼树和编码"命令按钮，根据两个列表框的信息构建相应的哈夫曼树及其编码。

用户在操作步骤 3 中，单击"显示哈夫曼编码"命令按钮，则在 textBox3 文本框中显示

数据结构实践教程(C♯语言描述)

各叶子结点对应的哈夫曼编码。

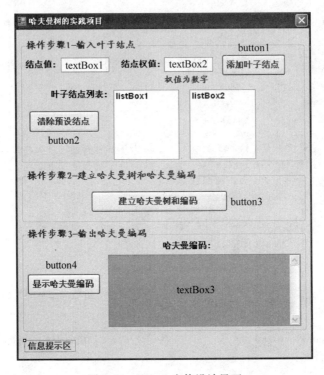

图 6.34   Form1 窗体设计界面

Form1 窗体的主要代码如下：

```
public partial class Form1 : Form
{   HuffmanClass hfmtree = new HuffmanClass();            //哈夫曼对象
    public Form1()                                        //构造函数
    {   InitializeComponent(); }
    private void Form1_Load(object sender, EventArgs e)
    {   listBox1.Items.Add("a");                          //预置初始值
        listBox1.Items.Add("b");    listBox1.Items.Add("c");
        listBox1.Items.Add("d");    listBox1.Items.Add("e");
        listBox1.Items.Add("f");    listBox1.Items.Add("g");
        listBox1.Items.Add("h");    listBox2.Items.Add("7");
        listBox2.Items.Add("19")    listBox2.Items.Add("2");
        listBox2.Items.Add("6");    listBox2.Items.Add("32");
        listBox2.Items.Add("3");    listBox2.Items.Add("21");
        listBox2.Items.Add("10");
        button1.Enabled = true;     button2.Enabled = true;
        button3.Enabled = true;     button4.Enabled = false;
    }
    private void button1_Click(object sender, EventArgs e) //添加叶子结点
    {   string mystr;
        if (textBox1.Text.Trim() == "" || textBox2.Text.Trim() == "")
        {   infolabel.Text = "操作提示:必须输入叶子结点值和对应的权值";
            return;
```

```
        }
        listBox1.Items.Add(textBox1.Text.Trim());
        listBox2.Items.Add(textBox2.Text.Trim());
        textBox1.Text = "";    textBox2.Text = "";
    }
    private void listBox1_SelectedIndexChanged(object sender, EventArgs e)
    {   int i = listBox1.SelectedIndex;
        listBox2.SelectedIndex = i;
    }
    private void listBox2_SelectedIndexChanged(object sender, EventArgs e)
    {   int i = listBox2.SelectedIndex;
        listBox1.SelectedIndex = i;
    }
    private void button2_Click(object sender, EventArgs e)  //清除预设结点
    {   listBox1.Items.Clear();
        listBox2.Items.Clear();
        infolabel.Text = "操作提示:成功清除所有预设权值";
    }
    private void button3_Click(object sender, EventArgs e)  //建立哈夫曼树和编码
    {   int i;
        for (i = 0; i < listBox1.Items.Count; i++)
        {   hfmtree.ht[i].data = listBox1.Items[i].ToString();
            try
            {
                hfmtree.ht[i].weight = Convert.ToDouble(listBox2.Items[i].ToString());
            }
            catch (Exception err)
            {   infolabel.Text = "操作提示:输入的权值是错误的,需重新输入";
                return;
            }
        }
        hfmtree.n0 = listBox1.Items.Count;
        hfmtree.CreateHT();
        hfmtree.CreateHCode();
        infolabel.Text = "操作提示:成功产生哈夫曼编码";
        button1.Enabled = false;    button2.Enabled = false;
        button3.Enabled = false;    button4.Enabled = true;
    }
    private void button4_Click(object sender, EventArgs e)  //显示哈夫曼编码
    {   textBox3.Text = hfmtree.DispHCode();
        infolabel.Text = "操作提示:成功输出哈夫曼编码";
    }
}
```

6.6　树形结构的应用

6.6.1　树形结构的应用方法

树形结构因适于表现层次结构、便于理解而被广泛应用于数据管理,实现分类、导航、浏

数据结构实践教程（C♯语言描述）

览，以清晰地表现主、细目关系等。

　　树和二叉树可以相互转换，由于二叉树更规范，所以很多树形结构的信息处理转换为二叉树形式进行处理。

　　二叉树主要有利用完全二叉树性质的顺序存储结构和二叉链存储结构，它们各有优缺点，在实际应用中需要根据求解问题特点来选择合适的存储结构和算法。

6.6.2　树形结构应用实践项目及其设计

☞ 树形结构应用的实践项目

　　设计一个程序项目，采用一棵二叉树表示一个家谱结构。要求具有如下功能：

　　（1）文件操作功能：添加家谱记录，清除全部预设的家谱记录，将家谱记录存到家谱文件中和加载家谱文件。

　　（2）家谱操作功能：用括号表示法输出家谱二叉树，查找某人所有儿子，查找某人所有男性祖先。

　　用相关数据进行测试，其操作界面如图 6.35 所示。

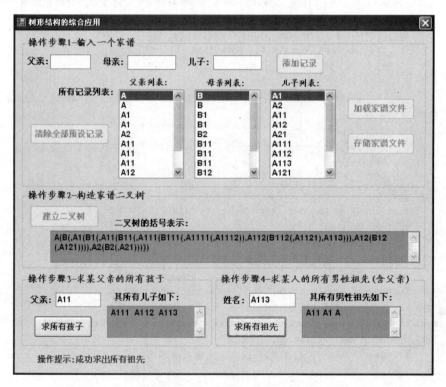

图 6.35　树形结构综合应用——实践项目的操作界面

🖥 实践项目设计

　　（1）新建一个 Windows 应用程序项目 App。

　　（2）设计家谱二叉树的基本运算类 FamilyClass，其基本结构如图 6.36 所示，字段 fam 数组用于存放家谱记录（每个家谱记录由父亲、母亲和孩子组成），root 存放家谱二叉树的根结点,如图 6.35 中的示例对应的家谱二叉树如图 6.37 所示。

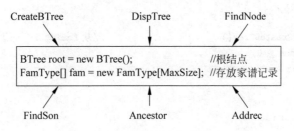

图 6.36　FamilyClass 类结构

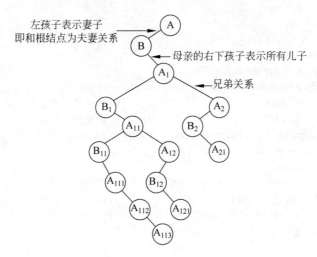

左孩子表示妻子
即和根结点为夫妻关系

母亲的右下孩子表示所有儿子

兄弟关系

图 6.37　一个家谱二叉树

FamilyClass 类和相关代码放在 Class1.cs 文件中:

```
struct FamType                              //家谱记录类型
{    public string father;                  //父亲
     public string wife;                    //母亲
     public string son;                     //孩子
};
class BTree                                 //家谱二叉树类
{    public string name;                    //结点姓名
     public BTree lchild;                   //妻子结点
     public BTree rchild;                   //指向第一个孩子结点
};
class FamilyClass                           //家谱二叉树的基本运算类
{    const int MaxSize = 100;               //最多的记录个数
     BTree root = new BTree();              //根结点
     FamType[] fam = new FamType[MaxSize];  //存放家谱记录
     int recnum = 0;                        //实际记录个数
     string famstr;
     public void Addrec(string f, string w, string s)  //向 fam 数组中添加一个记录
     {    fam[recnum].father = f;
          fam[recnum].wife = w;
```

```
            fam[recnum].son = s;
            recnum++;
    }
    public bool CreateBTree()                   //从 fam(含 n 个记录)递归创建一棵二叉树
    {   if (recnum > 0)
        {   root = CreateBTree1(fam[0].father);
            return true;
        }
        else return false;
    }
    private BTree CreateBTree1(string pname)     //从 fam(含 n 个记录)递归创建一棵二叉树
    {   int i = 0,j;
        BTree bt, p;
        bt = new BTree();                        //创建父亲结点
        bt.name = pname;
        bt.lchild = bt.rchild = null;
        while (i < recnum && fam[i].father! = pname) i++;
        if (i < recnum)                          //找到了该姓名的记录
        {   p = new BTree();                     //创建母亲结点
            p.lchild = p.rchild = null;
            p.name = fam[i].wife;
            bt.lchild = p;
            for (j = 0;j < recnum; j++)          //找所有儿子
            if (fam[j].father == pname)          //找到一个儿子
            {   p.rchild = CreateBTree1(fam[j].son);
                p = p.rchild;
            }
        }
        return bt;
    }
    public string DispTree()                     //以括号表示法输出二叉树
    {   famstr = "";
        DispTree1(root);
        return famstr;
    }
    private void DispTree1(BTree b)               //被 DispTree 方法调用
    {   if (b! = null)
        {   famstr += b.name;
            if (b.lchild! = null || b.rchild! = null)
            {   famstr += "(";
                DispTree1(b.lchild);
                if (b.rchild! = null)
                    famstr += ",";
                DispTree1(b.rchild);
                famstr += ")";
            }
        }
    }
    private BTree FindNode(string xm)             //查找姓名为 xm 的结点
    {   return FindNode1(root, xm); }
    private BTree FindNode1(BTree bt,string xm)   //被 FindNode 方法调用
```

```
{   BTree p;
    if (bt == null) return null;
    else
    {   if (string. Compare(bt.name,xm) == 0)
            return bt;
        else
        {   p = FindNode1(bt.lchild,xm);
            if (p != null) return p;
            else return FindNode1(bt.rchild,xm);
        }
    }
}
public string FindSon(string xm)              //查找并输出 xm 的所有儿子
{   string mystr = ""; BTree p;
    p = FindNode(xm);
    if (p == null) mystr += xm + "不是一个父亲";
    else
    {   p = p.lchild;
        if (p == null)
            mystr = "只能按父亲查找或者" + xm + "没有儿子";
        else
        {   p = p.rchild;
            if (p == null) mystr = xm + "没有任何儿子";
            else
            {   while (p != null)
                {   mystr += p.name + "  ";
                    p = p.rchild;
                }
            }
        }
    }
    return mystr;
}
public string Ancestor(string xm)              //查找并输出 xm 的所有的男性祖先(含父亲)
{   famstr = "";
    if (Ancestor1(root, xm)) return famstr;
    else return xm + "没有任何祖先";
}
private bool Ancestor1(BTree bt, string xm)     //被 Ancestor 方法调用
{   if (bt == null) return false;
    if (bt.lchild != null && bt.lchild.name == xm)
    {   //如果 bt 的左孩子是 xm,则 bt.name 为其祖先
        famstr += bt.name + " ";
        return true;
    }
    if (bt.rchild != null && bt.rchild.name == xm)
        return true;                  //如果 bt 的右孩子是 xm,则 bt.name 为其祖先
    if (Ancestor1(bt.lchild, xm))     //如果 bt 的左孩子是 xm 的祖先,则 bt.name 为其祖先
    {   famstr += bt.name + " ";
        return true;
    }
```

```
        if (Ancestor1(bt.rchild, xm))      //如果 bt 的右孩子是 xm 的祖先,则 bt.name 为其祖先
            return true;
        else
            return false;
    }
}
```

(3) 在项目中添加一个 Form1 窗体,其设计界面如图 6.38 所示。

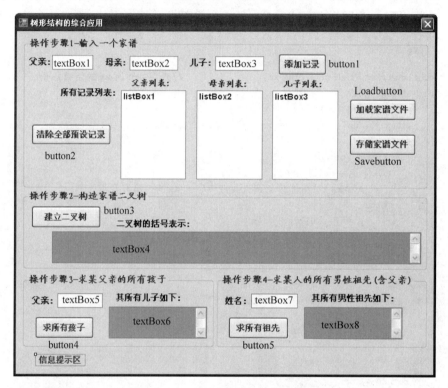

图 6.38　Form1 窗体设计界面

操作步骤 1 用于建立 3 个列表框,用户每次输入一个家谱记录,包含父亲、母亲和孩子 3 项。单击"添加记录"命令按钮将该记录的 3 项信息分别添加到 3 个列表框中。启动本窗体时先预设一组记录,用户可以单击"清除全部预设记录"命令按钮将其清除,自己添加。也可以单击"存储家谱文件"命令按钮将 3 个列表框中的记录写入 family.dat 文件,而单击"加载家谱文件"命令按钮从 family.dat 文件读取记录放入 3 个列表框中。

操作步骤 2 的功能是从 3 个列表框中将所有记录存入 fam 数组中,再由 fam 数组建立一个根结点为 root 的家谱二叉树。

操作步骤 3 执行本项目的功能,其中的数据流向如图 6.39 所示。

Form1 窗体的主要代码如下:

```
public partial class Form1 : Form
{   const string filepath = "family.dat";          //存放家谱记录的文件
    FamilyClass ftree = new FamilyClass();         //家谱二叉树对象
    int n;                                         //记录个数
```

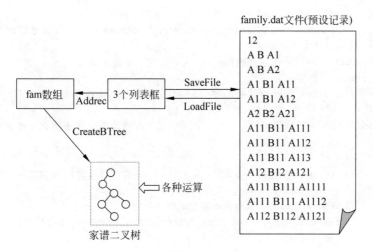

图 6.39　Form1 窗体中的数据流向

```
public Form1()                              //构造函数
{   InitializeComponent(); }
private void Form1_Load(object sender, EventArgs e)
{   button3.Enabled = false;    button4.Enabled = false;
    button5.Enabled = false;
    if (!LoadFile())
    {   //设置初始值
        listBox1.Items.Add("A");          listBox2.Items.Add("B");
        listBox3.Items.Add("A1");         listBox1.Items.Add("A");
        listBox2.Items.Add("B");          listBox3.Items.Add("A2");
        listBox1.Items.Add("A1");         listBox2.Items.Add("B1");
        listBox3.Items.Add("A11");        listBox1.Items.Add("A1");
        listBox2.Items.Add("B1");         listBox3.Items.Add("A12");
        listBox1.Items.Add("A2");         listBox2.Items.Add("B2");
        listBox3.Items.Add("A21");        listBox1.Items.Add("A11");
        listBox2.Items.Add("B11");        listBox3.Items.Add("A111");
        listBox1.Items.Add("A11");        listBox2.Items.Add("B11");
        listBox3.Items.Add("A112");       listBox1.Items.Add("A11");
        listBox2.Items.Add("B11");        listBox3.Items.Add("A113");
        listBox1.Items.Add("A12");        listBox2.Items.Add("B12");
        listBox3.Items.Add("A121");       listBox1.Items.Add("A111");
        listBox2.Items.Add("B111");       listBox3.Items.Add("A1111");
        listBox1.Items.Add("A111");       listBox2.Items.Add("B111");
        listBox3.Items.Add("A1112");      listBox1.Items.Add("A112");
        listBox2.Items.Add("B112");       listBox3.Items.Add("A1121");
        n = 12;     button3.Enabled = true;
    }
}
private void Savebutton_Click(object sender, EventArgs e)     //存储家谱文件
{   if (SaveFile())
        infolabel.Text = "操作提示:成功将家谱记录存储到文件中";
    else
        infolabel.Text = "操作提示:不存在家谱记录,无法保存";
```

```
    }
    private void Loadbutton_Click(object sender, EventArgs e)      //加载家谱文件
    {   if (LoadFile())
            infolabel.Text = "操作提示:成功加载了家谱记录";
        else
            infolabel.Text = "操作提示:不存在家谱记录,无法加载";
    }
    private bool SaveFile()                            //将家谱记录保存在一个文件中
    {   int i;
        if (n > 0)
        {   if (File.Exists(filepath))                 //存在该文件时删除之
                File.Delete(filepath);
            FileStream fs = File.OpenWrite(filepath);
            BinaryWriter sb = new BinaryWriter(fs, Encoding.Default);
            sb.Write(n);
            for (i = 0; i < listBox1.Items.Count; i++)
            {   sb.Write(listBox1.Items[i].ToString());
                sb.Write(listBox2.Items[i].ToString());
                sb.Write(listBox3.Items[i].ToString());
            }
            sb.Close();
            fs.Close();
            return true;
        }
        else return false;
    }
    private bool LoadFile()                            //加载家谱文件
    {   int i; string f, w, s;
        if (!File.Exists(filepath))                    //不存在该文件时
            return false;
        else                                           //存在文件时
        {   FileStream fs = File.OpenRead(filepath);
            BinaryReader sb = new BinaryReader(fs, Encoding.Default);
            fs.Seek(0, SeekOrigin.Begin);
            listBox1.Items.Clear(); listBox2.Items.Clear();
            listBox3.Items.Clear(); n = sb.ReadInt32();
            for (i = 0; i < n; i++)
            {   f = sb.ReadString();        w = sb.ReadString();
                s = sb.ReadString();        listBox1.Items.Add(f);
                listBox2.Items.Add(w);      listBox3.Items.Add(s);
            }
            sb.Close();
            fs.Close();
            return true;
        }
    }
    private void listBox1_SelectedIndexChanged(object sender, EventArgs e)
    {   //用于 listBox2 和 listBox1 列表框与 listBox1 同步操作
        int i = listBox1.SelectedIndex;
        listBox2.SelectedIndex = i;listBox3.SelectedIndex = i;
    }
```

```csharp
private void listBox2_SelectedIndexChanged(object sender, EventArgs e)
{   //用于 listBox1 和 listBox3 列表框与 listBox2 同步操作
    int i = listBox2.SelectedIndex;
    listBox1.SelectedIndex = i;listBox3.SelectedIndex = i;
}
private void listBox3_SelectedIndexChanged(object sender, EventArgs e)
{   //用于 listBox1 和 listBox2 列表框与 listBox3 同步操作
    int i = listBox3.SelectedIndex;
    listBox1.SelectedIndex = i;listBox2.SelectedIndex = i;
}
private void button1_Click(object sender, EventArgs e)      //添加记录
{   string mystr;
    if (textBox1.Text.Trim() == "" ‖ textBox2.Text.Trim() == ""
        ‖ textBox3.Text.Trim() == "")
    {   infolabel.Text = "操作提示:必须输入一个完整的家谱记录";
        return;
    }
    listBox1.Items.Add(textBox1.Text.Trim());
    listBox2.Items.Add(textBox2.Text.Trim());
    listBox3.Items.Add(textBox3.Text.Trim());
    n++;
}
private void button2_Click(object sender, EventArgs e)      //清除全部预设记录
{   listBox1.Items.Clear();listBox2.Items.Clear();
    listBox3.Items.Clear();
    n = 0;
}
private void button3_Click(object sender, EventArgs e)      //建立二叉树
{   int i;
    for (i = 0; i < listBox1.Items.Count; i++)
    {   ftree.Addrec(listBox1.Items[i].ToString(),listBox2.Items[i].ToString(),
            listBox3.Items[i].ToString());
    }
    ftree.CreateBTree();
    textBox4.Text = ftree.DispTree();
    button4.Enabled = true;button5.Enabled = true;
    infolabel.Text = "操作提示:成功创建一个家谱二叉树";
    button1.Enabled = false;button2.Enabled = false;
    button3.Enabled = false;
    Savebutton.Enabled = false;
    Loadbutton.Enabled = false;
}
private void button4_Click(object sender, EventArgs e)      //求所有孩子
{   string xm;
    if (textBox5.Text == "")
    {   infolabel.Text = "操作提示:必须输入一个姓名";
        return;
    }
    xm = textBox5.Text;
    textBox6.Text = ftree.FindSon(xm);
    infolabel.Text = "操作提示:成功求出所有儿子";
```

```
    }
private void button5_Click(object sender, EventArgs e)      //求所有祖先
{   string xm;
    if (textBox7.Text == "")
    {   infolabel.Text = "操作提示:必须输入一个姓名";
        return;
    }
    xm = textBox7.Text;
    textBox8.Text = ftree.Ancestor(xm);
    infolabel.Text = "操作提示:成功求出所有祖先";
}
}
```

图   第7章

图形结构简称为图,属于复杂的非线性数据结构。本章通过多个实践项目讨论图的存储结构、图的遍历和图应用算法设计等。

7.1 图及其存储结构

本节介绍图的概念、图的两种主要的存储结构和相关的实践项目设计过程。

7.1.1 图的基本概念

1. 图的定义

无论多么复杂的图都是由顶点和边构成的。采用形式化的定义,图 G(Graph)由两个集合 V(Vertex)和 E(Edge)组成,记为 $G=(V,E)$,其中,V 是顶点的有限集合,记为 $V(G)$,E 是连接 V 中两个不同顶点(顶点对)的边的有限集合,记为 $E(G)$。

通常用字母或自然数(顶点的编号)来标识图中顶点。约定用 $i(0 \leqslant i \leqslant n-1)$ 表示第 i 个顶点的编号。$E(G)$ 表示图 G 中边的集合,它确定了图 G 中的数据元素的关系,$E(G)$ 可以为空集,当 $E(G)$ 为空集时,图 G 只有顶点而没有边。

在图 G 中,如果代表边的顶点对(或序偶)是无序的,则称 G 为**无向图**。无向图中代表边的无序顶点对通常用圆括号括起来,用以表示一条无向边。例如,(i,j) 表示顶点 i 与顶点 j 的一条无向边,显然,(i,j) 和 (j,i) 所代表的是同一条边。如果表示边的顶点对(或序偶)是有序的,则称 G 为**有向图**。在有向图中代表边的顶点对通常用尖括号括起来,用以表示一条有向边(又称为弧),如 $<i,j>$ 表示从顶点 i 到顶点 j 的一条边,顶点 i 称为 $<i,j>$ 的尾,顶点 j 称为 $<i,j>$ 的头。通常用由尾指向头的箭头形象地表示一条边,可见有向图中 $<i,j>$ 和 $<j,i>$ 是两条不同的边。

说明：本章约定,对于有 n 个顶点的图,其顶点编号为 $0\sim n-1$,用编号 $i(0\leqslant i\leqslant n-1)$ 来唯一标识一个顶点。

2. 图的基本术语

有关图的各种基本术语如下:

(1) 顶点的度、入度和出度:在无向图中,顶点所具有的边的数目称为该**顶点的度**。在有向图中,顶点 i 的度又分为入度和出度。以顶点 i 为终点的入边的数目,称为该顶点的**入度**。以顶点 i 为起点的出边的数目,称为该顶点的**出度**。一个顶点的入度与出度的和为该顶点的度。

(2) 完全图:若无向图中的每两个顶点之间都存在着一条边,有向图中的每两个顶点之间都存在着方向相反的两条边,则称此图为**完全图**。显然,含有 n 个顶点的完全无向图有 $n(n-1)/2$ 条边,含有 n 个顶点的完全有向图包含有 $n(n-1)$ 条边。

(3) 稠密图和稀疏图:当一个图接近完全图时,则称为**稠密图**。相反,当一个图含有较少的边数(即无向图有 $e\ll n(n-1)/2$,有向图有 $e\ll n(n-1)$)时,则称为**稀疏图**。

(4) 子图:设有两个图 $G=(V,E)$ 和 $G'=(V',E')$,若 V' 是 V 的子集,即 $V'\subseteq V$,且 E' 是 E 的子集,即 $E'\subseteq E$,则称 G' 是 G 的**子图**。

(5) 路径和路径长度:在一个图 $G=(V,E)$ 中,从顶点 i 到顶点 j 的一条路径是一个顶点序列 $(i,i_1,i_2,\cdots,i_m,j)$,若此图 G 是无向图,则边 (i,i_1)、(i_1,i_2)、$\cdots$、(i_{m-1},i_m)、(i_m,j) 属于 $E(G)$；若此图是有向图,则 $<i,i_1>$、$<i_1,i_2>$、$\cdots$、$<i_{m-1},i_m>$、$<i_m,j>$ 属于 $E(G)$。**路径长度**是指一条路径上经过的边的数目。若一条路径上除开始点和结束点可以相同外,其余顶点均不相同,则称此路径为**简单路径**。

(6) 回路或环:若一条路径上的开始点与结束点为同一个顶点,则此路径被称为**回路**或**环**。开始点与结束点相同的简单路径被称为**简单回路**或**简单环**。

(7) 连通、连通图和连通分量:在无向图 G 中,若从顶点 i 到顶点 j 有路径,则称顶点 i 和顶点 j 是**连通的**。若图 G 中任意两个顶点都连通,则称 G 为**连通图**,否则称为**非连通图**。无向图 G 中的极大连通子图称为 G 的**连通分量**。显然,任何连通图的连通分量只有一个即本身,而非连通图有多个连通分量。

(8) 强连通图和强连通分量:在有向图 G 中,若从顶点 i 到顶点 j 有路径,则称从顶点 i 到顶点 j 是**连通的**。若图 G 中的任意两个顶点 i 和 j 都连通,即从顶点 i 到顶点 j 和从顶点 j 到顶点 i 都存在路径,则称图 G 是**强连通图**。有向图 G 中的极大强连通子图称为 G 的**强连通分量**。显然,强连通图只有一个强连通分量即本身,非强连通图有多个强连通分量。

(9) 权和网:图中每一条边都可以附有一个对应的数值,这种与边相关的数值称为**权**。权可以表示从一个顶点到另一个顶点的距离或花费的代价。边上带有权的图称为**带权图**,也称做**网**。

7.1.2　图的存储结构

常用的图的存储结构有邻接矩阵和邻接表。

1. 邻接矩阵存储方法

邻接矩阵是表示顶点之间相邻关系的矩阵。设 $G=(V,E)$ 是含有 n(设 $n>0$)个顶点的

图,各顶点的编号为 $0\sim n-1$,则 G 的邻接矩阵 A 是 n 阶方阵,其定义如下:

(1) 如果 G 是不带权无向图,则:

$$A[i,j]=\begin{cases}1 & 若(i,j)\in E(G)\\ 0 & 其他\end{cases}$$

(2) 如果 G 是不带权有向图,则:

$$A[i,j]=\begin{cases}1 & 若<i,j>\in E(G)\\ 0 & 其他\end{cases}$$

(3) 如果 G 是带权无向图,则:

$$A[i,j]=\begin{cases}w_{ij} & 若 i\neq j 且(i,j)\in E(G)\\ 0 & i=j\\ \infty & 其他\end{cases}$$

(4) 如果 G 是带权有向图,则:

$$A[i,j]=\begin{cases}w_{ij} & 若 i\neq j 且<i,j>\in E(G)\\ 0 & i=j\\ \infty & 其他\end{cases}$$

邻接矩阵的特点如下:

(1) 图的邻接矩阵表示是唯一的。

(2) 对于含有 n 个顶点的图,采用邻接矩阵存储时,无论是有向图还是无向图,也无论边的数目是多少,其存储空间为 $O(n^2)$,所以邻接矩阵适合于存储边数较多的稠密图。

(3) 无向图的邻接矩阵一定是一个对称矩阵。因此,可以采用对称矩阵的压缩存储方法减少存储空间。

(4) 对于无向图,邻接矩阵的第 i 行(或第 i 列)非零元素(或非∞元素)的个数正好是顶点 i 的度。

(5) 对于有向图,邻接矩阵的第 i 行(或第 i 列)非零元素(或非∞元素)的个数正好是顶点 i 的出度(或入度)。

(6) 用邻接矩阵方法存储图,很容易确定图中任意两个顶点之间是否有边相连。但是要确定图中有多少条边,则必须按行、按列对每个元素进行检测,所花费的时间代价很大。这是用邻接矩阵存储图的局限性。

图的邻接矩阵类型 MGraph 定义如下:

```
struct VertexType          //顶点类型
{   public int no;          //顶点编号
    public string data;     //顶点其他信息
};
struct MGraph              //图邻接矩阵类型
{   public int [,] edges;   //邻接矩阵的边数组,假设权值为整数
    public int n,e;         //顶点数、边数
    public VertexType [] vexs;  //存放顶点信息
};
```

2. 邻接表存储方法

图的邻接表存储方法是一种顺序分配与链式分配相结合的存储方法。在表示含 n 个顶

点的图的邻接表中，每个顶点建立一个单链表，第 $i(0 \leqslant i \leqslant n-1)$ 个单链表中的结点表示依附于顶点 i 的边（对有向图是以顶点 i 为尾的边）。每个单链表上附设一个表头结点，将所有表头结点构成一个表头结点数组。边结点（或表结点）和表头结点的结构如下：

其中，边结点由 3 个域组成，adjvex 指示与顶点 i 邻接的顶点的编号，nextarc 指示下一条边的结点，weight 存储与边相关的信息，如权值等。表头结点由两个域组成，data 存储顶点 i 的名称或其他信息，firstarc 指向顶点 i 的链表中第一个边结点。

邻接表的特点如下：

（1）邻接表表示不唯一。这是因为在每个顶点对应的单链表中，各边结点的链接次序可以是任意的，取决于建立邻接表的算法以及边的输入次序。

（2）对于有 n 个顶点和 e 条边的无向图，其邻接表有 n 个表头结点和 $2e$ 个边结点；对于有 n 个顶点和 e 条边的有向图，其邻接表有 n 个表头结点和 e 个边结点。显然，对于边数目较少的稀疏图，邻接表比邻接矩阵要节省空间。

（3）对于无向图，邻接表的顶点 $i(0 \leqslant i \leqslant n-1)$ 对应的第 i 个单链表的边结点个数正好是顶点 i 的度。

（4）对于有向图，邻接表的顶点 $i(0 \leqslant i \leqslant n-1)$ 对应的第 i 个单链表的边结点个数仅仅是顶点 i 的出度。顶点 i 的入度为邻接表中所有 adjvex 域值为 i 的边结点个数。

图的邻接表存储类型 ALGraph 的定义如下：

```
class ArcNode                    //边结点类型
{   public int adjvex;          //该边的终点编号
    public ArcNode nextarc;     //指向下一条边的指针
    public int weight;          //该边的相关信息，如边的权值
};
struct VNode                     //表头结点类型
{   public string data;         //顶点信息
    public ArcNode firstarc;    //指向第一条边
};
struct ALGraph                   //图的邻接表类型
{   public VNode [] adjlist;    //邻接表数组
    public int n,e;             //图中顶点数 n 和边数 e
};
```

7.1.3　图基本运算实践项目及其设计

▣ 图基本运算的实践项目

项目 1：设计一个项目，实现无向图的建立和输出。用相关数据进行测试，其操作界面如图 7.1 所示。

项目 2：设计一个项目，实现带权有向图的建立和输出。用相关数据进行测试，其操作界面如图 7.2 所示。

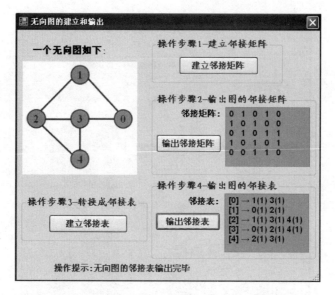

图 7.1 图的基本运算——实践项目 1 的操作界面

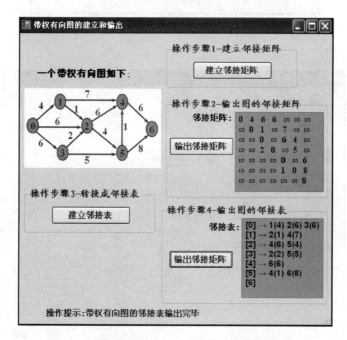

图 7.2 图的基本运算——实践项目 2 的操作界面

项目 3：设计一个算法，计算无向图的顶点度。用相关数据进行测试，其操作界面如图 7.3 所示。

项目 4：设计一个算法，计算有向图的顶点度。用相关数据进行测试，其操作界面如图 7.4 所示。

🖳 **实践项目设计**

(1) 新建一个 Windows 应用程序项目 Graph。

数据结构实践教程（C♯语言描述）

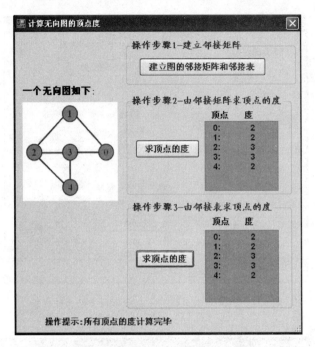

图 7.3　图的基本运算——实践项目 3 的操作界面

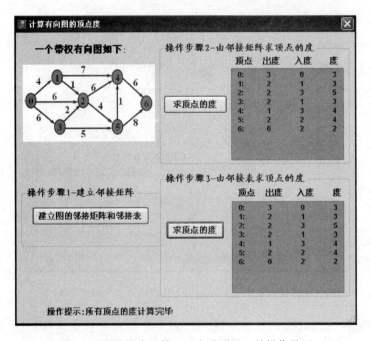

图 7.4　图的基本运算——实践项目 4 的操作界面

（2）设计图基本运算类 GraphClass，其基本结构如图 7.5 所示，字段 g 和 G 分别表示图的两种存储结构。

GraphClass 类的代码放在 Class1.cs 文件中：

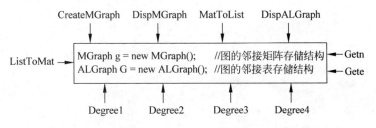

图 7.5　GraphClass 类结构

```
class GraphClass                              //图的基本运算类
{   const int MAXV = 100;                     //最大顶点个数
    const int INF = 32767;                    //用 INF 表示∞
    MGraph g = new MGraph();                  //图的邻接矩阵存储结构
    ALGraph G = new ALGraph();                //图的邻接表存储结构
    public GraphClass()                       //构造函数
    {   g.edges = new int[MAXV,MAXV];
        g.vexs = new VertexType[MAXV];
        G.adjlist = new VNode[MAXV];
    }
    //-------- 图的基本运算算法 ---------------------------------
    public void CreateMGraph(int n, int e, int[,] a) //通过相关数据建立邻接矩阵
    {   int i, j;
        g.n = n; g.e = e;
        for (i = 0; i < g.n; i++)
            for (j = 0; j < g.n; j++)
                g.edges[i, j] = a[i, j];
    }
    public string DispMGraph()                //输出图的邻接矩阵
    {   string mystr = "";
        int i, j;
        for (i = 0; i < g.n; i++)
        {   for (j = 0; j < g.n; j++)
                if (g.edges[i, j] == INF)
                    mystr += string.Format("{0, - 3}", "∞");
                else
                    mystr += string.Format("{0, - 4}", g.edges[i, j].ToString());
            mystr += "\r\n";
        }
        return mystr;
    }
    public void MatToList()                   //将邻接矩阵 g 转换成邻接表 G
    {   int i, j; ArcNode p;
        for (i = 0; i < g.n; i++)             //给邻接表中所有头结点的指针域置初值
            G.adjlist[i].firstarc = null;
        for (i = 0; i < g.n; i++)             //检查邻接矩阵中的每个元素
            for (j = g.n - 1; j >= 0; j-- )
                if (g.edges[i, j] != 0 && g.edges[i, j] != INF)    //存在一条边
                {   p = new ArcNode();        //创建一个结点 p
                    p.adjvex = j;
                    p.weight = g.edges[i, j]; //边的权值
                    p.nextarc = G.adjlist[i].firstarc;     //采用头插法插入 p
                    G.adjlist[i].firstarc = p;
```

```
            }
        G.n = g.n; G.e = g.e;
    }
    public string DispALGraph()                  //输出图的邻接表
    {   string mystr = ""; int i;
        ArcNode p;
        for (i = 0; i < G.n; i++)
        {   mystr += "[" + i.ToString() + "]";
            p = G.adjlist[i].firstarc;           //p指向第一个邻接点
            if (p != null)
                mystr += " →";
            while (p != null)
            {   mystr += " " + p.adjvex.ToString() + "(" + p.weight.ToString() + ")";
                p = p.nextarc;                    //p移向下一个邻接点
            }
            mystr += "\r\n";
        }
        return mystr;
    }
    public void ListToMat()                       //将邻接表 G 转换成邻接矩阵 g
    {   int i; ArcNode p;
        for (i = 0; i < G.n; i++)
        {   p = G.adjlist[i].firstarc;
            while (p != null)
            {   g.edges[i,p.adjvex] = p.weight;
                p = p.nextarc;
            }
        }
        g.n = G.n; g.e = G.e;
    }
    // -------------------------------------------------------------
    public int Getn()                             //返回图的顶点个数
    {   return g.n; }
    public int Gete()                             //返回图的边数
    {   return g.e; }
    // ----------------- 图的其他运算算法 -----------------------
    public int Degree1(int v)                     //通过无向图的邻接矩阵求顶点 i 的度
    {   int i, j,d = 0;
        for (j=0;j<g.n;j++)                       //统计第 v 行的非 0 元素个数
            if (g.edges[v,j] != 0 && g.edges[v,j] != INF) d++;
        return d;
    }
    public int Degree2(int v)                     //通过无向图的邻接表求顶点 i 的度
    {   int d = 0; ArcNode p;
        p = G.adjlist[v].firstarc;
        while (p != null)
        {   d++;
            p = p.nextarc;
        }
        return d;
    }
    public void Degree3(int v,ref int outs,ref int ins)
    //通过有向图的邻接矩阵求顶点 i 的度
    {   int i, j; outs = ins = 0;
```

```
        for (j = 0; j < g.n; j++)                //统计第 v 行的非 0 元素个数为出度
            if (g.edges[v, j] != 0 && g.edges[v, j] != INF)
                outs++;
        for (i = 0;i < g.n;i++)                  //统计第 v 列的非 0 元素个数为入度
            if (g.edges[i,v] != 0 && g.edges[i,v] != INF)
                ins++;
    }
    public void Degree4(int v, ref int outs, ref int ins)
    //通过有向图的邻接表求顶点 i 的度
    {   int i; outs = ins = 0;
        ArcNode p;
        p = G.adjlist[v].firstarc;
        while (p != null)                        //统计第 v 个单链表中的边结点个数
        {   outs ++;
            p = p.nextarc;
        }
        for (i = 0; i < g.n; i++)                //统计第 v 列的非 0 元素个数
        {   p = G.adjlist[i].firstarc;
            while (p != null)
                if (p.adjvex == v)
                {   ins ++;
                    break;
                }
                else p = p.nextarc;
        }
    }
}
```

(3) 设计项目 1 对应的窗体 Form1,包含以下字段：

```
GraphClass gl = new GraphClass();              //图基本运算对象 gl
```

单击"建立邻接矩阵"命令按钮(button1),创建一个预先定制的无向图的邻接矩阵,其单击事件过程如下:

```
private void button1_Click(object sender, EventArgs e)
{   int n = 5, en = 6;
    int [,] a = new int[,]{{0,1,0,1,0},{1,0,1,0,0},{0,1,0,1,1},{1,0,1,0,1},{0,0,1,1,0}};
    gl.CreateMGraph(n, en, a);                 //由数组 a 建立邻接矩阵
    button2.Enabled = true;
    infolabel.Text = "操作提示:无向图的邻接矩阵建立完毕";
}
```

单击"输出邻接矩阵"命令按钮(button2),在文本框 textBox1 中显示对应的邻接矩阵,其单击事件过程如下:

```
private void button2_Click(object sender, EventArgs e)
{   textBox1.Text = gl.DispMGraph();           //输出 gl 的邻接矩阵
    button3.Enabled = true;
    infolabel.Text = "操作提示:无向图的邻接矩阵输出完毕";
}
```

单击"建立邻接表"命令按钮(button3),由前面建立的邻接矩阵转换成邻接表,其单击事件过程如下:

```
private void button3_Click(object sender, EventArgs e)
{   gl.MatToList();                         //由邻接矩阵建立邻接表
    button4.Enabled = true;
    infolabel.Text = "操作提示:无向图的邻接表生成完毕";
}
```

单击"输出邻接表"命令按钮（button4），在文本框 textBox2 中显示对应的邻接表，其单击事件过程如下：

```
private void button4_Click(object sender, EventArgs e)
{   textBox2.Text = gl.DispALGraph();        //输出 gl 的邻接表
    infolabel.Text = "操作提示:无向图的邻接表输出完毕";
}
```

（4）设计项目 2 对应的窗体 Form2，其设计过程和代码与 Form1 类似，只是这里的图是带权有向图。

（5）设计项目 3 对应的窗体 Form3，包含以下字段：

```
GraphClass gl = new GraphClass();            //图基本运算对象 gl
```

在建立好一个预先设置的无向图的邻接矩阵和邻接表后，单击操作步骤 2 中的"求顶点的度"命令按钮（button2），由邻接矩阵求出所有顶点的度并输出，其单击事件过程如下：

```
private void button2_Click(object sender, EventArgs e)
{   int i; string mystr = "";
    for (i = 0; i < gl.Getn(); i++)
        mystr += "  " + i.ToString() + ":  \t" + gl.Degree1(i).ToString() +"\r\n";
    textBox1.Text = mystr;
    infolabel.Text = "操作提示:所有顶点的度计算完毕";
}
```

单击操作步骤（3）中的"求顶点的度"命令按钮（button3），由邻接表求出所有顶点的度并输出，其单击事件过程如下：

```
private void button3_Click(object sender, EventArgs e)
{   int i; string mystr = "";
    for (i = 0; i < gl.Getn(); i++)
        mystr += "  " + i.ToString() + ":  \t" + gl.Degree2(i).ToString() + "\r\n";
    textBox2.Text = mystr;
    infolabel.Text = "操作提示:所有顶点的度计算完毕";
}
```

（6）设计项目 4 对应的窗体 Form4，其设计过程和代码与 Form3 类似，只是这里的图是带权有向图，所以每个顶点的度为入度和出度之和。

7.2　图的遍历

本节主要讨论图的两种遍历算法，并通过相关实习项目介绍图遍历算法的应用。

7.2.1　图的遍历方法

1.图的遍历的概念

从给定图中任意指定的顶点(称为初始点)出发,按照某种搜索方法沿着图的边访问图中的所有顶点,使每个顶点仅被访问一次,这个过程称为**图的遍历**。如果给定图是连通的无向图或者是强连通的有向图,则遍历过程一次就能完成,并可按访问的先后顺序得到由该图所有顶点组成的一个序列。

图的遍历比树的遍历更复杂,因为从树根到达树中的每个顶点只有一条路径,而从图的初始点到达图中的每个顶点可能存在着多条路径。当沿着图中的一条路径访问过某一顶点后,可能还沿着另一条路径回到该顶点,即存在回路。为了避免同一个顶点被重复访问,必须记住每个被访问过的顶点。为此,可设置一个访问标志数组 visited,当顶点 i 被访问过时,该数组中的元素 visited[i]置为 1;否则置为 0。

根据遍历方式的不同,图的遍历方法有两种:一种叫做深度优先遍历(DFS)方法;另一种叫做广度优先遍历(BFS)方法。

2.深度优先遍历

从图 G 中初始顶点 v 出发的深度优先遍历 DFS(v)过程如下:

(1) 访问初始顶点 v。

(2) 选择一个与顶点 v 相邻且没被访问过的顶点 w 为初始点,再从 w 出发进行深度优先搜索,直到图中与当前顶点 v 邻接的所有顶点都被访问过为止。

显然,这个遍历过程是个递归过程。

图的深度优先遍历算法是从顶点 v 出发,以纵向方式一步一步向后访问各个顶点的。DFS 算法的执行过程是:DFS(v)⇨DFS(v_1)⇨…⇨DFS(v_k)。如果该图是连通的,可以通过这样的重复调用找遍图 G 中的所有顶点。

3.广度优先遍历

从图 G 中初始顶点 v 出发的广度优先遍历 BFS(v)过程如下:

(1) 访问初始顶点 v。

(2) 访问顶点 v 的所有未被访问过的邻接点 v_1、v_2、…、v_t,然后再按照 v_1、v_2、…、v_t 的次序,访问每一个顶点的所有未被访问过的邻接点,依此类推,直到图中所有和初始顶点 v 有路径相通的顶点都被访问过为止。

图的广度优先遍历算法是从顶点 v 出发,以横向方式一步一步向后访问各个顶点的,即访问过程是一层一层地向后推进的。每次都是从一个顶点 u 出发找其所有相邻的未访问过的顶点 u_1、u_2、…、u_m,并将 u_1、u_2、…、u_m 依次进队,若采用非循环队列(出队后的顶点仍在队列中),则队列中每个顶点都有唯一的前趋顶点,可以利用这一特征采用广度优先遍历算法找从顶点 u 到顶点 v 的最短路径。

4.非连通图的遍历

上面讨论的图的两种遍历方法,对于无向图来说,若无向图是连通图,则一次遍历能够访问到图中的所有顶点;但若无向图是非连通图,则只能访问到初始点所在连通分量中的所有顶点,其他连通分量中的顶点是不可能访问到的。为此,需要从其他每个连通分量中选择初始点,分别进行遍历,才能够访问到图中的所有顶点;对于有向图来说,若从初始点到图中的每个顶点都有路径,则能够访问到图中的所有顶点;否则不能访问到所有顶点,为此,同样需要再选初始点,继续进行遍历,直到图中的所有顶点都被访问过为止。

采用深度优先遍历非连通无向图的算法如下:

```
public string DFSA()                        //非连通图的 DFS
{   int i;
    string mystr = "";
    for (i = 0;i < G.n;i++)
        if (visited[i] == 0)
            mystr += DFS(i);
    return mystr;
}
```

采用广度优先遍历非连通无向图的算法如下:

```
public string BFSA()                        //非连通图的 BFS
{   int i;
    string mystr = "";
    for (i = 0;i < G.n;i++)
        if (visited[i] == 0)
            mystr += BFS(i);
    return mystr;
}
```

7.2.2　图遍历实践项目及其设计

图遍历的实践项目

要求：以下项目要求具有用户动态设置图的功能,其操作界面如图 7.6 所示,对于无向图用户只需要输入下半部分,完整的图信息自动产生。并将图信息存放在磁盘文件中,便于其他项目使用相同的图。

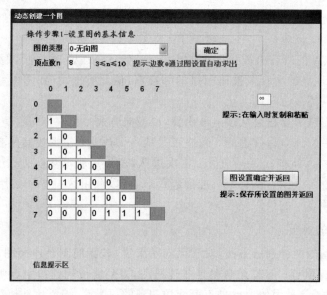

图 7.6　用户动态输入图信息的操作界面

项目1：设计图的深度优先遍历 DFS 算法。用相关数据进行测试，其操作界面如图 7.7 所示。

项目2：设计图的广度优先遍历 BFS 算法。用相关数据进行测试，其操作界面如图 7.8 所示。

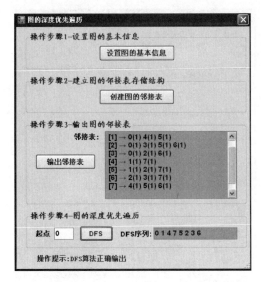
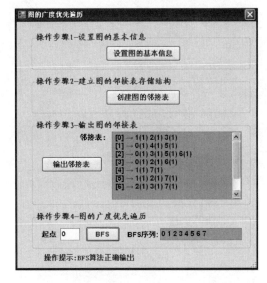

图 7.7　图的遍历——实践项目 1 的操作界面　　　图 7.8　图的遍历——实践项目 2 的操作界面

项目3：设计一个算法，判断两个顶点之间是否有路径。用相关数据进行测试，其操作界面如图 7.9 所示。

项目4：设计一个算法，求两个顶点之间的一条简单路径。用相关数据进行测试，其操作界面如图 7.10 所示。

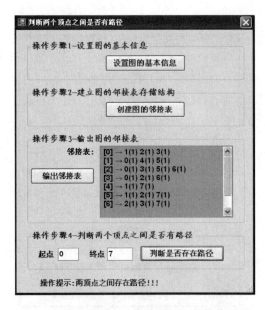
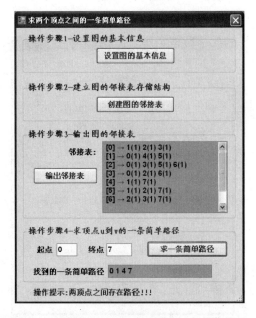

图 7.9　图的遍历——实践项目 3 的操作界面　　　图 7.10　图的遍历——实践项目 4 的操作界面

数据结构实践教程（C♯语言描述）

项目 5：设计一个算法，求两个顶点之间的所有简单路径。用相关数据进行测试，其操作界面如图 7.11 所示。

项目 6：设计一个算法，求两个顶点之间的所有长度为 d 的简单路径。用相关数据进行测试，其操作界面如图 7.12 所示。

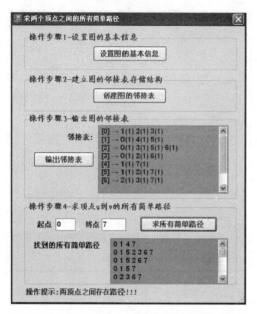

图 7.11　图的遍历——实践项目 5 的操作界面　　　图 7.12　图的遍历——实践项目 6 的操作界面

项目 7：设计一个算法，判断某顶点是否包含在一个回路中。用相关数据进行测试，其操作界面如图 7.13 所示。

项目 8：设计一个算法，求两个顶点之间的最短路径。用相关数据进行测试，其操作界面如图 7.14 所示。

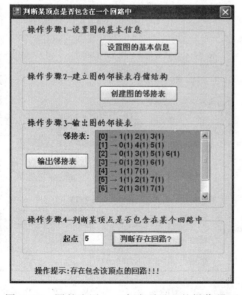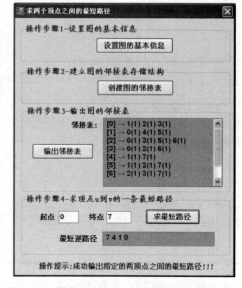

图 7.13　图的遍历——实践项目 7 的操作界面　　　图 7.14　图的遍历——实践项目 8 的操作界面

项目 9：设计一个算法，求离某顶点最远的一个顶点。用相关数据进行测试，其操作界面如图 7.15 所示。

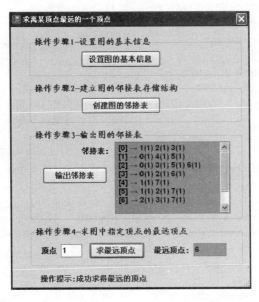

图 7.15　图的遍历——实践项目 9 的操作界面

🖥 实践项目设计

（1）新建一个 Windows 应用程序项目 Traversal。

（2）设计图遍历运算类 GraphClass1，用于遍历的图采用邻接表存储结构，该类的基本结构如图 7.16 所示，字段 G 表示图的邻接表存储结构，visited 数组用作顶点的访问标识。

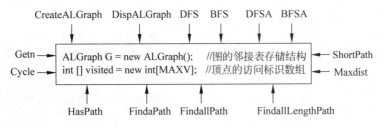

图 7.16　GraphClass1 类结构

GraphClass1 类和相关代码放在 Class1.cs 文件中：

```
struct QUEUE                              //非循环队列类型
{    public int data;                     //顶点编号
     public int parent;                   //前一个顶点的位置
};
class GraphClass1                         //图遍历运算类
{    const int MAXV = 10;                 //最大顶点个数
     const int INF = 32767;               //用 INF 表示∞
     string gstr;
     ALGraph G = new ALGraph();
```

```csharp
int [] visited = new int[MAXV];                     //顶点的访问标识数组
public GraphClass1()                                //构造函数
{   G.adjlist = new VNode[MAXV]; }
//--------- 图的基本运算算法 -------------------------------
public bool CreateALGraph()                         //通过 graph.dat 文件创建图邻接表 G
{   int i, j;
    string filepath = "graph.dat";
    int[,] a = new int[MAXV, MAXV];
    int graphtype;        //图类型: 0 - 无向图, 1 - 有向图, 2 - 带权无向图, 3 - 带权有向图
    int ns;                                         //图的顶点个数
    int es;                                         //图的边数
    ArcNode p;
    if (!File.Exists(filepath))                     //不存在该文件时
        return false;
    else                                            //存在文件时
    {   FileStream fs = File.OpenRead(filepath);
        BinaryReader sb = new BinaryReader(fs, Encoding.Default);
        fs.Seek(0, SeekOrigin.Begin);
        graphtype = sb.ReadInt32();
        ns = sb.ReadInt32();
        es = sb.ReadInt32();
        for (i = 0; i < MAXV; i++)
            for (j = 0; j < MAXV; j++)
            a[i, j] = sb.ReadInt32();
        sb.Close();
        fs.Close();
        for (i = 0; i < ns; i++)            //给邻接表中所有头结点的指针域置初值
            G.adjlist[i].firstarc = null;
        for (i = 0; i < ns; i++)                    //检查邻接矩阵中的每个元素
            for (j = ns - 1; j >= 0; j--)
                if (a[i, j] != 0 && a[i, j] != INF)     //存在一条边
                {   p = new ArcNode();                      //创建一个结点 p
                    p.adjvex = j;
                    p.weight = a[i, j];                    //边的权值
                    p.nextarc = G.adjlist[i].firstarc;//采用头插法插入 p
                    G.adjlist[i].firstarc = p;
                }
        G.n = ns; G.e = es;
        return true;
    }
}
public string DispALGraph()                         //输出图的邻接表
{   string mystr = ""; int i;
    ArcNode p;
    for (i = 0; i < G.n; i++)
    {   mystr += "[" + i.ToString() + "]";
        p = G.adjlist[i].firstarc;                  //p指向第一个邻接点
        if (p != null)
            mystr += " →";
        while (p != null)
```

```
        {   mystr += " " + p.adjvex.ToString() + "(" + p.weight.ToString() + ")";
            p = p.nextarc;                          //p移向下一个邻接点
        }
        mystr += "\r\n";
    }
    return mystr;
}
// --------- 图的遍历算法 ----------------------------
public string DFS(int v)                            //图的深度优先遍历
{   int i;
    for (i = 0; i < G.n; i++)
        visited[i] = 0;
    gstr = "";
    DFS1(v);
    return gstr;
}

private void DFS1(int v)                            //被 DFS 调用进行深度优先遍历
{   ArcNode p; int w;
    visited[v] = 1;                                 //置已访问标记
    gstr += v.ToString() + " ";                     //输出被访问顶点的编号
    p = G.adjlist[v].firstarc;                      //p指向顶点 v 的第一个邻接点
    while (p != null)
    {   w = p.adjvex;
        if (visited[w] == 0)                        //若 w 顶点未访问,递归访问它
            DFS1(w);
        p = p.nextarc;                              //p指向顶点 v 的下一个邻接点
    }
}
public string BFS(int v)                            //图的广度优先遍历
{   ArcNode p;
    int [] qu = new int[MAXV];
    int front = 0,rear = 0;                         //定义循环队列并初始化队头队尾
    int [] visited = new int[MAXV];                 //定义存放顶点的访问标志的数组
    int w,i;
    for (i = 0;i < G.n; i++)
        visited[i] = 0;                             //访问标志数组初始化
    gstr = "";
    gstr += v.ToString() + " ";                     //输出被访问顶点的编号
    visited[v] = 1;                                 //置已访问标记
    rear = (rear + 1) % MAXV;
    qu[rear] = v;                                   //v 进队
    while (front != rear)                           //若队列不空时循环
    {   front = (front + 1) % MAXV;
        w = qu[front];                              //出队并赋给 w
        p = G.adjlist[w].firstarc;                  //找与顶点 w 邻接的第一个顶点
        while (p! = null)
        {   if (visited[p.adjvex] == 0)             //若当前邻接顶点未被访问
            {   gstr += p.adjvex.ToString() + " ";  //访问相邻顶点
                visited[p.adjvex] = 1;              //置该顶点已被访问的标志
                rear = (rear + 1) % MAXV;           //该顶点进队
                qu[rear] = p.adjvex;
```

```
            }
            p = p.nextarc;                          //找下一个邻接顶点
        }
    }
    return gstr;
}
public string DFSA()                //非连通图的 DFS
{   int i; string mystr = "";
    for (i = 0; i < G.n; i++)       //需以此替换 DFS 中的相同语句
        if (visited[i] == 0)
            mystr += DFS(i);
    return mystr;
}
public string BFSA()                //非连通图的 BFS
{   int i; string mystr = "";
    for (i = 0; i < G.n; i++)       //需以此替换 BFS 中的相同语句
        if (visited[i] == 0)
            mystr += BFS(i);
    return mystr;
}
//--------- 判断顶点 u 到 v 是否有路径算法 ----------------------------
public bool HasPath(int u, int v)
{   int i; bool has = false;
    for (i = 0; i < G.n; i++)
        visited[i] = 0;
    HasPath1(u, v,ref has);         //引用型参数 has 返回结果表示 u 到 v 是否有路径
    return has;
}
private void HasPath1(int u, int v, ref bool has)   //被 HasPath 算法调用
{   ArcNode p; int w;
    visited[u] = 1;
    p = G.adjlist[u].firstarc;      //p 指向 u 的第一个相邻点
    while (p != null)
    {   w = p.adjvex;               //相邻点的编号为 w
        if (w == v)
        {   has = true;
            return;
        }
        if (visited[w] == 0)
            HasPath1(w, v,ref has);
        p = p.nextarc;              //p 指向下一个相邻点
    }
}
//--------- 找顶点 u 到 v 的一条简单路径算法 ----------------------------
public bool FindaPath(int u, int v,ref string path)
{   if (!HasPath(u, v)) return false;
    path = ""; int i;
    for (i = 0; i < G.n; i++)
        visited[i] = 0;
    gstr = "";
    FindaPath1(u, v, path);
```

```
            path = gstr;
            return true;
        }
        private void FindaPath1(int u, int v, string path)   //被 FindaPath 算法调用
        {   ArcNode p; int w;
            visited[u] = 1;
            path += u.ToString() + " ";       //顶点 u 加入到路径中
            if (u == v)                        //找到一条路径后返回
            {   gstr = path;
                return;
            }
            p = G.adjlist[u].firstarc;         //p 指向 u 的第一个相邻点
            while (p != null)
            {   w = p.adjvex;                  //相邻点的编号为 w
                if (visited[w] == 0)
                    FindaPath1(w, v, path);
                p = p.nextarc;                 //p 指向下一个相邻点
            }
        }
        //--------- 找顶点 u 到 v 的所有简单路径算法 -----------------------------
        public bool FindallPath(int u, int v, ref string  allpath)
        {   if (!HasPath(u, v)) return false;
            string apath = ""; int i;
            for (i = 0; i < G.n; i++)
                visited[i] = 0;
            gstr = "";
            FindallPath1(u, v, apath);
            allpath = gstr;
            return true;
        }
        private void FindallPath1(int u, int v, string  apath)   //被 FindallPath 算法调用
        {   ArcNode p; int w;
            visited[u] = 1;
            apath += u.ToString() + " ";    //顶点 u 加入到路径中
            if (u == v)                        //找到一条路径后将该路径加到 gstr 中
                gstr += apath +  "\r\n";    //一条路径后添加一换行符
            p = G.adjlist[u].firstarc;         //p 指向 u 的第一个相邻点
            while (p != null)
            {   w = p.adjvex;                  //相邻点的编号为 w
                if (visited[w] == 0)
                    FindallPath1(w, v, apath);
                p = p.nextarc;                 //p 指向下一个相邻点
            }
            visited[u] = 0;                    //回溯
        }
        //--------- 找顶点 u 到 v 的所有长度为 d 的简单路径算法 ---------------------
        public bool FindallLengthPath(int u, int v, int d, ref string allpath)
        {   if (!HasPath(u, v)) return false;
            string apath = ""; int i;
            for (i = 0; i < G.n; i++)
                visited[i] = 0;
```

数据结构实践教程（C#语言描述）

```csharp
        gstr = "";
        FindallLengthPath1(u, v, d,apath);
        allpath = gstr;
        return true;
    }
    private void FindallLengthPath1(int u, int v, int d,string apath)//被 FindallLength 算法调用
    {   ArcNode p; int w;
        visited[u] = 1;
        apath += u.ToString() + " ";    //顶点 u 加入到路径中
        if (u == v)                     //找到一条路径
        if (apath.Length == 2 * (d + 1))
            //判断其长度是否为 d,这里路径中每个顶点后加了一空格
            gstr += apath + "\r\n";     //一条路径后加换行符
        p = G.adjlist[u].firstarc;      //p 指向 u 的第一个相邻点
        while (p != null)
        {   w = p.adjvex;               //相邻点的编号为 w
            if (visited[w] == 0)
                FindallLengthPath1(w, v, d,apath);
            p = p.nextarc;              //p 指向下一个相邻点
        }
        visited[u] = 0;                 //回溯
    }
//--------- 判断图中是否有回路的算法 -----------------------------
public bool Cycle(int v)
{   int i;
    for (i = 0; i < G.n; i++)
        visited[i] = 0;
    bool has = false;
    Cycle1(v,ref has);                  //引用型参数 has 返回结果表示是否有经过 v 的回路
    return has;
}

private void Cycle1(int v,ref bool has)   //被 Cycle 算法调用
{   //调用时 has 置初值 false
    ArcNode p; int w;
    visited[v] = 1;                     //置已访问标记
    p = G.adjlist[v].firstarc;          //p 指向第一个邻接点
    while (p != null)
    {   w = p.adjvex;
        if (visited[w] == 0)            //若顶点 w 未访问,递归访问它
            Cycle1(w,ref has);
        else                            //又找到了已访问过的顶点说明有回路
            has = true;
        p = p.nextarc;                  //找下一个邻接点
    }
}
//--------- 求图中顶点 u 到 v 的最短路径的算法 -----------------------------
public bool ShortPath(int u,int v,ref string spath)
{   ArcNode p; int w,i;
    QUEUE [] qu = new QUEUE[MAXV];      //非环形队列
    int front = -1,rear = -1;           //队列的头、尾指针
    if (!HasPath(u, v)) return false;
```

```
        for (i = 0;i < G.n; i++)        //访问标记置初值 0
            visited[i] = 0;
        rear ++ ;                       //顶点 u 进队
        qu[rear].data = u;
        qu[rear].parent = - 1;
        visited[u] = 1;
        spath = "";
        while (front != rear)           //队不空循环
        {   front ++ ;                  //出队顶点 w
            w = qu[front].data;
            if (w == v)                 //找到 v 时输出路径之逆并退出
            {   i = front;              //通过队列输出逆路径
                while (qu[i].parent != - 1)
                {   spath += qu[i].data + " ";
                    i = qu[i].parent;
                }
                spath += qu[i].data;
                break;
            }
            p = G.adjlist[w].firstarc;  //找 w 的第一个邻接点
            while (p != null)
            {   if (visited[p.adjvex] == 0)
                {   visited[p.adjvex] = 1;
                    rear ++ ;           //将 w 的未访问过的邻接点进队
                    qu[rear].data = p.adjvex;
                    qu[rear].parent = front;
                }
                p = p.nextarc;          //找 w 的下一个邻接点
            }
        }
        return true;
    }
//--------- 求图中离顶点 u 最远的顶点的算法 ---------------------------------
public int Maxdist(int u)
{   ArcNode p;
    int [] qu = new  int[MAXV];
    int front = 0, rear = 0;            //队列及首、尾指针
    int i,w,k = 0;
    for (i = 0;i < G.n; i++)            //初始化访问标志数组
        visited[i] = 0;
    rear ++ ;
    qu[rear] = u;                       //顶点 u 进队
    visited[u] = 1;                     //标记 u 已访问
    while (rear != front)
    {   front = (front + 1) % MAXV;
        k = qu[front];                  //顶点出队
        p = G.adjlist[k].firstarc;      //找第一个邻接点
        while (p != null)               //所有未访问过的邻接点进队
        {   w = p.adjvex;
            if (visited[w] == 0)        //若 w 未访问过
            {   visited[w] = 1;         //将顶点 j 进队
```

数据结构实践教程（C♯语言描述）

```
                    rear = (rear + 1) % MAXV;
                    qu[rear] = w;
                }
                p = p.nextarc;          //找下一个邻接点
            }
        }
        return k;
    }
    public int Getn()               //返回图中顶点数
    { return G.n; }
}
```

（3）设计项目中公用的用于设置图信息的窗体 SetForm，其设计界面如图 7.17 所示，包含以下主要字段：

```
int[,] a = new int[MAXV,MAXV];      //图的边信息
int graphtype;                      //图类型
int ns;                             //图的顶点个数
int es;                             //图的边数
```

用户通过本窗体的操作设置上述图的信息。默认的图设置信息如下：

```
graphtype = 0;
ns = 10; es = 11;
a = new int[,] {    { 0, 1, 1, 1, 0, 0, 0, 0, 0, 0 },
                    { 1, 0, 0, 0, 1, 0, 0, 0, 0, 0 },
                    { 1, 0, 0, 0, 0, 1, 0, 0, 0, 0 },
                    { 1, 0, 0, 0, 0, 0, 1, 0, 0, 0 },
                    { 0, 1, 0, 0, 0, 1, 0, 0, 0, 0 },
                    { 0, 0, 1, 0, 1, 0, 1, 0, 0, 0 },
                    { 0, 0, 0, 1, 0, 1, 0, 0, 0, 0 },
                    { 0, 0, 0, 1, 0, 0, 0, 0, 0, 1 },
                    { 0, 0, 0, 0, 0, 1, 0, 0, 0, 1 },
                    { 0, 0, 0, 0, 0, 0, 0, 1, 1, 0 } };
```

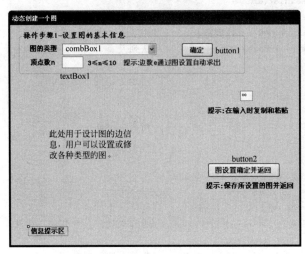

图 7.17　SetForm 窗体的设计界面

在开始时用标签和文本框可视化显示该图,用户可以对其修改,其操作是:从图的类型组合框选择其他图类型,输入顶点数 n,单击"确定"命令按钮(button1),然后修改边信息。

单击"图设置确定并返回"命令按钮(button2),将这些信息保存到 graph. dat 文件中,其他窗体调用 CreateALGraph 方法通过 graph. dat 文件创建图邻接表,并进行相关操作。

(4) 设计项目 1 对应的窗体 Form1,包含以下主要字段:

```
GraphClass1 gl = new GraphClass1();          //图的基本运算对象 gl
```

用户单击"设置图的基本信息"命令按钮(button1),调用 SetForm 窗体创建一个图。单击"创建图的邻接表"命令按钮(button2)建立图的邻接表,其单击事件处理过程如下:

```
private void button2_Click(object sender, EventArgs e)
{   if (!gl.CreateALGraph())
    {   infolabel.Text = "操作提示:不能建立邻接表,因为没有图信息";
        return;
    }
    else infolabel.Text = "操作提示:邻接表创建成功";
    button3.Enabled = true;
}
```

用户单击"输出邻接表"命令按钮(button3),在 textBox1 文本框中输出该图的邻接表表示,其单击事件处理过程如下:

```
private void button3_Click(object sender, EventArgs e)
{   textBox1.Text = gl.DispALGraph();
    infolabel.Text = "操作提示:图的邻接表输出完毕";
    button4.Enabled = true;
}
```

用户输入起始顶点 v,单击 DFS 命令按钮(button4),在 textBox3 文本框中输出从该顶点出发的深度优先遍历序列,其单击事件处理过程如下:

```
private void button4_Click(object sender, EventArgs e)
{   int v;
    if (textBox2.Text.Trim() == "")
    {   infolabel.Text = "操作提示:必须输入一个遍历的起始顶点";
        return;
    }
    try
    {   v = Convert.ToInt16(textBox2.Text.Trim());  }
    catch (Exception err)                    //捕捉顶点输入错误
    {   infolabel.Text = "操作提示:输入的起始顶点是错误的,需重新输入";
        return;
    }
    if (v < 0 || v >= gl.Getn())
    {   infolabel.Text = "操作提示:输入的顶点不正确";
        return;
    }
    textBox3.Text = gl.DFS(v);
    infolabel.Text = "操作提示:DFS算法正确输出";
}
```

数据结构实践教程（C♯语言描述）

（5）设计项目 2 对应的窗体 Form2,其设计过程与 Form2 相似,只是由深度优先遍历改为广度优先遍历。

（6）设计项目 3 对应的窗体 Form3,包含以下主要字段：

```
GraphClass1 gl = new GraphClass1();        //图的基本运算对象 gl
```

用户在建立图的邻接表后,输入起点 u 和终点 v,再单击"判断是否存在路径"命令按钮（button4）调用 HasPath 方法判断两顶点之间是否有路径,其单击事件处理过程如下：

```
private void button4_Click(object sender, EventArgs e)
{   int u, v;
    if (textBox2.Text.Trim() == "" || textBox3.Text.Trim() == "" )
    {   infolabel.Text = "操作提示:必须输入两个顶点";
        return;
    }
    try
    {   u = Convert.ToInt16(textBox2.Text.Trim());
        v = Convert.ToInt16(textBox3.Text.Trim());
    }
    catch (Exception err)                   //捕捉顶点输入错误
    {   infolabel.Text = "操作提示:输入的顶点是错误的,需重新输入";
        return;
    }
    if (u < 0 || u >= gl.Getn() || v < 0 || v >= gl.Getn())
    {   infolabel.Text = "操作提示:输入的顶点不正确";
        return;
    }
    if (gl.HasPath(u,v))
        infolabel.Text = "操作提示:两顶点之间存在路径!!!";
    else
        infolabel.Text = "操作提示:两顶点之间不存在路径";
}
```

（7）设计项目 4 对应的窗体 Form4,包含以下主要字段：

```
GraphClass1 gl = new GraphClass1();        //图的基本运算对象 gl
```

用户在建立图的邻接表后,输入起点 u 和终点 v,再单击"求一条简单路径"命令按钮（button4）,调用 FindaPath 方法求出两顶点之间的一条简单路径,其单击事件处理过程如下：

```
private void button4_Click(object sender, EventArgs e)
{   int u, v;
    string path = "";
    if (textBox2.Text.Trim() == "" || textBox3.Text.Trim() == "")
    {   infolabel.Text = "操作提示:必须输入两个顶点";
        return;
    }
    try
    {   u = Convert.ToInt16(textBox2.Text.Trim());
        v = Convert.ToInt16(textBox3.Text.Trim());
```

```
    }
    catch (Exception err)                //捕捉顶点输入错误
    {   infolabel.Text = "操作提示:输入的顶点是错误的,需重新输入";
        return;
    }
    if (u < 0 || u >= gl.Getn() || v < 0 || v >= gl.Getn())
    {   infolabel.Text = "操作提示:输入的顶点不正确";
        return;
    }
    if (gl.FindaPath(u, v, ref path))
    {   textBox4.Text = path;
        infolabel.Text = "操作提示:两顶点之间存在路径!!!";
    }
    else infolabel.Text = "操作提示:两顶点之间不存在路径";
}
```

(8) 设计项目 5 对应的窗体 Form5,包含以下主要字段:

```
GraphClass1 gl = new GraphClass1();        //图的基本运算对象 gl
```

用户在建立图的邻接表后,输入起点 u 和终点 v,再单击"求所有简单路径"命令按钮
(button4),调用 FindallPath 方法求出两顶点之间的所有简单路径,其单击事件处理过程如下:

```
private void button4_Click(object sender, EventArgs e)
{   int u, v;
    string allpath = "";
    if (textBox2.Text.Trim() == "" || textBox3.Text.Trim() == "")
    {   infolabel.Text = "操作提示:必须输入两个顶点";
        return;
    }
    try
    {   u = Convert.ToInt16(textBox2.Text.Trim());
        v = Convert.ToInt16(textBox3.Text.Trim());
    }
    catch (Exception err)                //捕捉顶点输入错误
    {   infolabel.Text = "操作提示:输入的顶点是错误的,需重新输入";
        return;
    }
    if (u < 0 || u >= gl.Getn() || v < 0 || v >= gl.Getn())
    {   infolabel.Text = "操作提示:输入的顶点不正确";
        return;
    }
    if (gl.FindallPath(u, v, ref allpath))
    {   textBox4.Text = allpath;
        infolabel.Text = "操作提示:两顶点之间存在路径!!!";
    }
    else infolabel.Text = "操作提示:两顶点之间不存在路径";
}
```

(9) 设计项目 6 对应的窗体 Form6,包含以下主要字段:

```
GraphClass1 gl = new GraphClass1();        //图的基本运算对象 gl
```

　　用户在建立图的邻接表后，输入起点 u、终点 v 和长度 d，再单击"求所有长度为 d 简单路径"命令按钮（button4），调用 FindallLengthPath 方法求出两顶点之间的所有长度为 d 的简单路径，其单击事件处理过程如下：

```csharp
private void button4_Click(object sender, EventArgs e)
{   int u, v, d;
    string allpath = "";
    if (textBox2.Text.Trim() == "" ‖ textBox3.Text.Trim() == "" ‖
        textBox4.Text.Trim() == "" )
    {   infolabel.Text = "操作提示:必须输入两个顶点和一个长度";
        return;
    }
    try
    {   u = Convert.ToInt16(textBox2.Text.Trim());
        v = Convert.ToInt16(textBox3.Text.Trim());
        d = Convert.ToInt16(textBox4.Text.Trim());
    }
    catch (Exception err)              //捕捉顶点和长度输入错误
    {   infolabel.Text = "操作提示:输入的顶点或长度是错误的,需重新输入";
        return;
    }
    if (u < 0 ‖ u >= gl.Getn() ‖ v < 0 ‖ v >= gl.Getn())
    {   infolabel.Text = "操作提示:输入的顶点不正确";
        return;
    }
    if (gl.FindallLengthPath(u, v, d,ref allpath))
    {   textBox5.Text = allpath;
        infolabel.Text = "操作提示:两顶点之间存在路径!!!";
    }
    else infolabel.Text = "操作提示:两顶点之间不存在路径";
}
```

　　（10）设计项目 7 对应的窗体 Form7，包含以下主要字段：

```csharp
GraphClass1 gl = new GraphClass1();      //图的基本运算对象 gl
```

　　用户在建立图的邻接表后，输入起点 v，再单击"判断存在回路?"命令按钮（button4），调用 Cycle 方法判断图中是否存在通过顶点 v 的简单回路，其单击事件处理过程如下：

```csharp
private void button4_Click(object sender, EventArgs e)
{   int v;
    if (textBox2.Text.Trim() == "")
    {   infolabel.Text = "操作提示:必须输入一个顶点";
        return;
    }
    try
    {   v = Convert.ToInt16(textBox2.Text.Trim());   }
    catch (Exception err)                //捕捉顶点输入错误
    {   infolabel.Text = "操作提示:输入的顶点是错误的,需重新输入";
        return;
```

```
    }
    if (v < 0 || v >= gl.Getn())
    {   infolabel.Text = "操作提示:输入的顶点不正确";
            return;
    }
    if (gl.Cycle(v))
        infolabel.Text = "操作提示:存在包含该顶点的回路!!!";
    else
        infolabel.Text = "操作提示:不存在包含该顶点的回路";
}
```

(11) 设计项目 8 对应的窗体 Form8,包含以下主要字段:

```
GraphClass1 gl = new GraphClass1();       //图的基本运算对象 gl
```

用户在建立图的邻接表后,输入起点 u 和终点 v,再单击"求最短路径"命令按钮
(button4),调用 ShortPath 方法求出两顶点之间的一条最短路径,其单击事件处理过程
如下:

```
private void button4_Click(object sender, EventArgs e)
{    int u, v; string spath = "";
    if (textBox2.Text.Trim() == "" || textBox3.Text.Trim() == "")
    {   infolabel.Text = "操作提示:必须输入两个顶点";
        return;
    }
    try
    {   u = Convert.ToInt16(textBox2.Text.Trim());
        v = Convert.ToInt16(textBox3.Text.Trim());
    }
    catch (Exception err)                 //捕捉顶点输入错误
    {   infolabel.Text = "操作提示:输入的顶点是错误的,需重新输入";
        return;
    }
    if (u < 0 || u >= gl.Getn() || v < 0 || v >= gl.Getn())
    {   infolabel.Text = "操作提示:输入的顶点不正确";
        return;
    }
    if (gl.ShortPath(u, v, ref spath))
    {   textBox4.Text = spath;
        infolabel.Text = "操作提示:成功输出指定的两顶点之间的最短路径!!!";
    }
    else infolabel.Text = "操作提示:两顶点之间不存在路径";
}
```

(12) 设计项目 9 对应的窗体 Form9,包含以下主要字段:

```
GraphClass1 gl = new GraphClass1();       //图的基本运算对象 gl
```

用户在建立图的邻接表后,输入一个顶点 u,再单击"求最远顶点"命令按钮(button4),
调用 Maxdist 方法求出离顶点 u 最远的一个顶点,其单击事件处理过程如下:

```
private void button4_Click(object sender, EventArgs e)
{    int u;
     if (textBox2.Text.Trim() == "")
     {    infolabel.Text = "操作提示:必须输入一个顶点";
          return;
     }
     try
     {    u = Convert.ToInt16(textBox2.Text.Trim()); }
     catch (Exception err)
     {    infolabel.Text = "操作提示:输入的顶点是错误的,需重新输入";
          return;
     }
     if (u < 0 ‖ u >= gl.Getn())
     {    infolabel.Text = "操作提示:输入的顶点不正确";
          return;
     }
     textBox3.Text = gl.Maxdist(u).ToString();
     infolabel.Text = "操作提示:成功求得最远的顶点";
}
```

7.3　图的应用

本节通过实践项目设计讨论图的应用,包括求无向图的最小生成树、有向图的最短路径、有向无环图的拓扑排序和 AOE 网的关键路径等。

7.3.1　生成树和最小生成树

1. 生成树的概念

一个有 n 个顶点的连通图的**生成树**是一个极小连通子图,它含有图中全部顶点,但只包含构成一棵树的 $n-1$ 条边。如果在一棵生成树上添加一条边,必定构成一个环,因为这条边使得它依附的那两个顶点之间有了第二条路径。

如果一个图有 n 个顶点和小于 $n-1$ 条边,则是非连通图。如果它多于 $n-1$ 条边,则一定有回路。但是有 $n-1$ 条边的图不一定都是生成树。

一个带权连通无向图 G(假定每条边上的权均为大于零的实数)中可能有多棵生成树,每棵生成树中所有边上的权值之和可能不同;图的所有生成树中具有边上的权值之和最小的树称为图的**最小生成树**。

2. 普里姆算法

普里姆(Prim)算法是一种构造性算法。假设 $G=(V,E)$ 是一个具有 n 个顶点的带权无向连通图,$T=(U,TE)$ 是 G 的最小生成树,其中,U 是 T 的顶点集,TE 是 T 的边集,则由 G 构造从起始顶点 v 出发的最小生成树 T 的步骤如下:

(1) 初始化 $U=\{v\}$。以 v 到其他顶点的所有边为候选边。

(2) 重复以下步骤 $n-1$ 次,使得其他 $n-1$ 个顶点被加入到 U 中:

① 从候选边中挑选权值最小的边加入 TE,设该边在 $V-U$ 中的顶点是 k,将 k 加入 U 中。

② 考察当前 $V-U$ 中的所有顶点 j，修改候选边：若 (k,j) 的权值小于原来和顶点 j 关联的候选边，则用 (k,j) 取代后者作为候选边。

为了便于在集合 U 和 $V-U$ 之间选择权最小的边，建立了两个数组 closest 和 lowcost，它们记录从 U 到 $V-U$ 具有最小权值的边，对于某个 $j \in V-U$，closest[j] 存储该边依附的在 U 中的顶点编号，lowcost[j] 存储该边的权值，如图 7.18 所示，其意义为：若 lowcost[j]=0，则表明顶点 $j \in U$；若 $0 <$ lowcost[j] $< \infty$，则顶点 $j \in V-U$，且顶点 j 和 U 中的顶点 closest[j] 构成的边(closest[j],j)是所有与顶点 j 相邻、另一端在 U 的边中的具有最小权值的边，其最小的权值为 lowcost[j]（对于每个顶点 $j \in V-U$，U 中的所有顶点到顶点 j 可能有多条边，但只有一条最小边，这样，(closest[j],j)表示最小生成树的一条边，lowcost[j]表示该边的权值）；若 lowcost[j]=∞，则表示顶点 j 与 closest[j] 之间没有边。

3. 克鲁斯卡尔算法

克鲁斯卡尔(Kruskal)算法是一种按权值的递增次序选择合适的边来构造最小生成树的方法。假设 $G=(V,E)$ 是一个具有 n 个顶点的带权连通无向图，$T=(U,TE)$ 是 G 的最小生成树，则构造最小生成树的步骤如下：

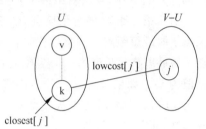

图 7.18 顶点集合 U 和 $V-U$

(1) 置 U 的初值等于 V（即包含有 G 中的全部顶点），TE 的初值为空集（即图 T 中每一个顶点都构成一个分量）。

(2) 将图 G 中的边按权值从小到大的顺序依次选取：若选取的边未使生成树 T 形成回路，则加入 TE；否则舍弃，直到 TE 中包含 $n-1$ 条边为止。

实现克鲁斯卡尔算法的关键是如何判断选取的边是否与生成树中已保留的边形成回路，这可通过判断边的两个顶点所在的连通分量的方法来解决。为此设置一个辅助数组 vset[$0..n-1$]，它用于判定两个顶点之间是否连通。数组元素 vset[i]（初值为 i）代表编号为 i 的顶点所属的连通子图的编号（当选中不连通的两个顶点间的一条边时，它们分属的两个顶点集合按其中的一个编号重新统一编号）。当两个顶点的集合编号不同时，加入这两个顶点构成的边到最小生成树中时一定不会形成回路。

7.3.2 最短路径

1. 路径的概念

在一个不带权的图中，若从一顶点到另一顶点存在着一条路径，则称该路径长度为该路径上所经过的边的数目，它等于该路径上的顶点数减 1。由于从一顶点到另一顶点可能存在着多条路径，每条路径上所经过的边数可能不同，即路径长度不同，把路径长度最短（即经过的边数最少）的那条路径叫做**最短路径**，其路径长度称为**最短路径长度**或最短距离。

对于带权的图，考虑路径上各边上的权值，则通常把一条路径上所经边的权值之和定义为该路径的路径长度或称**带权路径长度**。从源点到终点可能不止一条路径，把带权路径长度最短的那条路径称为最短路径，其路径长度（权值之和）称为**最短路径长度**或者最短距离。

实际上，只要把不带权图上的每条边看成是权值为 1 的边，那么无权图和带权图的最短路径和最短距离的定义是一致的。

求图的最短路径的两个方面问题:求图中某一顶点到其余各顶点的最短路径和求图中每一对顶点之间的最短路径。

2. 求一个顶点到其余各顶点的最短路径

问题:给定一个带权有向图 G 与源点 v,求从顶点 v 到 G 中其他顶点的最短路径,并限定各边上的权值大于或等于0。

采用狄克斯特拉(Dijkstra)算法求解,其基本思想是:设 $G=(V,E)$ 是一个带权有向图,把图中顶点集合 V 分成两组,第一组为已求出最短路径的顶点集合(用 S 表示,初始时 S 中只有一个源点,以后每求得一条最短路径 $v,\cdots,u$,就将 u 加入到集合 S 中,直到全部顶点都加入到 S 中,算法就结束了),第二组为其余未确定最短路径的顶点集合(用 U 表示)。

对于第二组 U 的每个顶点 $j(j∈U)$,若刚添加到 S 中的顶点为 u 时,需要调整源点到顶点 j 的最短距离。调整过程是:从源点 v 到顶点 u 的最短路径长度为 c_{vu},从源点 v 到顶点 j 的最短路径长度为 c_{vj},若顶点 u 到顶点 j 有一条边(没有这样边的顶点不需要调整),其权值为 w_{uj},如果 $c_{vu}+w_{uj}<c_{vj}$,则将 $v⇒j⇒u$ 的路径作为源点 v 到顶点 j 新的最短路径,如图 7.19 所示。然后再求从源点 v 到 U 的所有顶点 j 中最短路径的一个顶点 u,将其从 U 移到 S 中,重复这一过程。

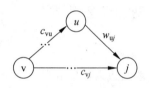

图 7.19 从源点 v 到顶点 j 的路径比较

当所有顶点 $j(j∈U)$ 都调整后,U 变为空,此时便得到从源点 v 到每个顶点的最短路径。

狄克斯特拉算法的具体步骤如下:

(1) 初始时,S 只包含源点,即 $S=\{v\}$,顶点 v 到自己的距离为0。U 包含除 v 外的其他顶点,源点 v 到 U 中顶点 i 的距离为边上的权(若 v 与 i 有边 $<v,i>$)或∞(若顶点 i 不是 v 的出边邻接点)。

(2) 从 U 中选取一个顶点 u,它是源点 v 到 U 中距离最小的一个顶点,然后把顶点 u 加入 S 中(该选定的距离就是源点 v 到顶点 u 的最短路径长度)。

(3) 以顶点 u 为新考虑的中间点,修改源点 v 到 U 中各顶点 $j(j∈U)$ 的距离:若从源点 v 到顶点 j 经过顶点 u 的距离(图 7.18 中为 $c_{vu}+w_{uj}$)比原来不经过顶点 u 的距离(图 7.18 中为 c_{vj})更短,则修改从源点 v 到顶点 j 的最短距离值(图 7.18 中修改为 $c_{vu}+w_{uj}$)。

(4) 重复步骤(2)和(3)直到 S 包含所有的顶点即 U 为空。

为了保存最短路径长度,设置一个数组 dist$[0..n-1]$,dist$[i]$ 用来保存从源点 v 到顶点 i 的目前最短路径长度,它的初值为 $<v,i>$ 边上的权值,若顶点 v 到顶点 i 没有边,则权值定为∞。以后每考虑一个新的中间点 u 时,dist$[i]$ 的值可能被修改变小。

为了保存最短路径,另设置一个数组 path$[0..n-1]$,其中 path$[i]$ 存放从源点 v 到顶点 i 的最短路径。

3. 求每对顶点之间的最短路径

问题:对于一个各边权值均大于零的有向图,对每一对顶点 $i≠j$,求出顶点 i 与顶点 j 之间的最短路径和最短路径长度。

可以以每个顶点作为源点循环求出每对顶点之间的最短路径。除此之外,弗洛伊德

(Floyd)算法也可用于求两顶点之间最短路径。

假设有向图 $G=(V,E)$ 采用邻接矩阵 g 表示,另外设置一个二维数组 A 用于存放当前顶点之间的最短路径长度,即分量 $A[i,j]$ 表示当前顶点 i 到顶点 j 的最短路径长度。弗洛伊德算法的基本思想是递推产生一个矩阵序列 A_0、A_1、$\cdots$、A_k、$\cdots$、A_{n-1},其中,$A_k[i,j]$ 表示从顶点 i 到顶点 j 的路径上所经过的顶点编号不大于 k 的最短路径长度。

初始时,有 $A_{-1}[i,j]=$ g.edges$[i,j]$。若 $A_k[i,j]$ 已求出,当求从顶点 i 到顶点 j 的路径上所经过的顶点编号不大于 $k+1$ 的最短路径长度 $A_{k+1}[i,j]$ 时,此时从顶点 i 到顶点 j 的最短路径有两种情况:

一种情况是从顶点 i 到顶点 j 的路径不经过顶点编号为 $k+1$ 的顶点,此时不需要调整即 $A_{k+1}[i,j]=A_k[i,j]$。

另一种情况是从顶点 i 到顶点 j 的最短路径上经过编号为 $k+1$ 的顶点,如图 7.20 所示,原来的最短路径长度为 $A_k[i,j]$。而经过编号为 $k+1$ 的顶点的路径分为两段,这条经过编号为 $k+1$ 的顶点的路径的长度为 $A_k[i,k+1]+A_k[k+1,j]$,如果其长度小于原来的最短路径长度即 $A_k[i,j]$,则取经过编号为 $k+1$ 的顶点的路径为新的最短路径。

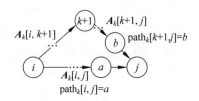

图 7.20 若 $A_k[i,k+1]+A_k[k+1,j]<A_k[i,j]$,修改路径 path$_{k+1}[i,j]=$path$_k[k+1,j]$

归纳起来,弗洛伊德思想可用如下的表达式来描述:

$$A_{-1}[i,j]=\text{g.edges}[i,j]$$
$$A_{k+1}[i,j]=\text{MIN}\{A_k[i,j],A_k[i,k+1]+A_k[k+1,j]\} \quad -1\leqslant k\leqslant n-2$$

该式是一个迭代表达式,A_k 表示已考虑顶点 0、1、$\cdots$、k 这 $k+1$ 个顶点后得到的各顶点之间的最短路径,那么 $A_k[i,j]$ 表示由顶点 i 到顶点 j 已考虑顶点 0、1、$\cdots$、k 这 $k+1$ 个顶点后得到的最短路径,在此基础上再考虑顶点 $k+1$,求出各顶点在考虑顶点 $k+1$ 后的最短路径,即得到 A_k+1。每迭代一次,在从顶点 i 到顶点 j 的最短路径上就多考虑了一个顶点;经过 n 次迭代后所得的 $A_{n-1}[i,j]$ 值,就是考虑所有顶点后从顶点 i 到顶点 j 的最短路径,也就是最后的解。

另外,用二维数组 path 保存最短路径,它与当前迭代的次数有关,即当迭代完毕,path$[i,j]$ 存放从顶点 i 到顶点 j 的最短路径。和狄克斯特拉算法中采用的方式相似,在求 $A_k[i,j]$ 时,path$_k[i,j]$ 存放从顶点 i 到顶点 j 的中间顶点编号不大于 k 的最短路径上前一个顶点的编号,当考虑顶点 $k+1$ 时,若经过顶点 $k+1$ 的路径更短,则修改 path$_{k+1}[i,j]$ 为 path$_k[k+1,j]$ (图 7.20 中 path$_{k+1}[i,j]$ 由顶点 a 变为顶点 b)。在算法结束时,由二维数组 path 的值追溯,可以得到从顶点 i 到顶点 j 的最短路径,若 path$[i,j]=-1$,则没有中间顶点。

7.3.3 拓扑排序

设 $G=(V,E)$ 是一个具有 n 个顶点的有向图,V 中顶点序列 v_1、v_2、$\cdots$、v_n 称为一个拓扑序列,当且仅当该顶点序列满足下列条件:若 $<v_i,v_j>$ 是图中的边(即从顶点 v_i 到顶点 v_j 有一条路径),则在序列中顶点 v_i 必须排在顶点 v_j 之前。在一个有向图中找一个拓扑序列的过程称为**拓扑排序**。

拓扑排序方法如下:

(1) 从有向图中选择一个没有前趋(即入度为 0)的顶点并且输出它。

(2) 从网中删去该顶点,并且删去从该顶点发出的全部有向边。

(3) 重复上述两步,直到剩余的网中不再存在没有前趋的顶点为止。

这样操作的结果有两种:一种是网中全部顶点都被输出,这说明网中不存在有向回路;另一种就是网中顶点未被全部输出,剩余的顶点均有前趋顶点,这说明网中存在有向回路。

7.3.4 AOE 网与关键路径

若用前面介绍过的带权有向图(DAG)描述工程的预计进度,以顶点表示事件,有向边表示活动,边 e 的权 $c(e)$ 表示完成活动 e 所需的时间(比如天数),或者说活动 e 持续时间。图中入度为 0 的顶点表示工程的开始事件(如开工仪式),出度为 0 的顶点表示工程结束事件。则称这样的有向图为 AOE 网(Activity On Edge)。

通常每个工程都只有一个开始事件和一个结束事件,因此表示工程的 AOE 网都只有一个入度为 0 的顶点,称为**源点**(source),和一个出度为 0 的顶点,称为**汇点**(converge)。如果图中存在多个入度为 0 的顶点,只要加一个虚拟源点,使这个虚拟源点到原来所有入度为 0 的点都有一条长度为 0 的边,变成只有一个源点。对存在多个出度为 0 的顶点的情况作类似的处理。所以只需讨论单源点和单汇点的情况。

在 AOE 网中,从源点到汇点的所有路径中,具有最大路径长度的路径称为**关键路径**。完成整个工程的最短时间就是网中关键路径的长度,也就是网中关键路径上各活动持续时间的总和,把关键路径上的活动称为**关键活动**。因此,只要找出 AOE 网中的关键活动,也就找到了关键路径。注意,在一个 AOE 网中,可以有不止一条关键路径。

在 AOE 网中,先求出每个事件(顶点)的最早开始时间和最迟开始时间,再求出每个活动(边)的最早开始时间和最迟开始时间,由此求出所有的关键活动。

(1) 事件最早开始时间:规定源点事件的最早开始时间为 0;定义 AOE 网中任一事件 v 的最早开始时间(early event)ve(v)等于所有前趋事件最早开始时间加上相应活动持续时间的最大值。例如,事件 v 有 x、y、z 3 个前趋事件(即有 3 个活动到事件 v,持续时间分别为 a、b、c),求事件 v 的最早开始时间如图 7.21 所示。归纳起来,事件 v 的最早开始时间定义如下:

ve(v)=0　　　　　　　　　　　　　　　　　　　　当 v 为源点时

ve(v)=MAX{ve(x_i)+$c(a_j)$ | a_j 为活动<x_i,v>,$c(a_j)$为活动 a_j 的持续时间}　否则

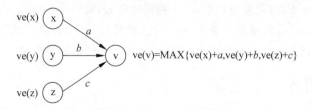

图 7.21　求事件 v 的最早开始时间

(2) 事件最迟开始时间:在不影响整个工程进度的前提下,事件 v 必须发生的时间称为 v 的最迟开始时间(late event),记作 vl(v)。规定汇点事件的最迟开始时间等于其最早开始

时间,定义 AOE 网中任一事件 v 的 vl(v)应等于所有后继事件最迟开始时间减去相应活动持续时间的最小值。例如,事件 v 有 x、y、z 共 3 个后继事件(即从事件 v 出发有 3 个活动,持续时间分别为 a、b、c),求事件 v 的最迟开始时间如图 7.22 所示。归纳起来,事件 v 的最迟开始时间定义如下:

$$vl(v) = ve(v) \qquad\qquad 当 v 为汇点时$$
$$vl(v) = MIN\{vl(x_i) - c(a_j) \mid a_j 为活动<v, x_i>, c(a_j) 为活动 a_j 的持续时间\} \quad 否则$$

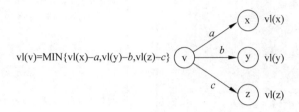

图 7.22　求事件 v 的最迟开始时间

(3) 活动最早开始时间:活动 a=<x,y>的最早开始时间 $e(a)$ 等于 x 事件的最早开始时间,如图 7.23 所示。即:$e(a) = ve(x)$。

图 7.23　活动 a 的最早开始时间和最迟开始时间

(4) 活动最迟开始时间:活动 a=<x,y>的最迟开始时间 $l(a)$ 等于 y 事件的最迟开始时间与该活动持续时间之差,如图 7.22 所示。即:$l(a) = vl(y) - c(a)$。

(5) 关键活动:如果一个活动 a 的最早开始时间等于最迟开始时间,即 $e(a) = l(a)$,称之关键活动。

7.3.5　图应用实践项目及其设计

🖳 图应用的实践项目

项目 1:设计一个项目,用户动态输入一个带权无向图,采用 Prim 算法求最小生成树。用相关数据进行测试,其操作界面如图 7.24 所示。

项目 2:设计一个项目,用户动态输入一个带权无向图,采用 Kruskal 算法求最小生成树。用相关数据进行测试,其操作界面如图 7.25 所示。

项目 3:设计一个项目,用户动态输入一个带权有向图,采用 Dijkstra 算法求单源最短路径(含求解过程)。用相关数据进行测试,其操作界面如图 7.26 所示。

项目 4:设计一个项目,用户动态输入一个带权有向图,采用 Floyd 算法求所有顶点之间的短路径(含求解过程)。用相关数据进行测试,其操作界面如图 7.27 所示。

项目 5:设计一个项目,用户动态输入一个有向无环图,求该图的一个拓扑序列。用相关数据进行测试,其操作界面如图 7.28 所示。

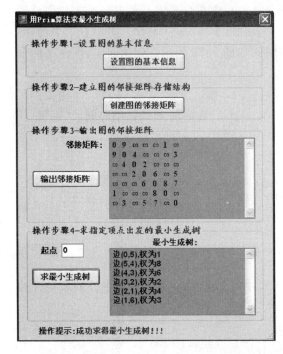

图 7.24　图应用——实践项目 1 的操作界面

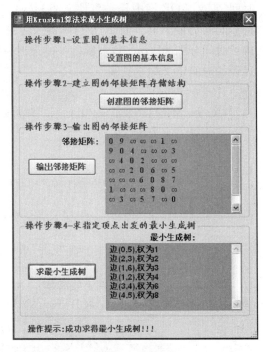

图 7.25　图应用——实践项目 2 的操作界面

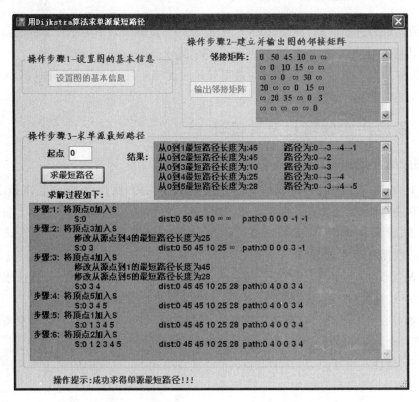

图 7.26　图应用——实践项目 3 的操作界面

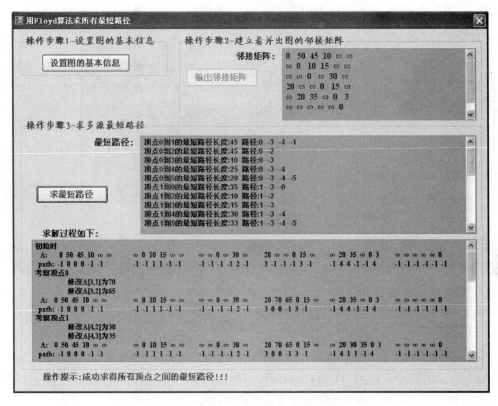

图 7.27 图应用——实践项目 4 的操作界面

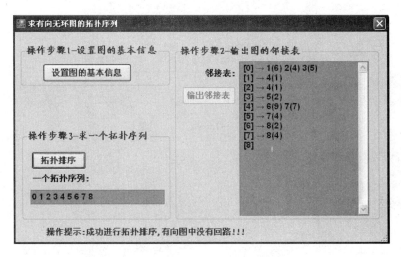

图 7.28 图应用——实践项目 5 的操作界面

项目 6：设计一个项目，用户动态输入一个 AOE 网，求该图的所有关键路径。用相关数据进行测试，其操作界面如图 7.29 所示。

🖳 **实践项目设计**

(1) 新建一个 Windows 应用程序项目 App。

数据结构实践教程(C♯语言描述)

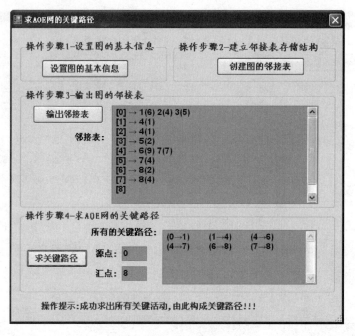

图 7.29 图应用——实践项目 6 的操作界面

(2) 设计图应用运算类 GraphClass2,该类的基本结构如图 7.30 所示,字段 g、G 分别表示图的两种存储结构,visited 数组用作顶点的访问标识。

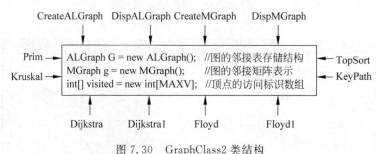

图 7.30 GraphClass2 类结构

GraphClass2 类和相关代码放在 Class1. cs 文件中:

```
// ------ 图的邻接表 --------------------------------
class ArcNode                          //边结点类型
{   public int adjvex;                 //该边的终点编号
    public ArcNode nextarc;            //指向下一条边的指针
    public int weight;                 //该边的相关信息,如边的权值
};
struct VNode                           //表头结点类型
{   public string data;                //顶点信息
    public int indegree;               //为拓扑排序增加顶点的入度
    public ArcNode firstarc;           //指向第一条边
};
struct ALGraph                         //图的邻接表类型
{   public VNode[] adjlist;            //邻接表数组
```

```
        public int n, e;                    //图中顶点数 n 和边数 e
};
//------ 图的邻接矩阵 -----------------------------
struct VertexType                           //顶点类型
{   public int no;                          //顶点编号
    public string weight;                   //顶点其他信息
};
struct MGraph                               //图邻接矩阵类型
{   public int[,] edges;                    //邻接矩阵的边数组
    public int n, e;                        //顶点数、边数
    public VertexType[] vexs;               //存放顶点信息
};
//---------------------------------------
struct Edge                                 //用于 Kruskal 求最小生成树的结构体
{   public int u;                           //边的起始顶点
    public int v;                           //边的终止顶点
    public int w;                           //边的权值
};
class GraphClass2                           //图的应用类
{   const int MAXV = 10;                    //最大顶点个数
    const int MAXE = 40;                    //最大边数
    const int INF = 32767;                  //用 INF 表示∞
    MGraph g = new MGraph();                //图的邻接矩阵表示
    ALGraph G = new ALGraph();              //图的邻接表表示
    int[] visited = new int[MAXV];          //顶点的访问标识数组
    string gstr;                            //用作方法之间传递数据
    string pstr;                            //用作方法之间传递数据
    public GraphClass2()                    //构造函数
    {   g.edges = new  int[MAXV,MAXV];
        G.adjlist = new VNode[MAXV];
    }
    //-------- 图的基本运算算法 ------------------------------
    public bool CreateMGraph()              //通过图的信息文件创建图邻接矩阵 g
    {   int i, j;
        string filepath = "graph.dat";
        int[,] a = new int[MAXV, MAXV];
        int graphtype;                      //图的类型
        int ns;                             //图的顶点个数
        int es;                             //图的边数
        if (!File.Exists(filepath))         //不存在该文件时
            return false;
        else                                //存在文件时
        {   FileStream fs = File.OpenRead(filepath);
            BinaryReader sb = new BinaryReader(fs, Encoding.Default);
            fs.Seek(0, SeekOrigin.Begin);
            graphtype = sb.ReadInt32();
            ns = sb.ReadInt32();
            es = sb.ReadInt32();
            for (i = 0; i < MAXV; i++)
```

```
                    for (j = 0; j < MAXV; j++)
                        a[i, j] = sb.ReadInt32();
                sb.Close();
                fs.Close();
                for (i = 0; i < ns; i++)     //检查邻接矩阵中的每个元素
                    for (j = ns - 1; j >= 0; j--)
                        g.edges[i, j] = a[i, j];
                g.n = ns;
                g.e = es;
                return true;
            }
        }

public void CreateALGraph(int n, int e, int[,] b)   //通过相关数据创建图邻接表 G
{   int i, j; ArcNode p;
    for (i = 0; i < n; i++)              //给邻接表中所有头结点的指针域置初值
        G.adjlist[i].firstarc = null;
    for (i = 0; i < n; i++)               //检查邻接矩阵中的每个元素
        for (j = n - 1; j >= 0; j--)
            if (b[i, j] != 0 && b[i, j] != INF)        //存在一条边
            {   p = new ArcNode();                     //创建一个结点 p
                p.adjvex = j;
                p.weight = b[i, j];                    //边的权值
                p.nextarc = G.adjlist[i].firstarc;     //采用头插法插入 p
                G.adjlist[i].firstarc = p;
            }
    G.n = n; G.e = e;
}

public string DispMGraph()                          //输出图的邻接矩阵
{   string mystr = ""; int i, j;
    for (i = 0; i < g.n; i++)
    {   for (j = 0; j < g.n; j++)
        if (g.edges[i, j] == INF)
            mystr += string.Format("{0, -3}", "∞");
        else
            mystr += string.Format("{0, -4}", g.edges[i, j].ToString());
        mystr += "\r\n";
    }
    return mystr;
}

public void MatToList()                             //将邻接矩阵 g 转换成邻接表 G
{   int i, j; ArcNode p;
    for (i = 0; i < g.n; i++)                       //给邻接表中所有头结点的指针域置初值
        G.adjlist[i].firstarc = null;
    for (i = 0; i < g.n; i++)                       //检查邻接矩阵中的每个元素
        for (j = g.n - 1; j >= 0; j--)
            if (g.edges[i, j] != 0 && g.edges[i, j] != INF)   //存在一条边
            {   p = new ArcNode();                            //创建一个结点 p
                p.adjvex = j;
                p.weight = g.edges[i, j];                     //边的权值
                p.nextarc = G.adjlist[i].firstarc;            //采用头插法插入 p
                G.adjlist[i].firstarc = p;
```

```
        }
    G.n = g.n; G.e = g.e;
}
public string DispALGraph()                    //输出图的邻接表
{   string mystr = ""; int i;
    ArcNode p;
    for (i = 0; i < G.n; i++)
    {   mystr += "[" + i.ToString() + "]";
        p = G.adjlist[i].firstarc;             //p指向第一个邻接点
        if (p != null)
            mystr += " →";
        while (p != null)
        {   mystr += " " + p.adjvex.ToString() + "(" + p.weight.ToString() + ")";
            p = p.nextarc;                     //p移向下一个邻接点
        }
        mystr += "\r\n";
    }
    return mystr;
}
//-------- 求图的最小生成树的 Prim 算法 --------------------------------
public string Prim(int v)
{   int [] lowcost = new int[MAXV];
    int [] closest = new int[MAXV];
    string mystr = "";
    int min, i, j, k;
    for (i = 0; i < g.n; i++)          //给 lowcost[]和 closest[]置初值
    {   lowcost[i] = g.edges[v,i];
        closest[i] = v;
    }
    for (i = 1; i < g.n; i++)          //找出(n-1)个顶点
    {   min = INF; k = -1;
        for (j = 0; j < g.n; j++)      //在(V-U)中找出离 U 最近的顶点 k
            if (lowcost[j] != 0 && lowcost[j] < min)
            {   min = lowcost[j];
                k = j;                 //k 记录最近顶点的编号
            }
        mystr += "边(" + closest[k].ToString() + "," + k.ToString() +
            "),权为" + min.ToString() + "\r\n";
        lowcost[k] = 0;                //标记 k 已经加入 U
        for (j = 0; j < g.n; j++)      //修改数组 lowcost 和 closest
            if (g.edges[k,j] != 0 && g.edges[k,j] < lowcost[j])
            {   lowcost[j] = g.edges[k,j];
                closest[j] = k;
            }
    }
    return mystr;
}
//-------- 求图的最小生成树的 Kruskal 算法 ---------------------------
public string Kruskal()
{   string mystr = "";
    int i, j, u1, v1, sn1, sn2, k;
```

```
        int [] vset = new int[MAXV];
        Edge [] E = new Edge[MAXE];          //存放所有边
        k = 0;                               //E数组的下标从0开始计
        for (i = 0;i < g.n; i++)             //由g产生的边集E
            for (j = 0;j < g.n; j++)
                if (g.edges[i,j]! = 0 && g.edges[i,j]! = INF)
                {   E[k].u = i; E[k].v = j;
                    E[k].w = g.edges[i,j];
                    k++;
                }
        SortEdge(E,g.e);                     //采用直接插入排序对E数组按权值递增排序
        for (i = 0;i < g.n; i++)             //初始化辅助数组
            vset[i] = i;
        k = 1;                               //k表示当前构造生成树的第几条边,初值为1
        j = 0;                               //E中边的下标,初值为0
        while (k < g.n)                      //生成的边数小于n时循环
        {   u1 = E[j].u; v1 = E[j].v;        //取一条边的头尾顶点
            sn1 = vset[u1];
            sn2 = vset[v1];                  //分别得到两个顶点所属的集合编号
          if (sn1 != sn2)                    //两顶点属于不同的集合,该边是最小生成树的一条边
            {   mystr += "边(" + u1.ToString() + "," + v1.ToString() +
                    "),权为" + E[j].w.ToString() + "\r\n";
                k++;                         //生成边数增1
                for (i = 0;i < g.n; i++)//两个集合统一编号
                    if (vset[i] == sn2) //集合编号为sn2的改为sn1
                        vset[i] = sn1;
            }
            j++;                             //扫描下一条边
        }
        return mystr;
    }
    private void SortEdge(Edge[] E, int e) //从邻接矩阵产生权值递增的边集
    {   int i, j, k = 0;
        Edge temp;
        for (i = 1; i < e; i++)              //按权值递增有序进行直接插入排序
        {   temp = E[i];
            j = i - 1;                       //从右向左在有序区E[0..i-1]中找E[i]的插入位置
            while (j >= 0 && temp.w < E[j].w)
            {   E[j + 1] = E[j];             //将权值大于E[i].w的记录后移
                j--;
            }
            E[j + 1] = temp;                 //在j+1处插入E[i]
        }
    }
//-------- 求单源最短路径 -----------------------------
    public string Dijkstra(int v)
    {   int [] dist = new int[MAXV];
        int [] path = new int[MAXV];
        int [] s = new int[MAXV];
        int mindis,i,j,u = 0;
        for (i = 0;i < g.n; i++)
```

```
    {    dist[i] = g.edges[v,i];           //距离初始化
         s[i] = 0;                          //s[]置空
         if (g.edges[v,i] < INF)            //路径初始化
             path[i] = v;                   //顶点 v 到顶点 i 有边时,置顶点 i 的前一个顶点为 v
         else
             path[i] = -1;                  //顶点 v 到顶点 i 没边时,置顶点 i 的前一个顶点为-1
    }
    s[v] = 1;                               //源点编号 v 放入 s 中
    for (i = 0;i < g.n-1; i++)             //循环向 s 中添加 n-1 个顶点
    {    mindis = INF;                       //mindis 置最小长度初值
         for (j = 0;j < g.n; j++)           //选取不在 s 中且具有最小距离的顶点 u
             if (s[j] == 0 && dist[j] < mindis)
             {    u = j;
                  mindis = dist[j];
             }
         s[u] = 1;                          //顶点 u 加入 s 中
         for (j = 0;j < g.n; j++)           //修改不在 s 中的顶点的距离
             if (s[j] == 0)
                 if (g.edges[u,j] < INF && dist[u] + g.edges[u,j] < dist[j])
                 {    dist[j] = dist[u] + g.edges[u,j];
                      path[j] = u;
                 }
    }
    gstr = "";
    Dispath(dist,path,s,v);                 //输出最短路径
    return gstr;
}
private void Dispath(int [ ] dist,int [ ] path,int [ ] s,int v)
//输出从顶点 v 出发的所有最短路径
{    int i,j,k;
    int [ ] apath = new int [MAXV];        //存放一条最短路径(逆向)
    int d;                                 //存放 apath 中元素个数
    for (i = 0; i < g.n; i++)              //循环输出从顶点 v 到 i 的路径
        if (s[i] == 1 && i! = v)
        {    gstr += "从" + v.ToString() + "到" + i.ToString() + "最短路径长度为:"
                 + dist[i].ToString() + "\t 路径为:";
             d = 0; apath[d] = i;          //添加路径上的终点
             k = path[i];
             if (k == -1)                   //没有路径的情况
                 gstr = "从指定的顶点到其他顶点都没有路径!!!";
             else                           //存在路径时输出该路径
             {    while (k! = v)
                  {    d++; apath[d] = k;
                       k = path[k];
                  }
                  d++; apath[d] = v;        //添加路径上的起点
                  gstr += apath[d].ToString(); //先输出起点
                  for (j = d-1;j >= 0;j-- )  //再输出其他顶点
                      gstr += "→" + apath[j].ToString();
                  gstr += "\r\n";
             }
        }
```

```
            }
    }
    //-------- 求单源最短路径(显示过程) -----------------------------
    public bool Dijkstra1(int v,ref string procstr,ref string pathstr)
    {   int[] dist = new int[MAXV];
        int[] path = new int[MAXV];
        int[] s = new int[MAXV];
        int mindis, i, j, u = 0;
        int step = 1;
        pstr = "";
        for (i = 0; i < g.n; i++)
        {   dist[i] = g.edges[v, i];        //距离初始化
            s[i] = 0;                       //s[]置空
            if (g.edges[v, i] < INF)        //路径初始化
                path[i] = v;                //顶点v到顶点i有边时,置顶点i的前一个顶点为v
            else
                path[i] = -1;               //顶点v到顶点i没边时,置顶点i的前一个顶点为-1
        }
        s[v] = 1;                           //源点编号v放入s中
        pstr += "步骤:" + step.ToString() + ": 将顶点" + v.ToString() + "加入s" + "\r\n";
        step++;
        pstr += "\tS:" + Disps(s) + "\tdist:" + Dispdist(dist) + "\tpath:" +
            Disppath(path) + "\r\n";
        for (i = 0; i < g.n - 1; i++)       //循环向s中添加n-1个顶点
        {   mindis = INF;                   //mindis置最小长度初值
            for (j = 0; j < g.n; j++)       //选取不在s中且具有最小距离的顶点u
                if (s[j] == 0 && dist[j] < mindis)
                {   u = j;
                    mindis = dist[j];
                }
            s[u] = 1;                       //顶点u加入s中
            pstr += "步骤:" + step.ToString() + ": 将顶点" + u.ToString() +
                "加入s" + "\r\n";
            step++;
            for (j = 0; j < g.n; j++)       //修改不在s中的顶点的距离
            {   if (s[j] == 0)
                    if (g.edges[u, j] < INF && dist[u] + g.edges[u, j] < dist[j])
                    {   dist[j] = dist[u] + g.edges[u, j];
                        path[j] = u;
                        pstr += "\t修改从源点到" + j.ToString() + "的最短路径长度为"
                            + dist[j].ToString() + "\r\n";
                    }
            }
            pstr += "\tS:" + Disps(s) + "\tdist:" + Dispdist(dist) +
                "\tpath:" + Disppath(path) + "\r\n";
        }
        gstr = "";
        if (Dispath1(dist, path, s, v))     //输出最短路径
        {   procstr = pstr;
            pathstr = gstr;
            return true;
```

```
        }
        else return false;
    }
    private string Disps(int [ ] s)          //输出 s
    {   int i,j,k;
        string spstr = ""; string mystr = "";
        for (i = 0; i < g.n; i++)
            if (s[i] == 1)
                mystr += i.ToString() + " ";
        j = mystr.Length;
        for (k = j - 1;k < = 2 * g.n;k++)
            spstr += " ";
        mystr += spstr;
        return mystr;
    }
    private string Dispdist(int [ ] dist)    //输出 dist
    {   int i; string mystr = "";
        for (i = 0; i < g.n; i++)
            if (dist[i] == INF)
                mystr += "∞ ";
            else
                mystr += dist[i].ToString() + " ";
        return mystr;
    }
    private string Disppath(int [ ] path)    //输出 path
    {   int i; string mystr = "";
        for (i = 0; i < g.n; i++)
            mystr += path[i].ToString() + " ";
        return mystr;
    }
    private bool Dispath1(int[] dist, int[] path, int[] s, int v)
    //输出从顶点 v 出发的所有最短路径
    {   int i, j, k, count = 0;
        int[] apath = new int[MAXV];          //存放一条最短路径(逆向)
        int d;                                //存放 apath 中元素个数
        for (i = 0; i < g.n; i++)
            if (path[i] != -1)
                count++;
        if (count == 1)                       //path 中只有一个不为 -1 其他均为 -1 时表示没有路径
            return false;
        for (i = 0; i < g.n; i++)             //循环输出从顶点 v 到 i 的路径
            if (s[i] == 1 && i != v)
            {   gstr += "从" + v.ToString() + "到" + i.ToString() + "最短
                    路径长度为:" + dist[i].ToString() + "\t 路径为:";
                d = 0; apath[d] = i;          //添加路径上的终点
                k = path[i];
                if (k == -1)                  //没有路径的情况
                    gstr = "从指定的顶点到其他顶点都没有路径!!!";
                else                          //存在路径时输出该路径
                {   while (k != v)
                    {   d++; apath[d] = k;
```

```
                        k = path[k];
                }
                d++; apath[d] = v;                    //添加路径上的起点
                gstr += apath[d].ToString();          //先输出起点
                for (j = d - 1; j>= 0; j-- )          //再输出其他顶点
                    gstr += "→" + apath[j].ToString();
                gstr += "\r\n";
            }
        }
        return true;
    }
//-------- 求多源最短路径 ----------------------------------
public string Floyd()
{   int [,] A = new int[MAXV,MAXV];
    int [,] path = new int[MAXV,MAXV];
    int i,j,k;
    for (i = 0;i < g.n; i++)
        for (j = 0;j < g.n; j++)
        {   A[i,j] = g.edges[i,j];
            if (i != j && g.edges[i, j] < INF)
                path[i, j] = i;        //i 和 j 顶点之间有一条边时
            else                       //i 和 j 顶点之间没有一条边时
                path[i, j] = -1;
        }
    for (k = 0;k < g.n; k++)
    {   for (i = 0;i < g.n; i++)
            for (j = 0;j < g.n; j++)
                if (A[i,j] > A[i,k] + A[k,j])
                {   A[i,j] = A[i,k] + A[k,j];
                    path[i,j] = path[k, j];   //修改最短路径
                }
    }
    gstr = "";                         //gstr 存放所有的最短路径和长度
    Dispath(A,path);                   //生成最短路径和长度
    return gstr;
}
private void Dispath(int [,] A,int [,] path)    //输出所有的最短路径和长度
{   int i,j,k,s;
    int [] apath = new int [MAXV];              //存放一条最短路径中间顶点(反向)
    int d;                                      //存放 apath 中元素个数
    for (i = 0;i < g.n;i++)
        for (j = 0;j < g.n;j++)
        {   if (A[i,j]!= INF && i!= j)          //若顶点 i 和 j 之间存在路径
            {   gstr += "顶点" + i.ToString() + "到" + j.ToString() +
                    "的最短路径长度:" + A[i, j].ToString() + "\t 路径:";
                k = path[i,j];
                d = 0; apath[d] = j;            //路径上添加终点
                while (k!= -1 && k!= i)         //路径上添加中间点
                {   d++; apath[d] = k;
                    k = path[i,k];
                }
```

```
                    d++; apath[d] = i;                  //路径上添加起点
                    gstr += apath[d].ToString();        //输出起点
                    for (s = d - 1; s >= 0; s--)     //输出路径上的中间顶点
                        gstr += "→" + apath[s].ToString();
                    gstr += "\r\n";
                }
            }
    }
// --------- 求多源最短路径(显示过程) ----------------------------
public void Floyd1(ref string procstr, ref string pathstr)
{   int[,] A = new int[MAXV, MAXV];
    int[,] path = new int[MAXV, MAXV];
    int i, j, k; pstr = "";
    for (i = 0; i < g.n; i++)
        for (j = 0; j < g.n; j++)
        {   A[i, j] = g.edges[i, j];
            if (i != j && g.edges[i, j] < INF)
                path[i, j] = i;                 //i 和 j 顶点之间有一条边时
            else                                //i 和 j 顶点之间没有一条边时
                path[i, j] = -1;
        }
    pstr += "   A:      " + DispA(A) + "\r\n";
    pstr += "   path:" + Disppath(path) + "\r\n";
    for (k = 0; k < g.n; k++)
    {   pstr += "考察顶点" + k.ToString() + "\r\n";
        for (i = 0; i < g.n; i++)
            for (j = 0; j < g.n; j++)
                if (A[i, j] > A[i, k] + A[k, j])
                {   A[i, j] = A[i, k] + A[k, j];
                    path[i, j] = k;             //修改最短路径
                    pstr += "\t修改 A[" + i.ToString() + "," + j.ToString() +
                        "]为" + A[i, j].ToString() + "\r\n";
                }
        pstr += "   A:  " + DispA(A) + "\r\n";
        pstr += "   path:" + Disppath(path) + "\r\n";
    }
    gstr = "";
    Dispath1(A, path);                          //输出最短路径
    procstr = pstr;
    pathstr = gstr;
}
private string DispA(int[,] A)                   //输出 A
{   string mystr = "   "; int i, j;
    for (i = 0; i < g.n; i++)
    {   for (j = 0; j < g.n; j++)
            if (A[i, j] == INF)
                mystr += "∞   ";
            else
                mystr += A[i, j].ToString() + "   ";
        mystr += "\t";
    }
```

数据结构实践教程（C#语言描述）

```
        return mystr;
    }
    private string Disppath(int[,] path)              //输出 path
    {   string mystr = "  "; int i, j;
        for (i = 0; i < g.n; i++)
        {   for (j = 0; j < g.n; j++)
                mystr += path[i, j].ToString() + " ";
            mystr += "\t";
        }
        return mystr;
    }
    private void Dispath1(int[,] A, int[,] path)      //输出所有的最短路径和长度
    {   int i, j, k, s;
        int[] apath = new int[MAXV];                  //存放一条最短路径中间顶点(反向)
        int d;                                        //存放 apath 中元素个数
        for (i = 0; i < g.n; i++)
            for (j = 0; j < g.n; j++)
            {   if (A[i, j] != INF && i != j)         //若顶点 i 和 j 之间存在路径
                {   gstr += "顶点" + i.ToString() + "到" + j.ToString() +
                        "的最短路径长度:" + A[i, j].ToString() + "\t路径:";
                    k = path[i, j];
                    d = 0; apath[d] = j;              //路径上添加终点
                    while (k != -1 && k != i)         //路径上添加中间点
                    {   d++; apath[d] = k;
                        k = path[i, k];
                    }
                    d++; apath[d] = i;                //路径上添加起点
                    gstr += apath[d].ToString();      //输出起点
                    for (s = d - 1; s >= 0; s--)      //输出路径上的中间顶点
                        gstr += "→" + apath[s].ToString();
                    gstr += "\r\n";
                }
            }
    }
    //-------- 拓扑排序算法 -----------------------------
    public bool TopSort(ref string topstring)         //拓扑排序
    {   int i;
        int[] topseq = new int[MAXV];
        int n = 0;                                    //n 为拓扑序列中的顶点个数
        TopSort1(topseq, ref n);
        if (n < G.n)                                  //拓扑序列中不含所有顶点时返回 false
            return false;
        else
        {   topstring = "";
            for (i = 0; i < n; i++)
                topstring += i.ToString() + " ";
            return true;
        }
    }
    public void TopSort1(int[] topseq, ref int n)     //被 TopSort 方法调用
    {   int i, j;
        int[] st = new int[MAXV];                     //定义一个顺序栈
        int top = -1;                                 //栈顶指针为 top
        ArcNode p;
```

```
        for (i = 0;i < G.n;i++)                        //入度置初值 0
            G.adjlist[i].indegree = 0;
        for (i = 0;i < G.n; i++)                       //求所有顶点的入度
        {   p = G.adjlist[i].firstarc;
            while (p != null)
            {   G.adjlist[p.adjvex].indegree++ ;
                p = p.nextarc;
            }
        }
        for (i = 0;i < G.n; i++)
            if (G.adjlist[i].indegree == 0)            //入度为 0 的顶点进栈
            {   top++ ;
                st[top] = i;
            }
        while (top > -1)                               //栈不为空时循环
        {   i = st[top];top-- ;                        //出栈
            topseq[n] = i; n++;
            p = G.adjlist[i].firstarc;                 //找第一个相邻点
            while (p != null)
            {   j = p.adjvex;
                G.adjlist[j].indegree-- ;
                if (G.adjlist[j].indegree == 0)        //入度为 0 的相邻顶点进栈
                {   top++ ;
                    st[top] = j;
                }
                p = p.nextarc;                         //找下一个相邻点
            }
        }
    }
    //--------- AOE 网中的关键路径 -----------------------------
    public bool KeyPath(ref int inode,ref int enode,ref string keynode)
    {   int[] topseq = new int[MAXV];
        int n = 0;                                     //n 为拓扑序列中的顶点数
        int i, w, count = 0;                           //count 为产生的关键活动数
        ArcNode p;
        TopSort1(topseq, ref n);
        if (n < G.n) return false;                     //不能产生拓扑序列时返回 false
        inode = topseq[0];                             //求出源点
        enode = topseq[n - 1];                         //求出汇点
        int[] ve = new int[MAXV];                      //事件的最早开始时间
        int[] vl = new int[MAXV];                      //事件的最迟开始时间
        for (i = 0; i < n; i++)                        //先将所有事件的 ve 置初值为 0
            ve[i] = 0;
        for (i = 0; i < n; i++)                        //从左向右求所有事件的最早开始时间
        {   p = G.adjlist[i].firstarc;
            while (p != null)
            {   w = p.adjvex;
                if (ve[i] + p.weight > ve[w])          //求最大者
                    ve[w] = ve[i] + p.weight;
                p = p.nextarc;
            }
        }
        for (i = 0;i < n; i++)                         //先将所有事件的 vl 值置为最大值
            vl[i] = ve[enode];
```

```
        for (i = n - 2; i >= 0; i--)              //从右向左求所有事件的最迟开始时间
        {   p = G.adjlist[i].firstarc;
            while (p != null)
            {   w = p.adjvex;
                if (vl[w] - p.weight < vl[i])     //求最小者
                    vl[i] = vl[w] - p.weight;
                p = p.nextarc;
            }
        }
        keynode = "";
        for (i = 0;i < n; i++)                     //求关键活动
        {   p = G.adjlist[i].firstarc;
            while (p != null)
            {   w = p.adjvex;
                if (ve[i] == vl[w] - p.weight)     //(i→w)是一个关键活动
                {   keynode += "(" + i.ToString() + "→" + w.ToString() + ")" + "\t";
                    count++;
                    if (count % 3 == 0)            //输出3条关键活动后另起一行输出
                        keynode += "\r\n";
                }
                p = p.nextarc;
            }
        }
        return true;
    }
    public int Getn()                              //求图的顶点数
    {   return g.n;   }
}
///////////////////////////////////////////////////////////////////////
class TempDate                                     //该类用于两个窗体之间传递临时数据
{
    public static int graphtype;                   //在两个窗体之间传递图类型
}
```

（3）设计项目1对应的窗体Form1，包含以下主要字段：

```
GraphClass2 g1 = new GraphClass2();                //图的应用类对象g1
```

用户在建立一个无向带权图的邻接矩阵后，输入起点u，再单击"求最小生成树"命令按钮（button4），调用Prim方法求出图的最小生树，其单击事件处理过程如下：

```
private void button4_Click(object sender, EventArgs e)
{   int u;
    if (textBox2.Text.Trim() == "" )
    {   infolabel.Text = "操作提示:必须输入一个起始顶点";
        return;
    }
    try
    {   u = Convert.ToInt16(textBox2.Text.Trim()); }
    catch (Exception err)                          //捕捉顶点输入错误
    {   infolabel.Text = "操作提示:输入的起始顶点是错误的,需重新输入";
        return;
    }
    if (u < 0 || u >= g1.Getn())
```

```
{    infolabel.Text = "操作提示:输入的顶点不正确";
      return;
}
textBox3.Text = gl.Prim(u);
infolabel.Text = "操作提示:成功求得最小生成树!!!";
}
```

（4）设计项目 2 对应的窗体 Form2，包含以下主要字段：

```
GraphClass2 gl = new GraphClass2();                    //图的应用类对象 gl
```

用户在建立一个无向带权图的邻接矩阵后，单击"求最小生成树"命令按钮（button4），调用 Kruskal 方法求出图的最小生成树，其单击事件处理过程如下：

```
private void button4_Click(object sender, EventArgs e)
{    textBox2.Text = gl.Kruskal();
     infolabel.Text = "操作提示:成功求得最小生成树!!!";
}
```

（5）设计项目 3 对应的窗体 Form3，包含以下主要字段：

```
GraphClass2 gl = new GraphClass2();                    //图的应用类对象 gl
```

用户在建立一个带权图的邻接矩阵后，输入起点 u，再单击"求最短路径"命令按钮（button3），调用 Dijkstra 方法求出从 u 到其他顶点的最短路径，调用 Dijkstra1 方法输出求解单源最短路径的步骤，其单击事件处理过程如下：

```
private void button3_Click(object sender, EventArgs e)
{    int u;
     string str1 = "", str2 = "";
     if (textBox2.Text.Trim() == "")
     {    infolabel.Text = "操作提示:必须输入一个起始顶点";
          return;
     }
     try
     {    u = Convert.ToInt16(textBox2.Text.Trim()); }
     catch (Exception err)                           //捕捉顶点输入错误
     {    infolabel.Text = "操作提示:输入的起始顶点是错误的,需重新输入";
          return;
     }
     if (u < 0 || u >= gl.Getn())
     {    infolabel.Text = "操作提示:输入的顶点不正确";
          return;
     }
     if (gl.Dijkstra1(u, ref str1, ref str2))
     {    textBox4.Text = str1;
          textBox3.Text = str2;
          infolabel.Text = "操作提示:成功求得单源最短路径!!!";
     }
     else infolabel.Text = "操作提示:没有找到任何单源最短路径!!!";
}
```

（6）设计项目 4 对应的窗体 Form4，包含以下主要字段：

```
GraphClass2 gl = new GraphClass2();                    //图的应用类对象 gl
```

用户在建立一个带权图的邻接矩阵后，单击"求最短路径"命令按钮（button3），调用 Floyd1 方法求出所有顶点之间的最短路径和求解过程，其单击事件处理过程如下：

```
private void button3_Click(object sender, EventArgs e)
{    string str1 = "", str2 = "";
     gl.Floyd1(ref str1, ref str2);
     textBox2.Text = str2;
     textBox3.Text = str1;
     infolabel.Text = "操作提示:成功求得所有顶点之间的最短路径!!!";
}
```

（7）设计项目 5 对应的窗体 Form5，包含以下主要字段：

```
GraphClass2 gl = new GraphClass2();                    //图的应用类对象 gl
```

用户在建立一个有向无环图的邻接表后，单击"拓扑排序"命令按钮（button3），调用 TopSort 方法求出一个拓扑排序序列，其单击事件处理过程如下：

```
private void button3_Click(object sender, EventArgs e)
{    string mystr = "";
     if (!gl.TopSort(ref mystr))
     {    textBox2.Text = "";
          infolabel.Text = "操作提示:有向图中存在回路,不能进行拓扑排序!!!";
     }
     else
     {    textBox2.Text = mystr;
          infolabel.Text = "操作提示:成功进行拓扑排序,有向图中没有回路!!!";
     }
}
```

（8）设计项目 6 对应的窗体 Form6，包含以下主要字段：

```
GraphClass2 gl = new GraphClass2();                    //图的应用类对象 gl
```

用户在建立一个有向无环带权图的邻接表后，单击"求关键路径"命令按钮（button4），调用 KeyPath 方法求出源点和汇点以及所有的关键活动，其单击事件处理过程如下：

```
private void button4_Click(object sender, EventArgs e)
{    string mystr = "";
     int inode = 0, enode = 0;
     if (!gl.KeyPath(ref inode, ref enode, ref mystr))
     {    textBox2.Text = "";
          infolabel.Text = "操作提示:有向图中存在回路,不能求关键路径!!!";
     }
     else
     {    textBox3.Text = inode.ToString();
          textBox4.Text = enode.ToString();
          textBox2.Text = mystr;
          infolabel.Text = "操作提示:成功求出所有关键活动,由此构成关键路径!!!";
     }
}
```

7.4 图的综合应用

7.4.1 图综合应用方法

图是现实世界中最常用的数据呈现形式,如图 7.31 所示就是一个图。常见的图求解问题有求最小生成树、最短路径和路径规划等。求解图问题的一般步骤如下:

(1) 图的矢量化。像 bmp、jpg 等格式的图是不能直接求解的,需要通过数字化处理转化为数字图,数字图可以采用邻接矩阵或邻接表存储结构等来表示。例如,在城市数字化地图中,一条街道可能由很多小的直线段构成,每个直线段由两个坐标点来表示。

(2) 把求解问题转化为顶点或边的搜索问题。

(3) 采用数据结构中某种图遍历算法求解。

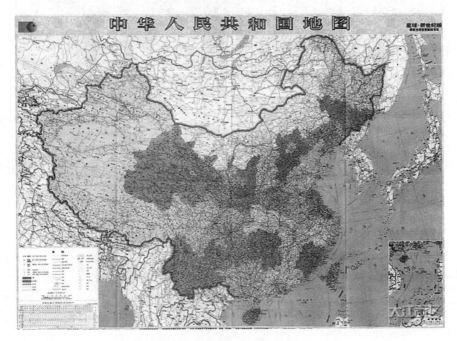

图 7.31 一幅中国地图

7.4.2 图综合应用实践项目及其设计

图综合应用的实践项目

设计一个地理导航项目,假设有一个固定的地图(已经矢量化),建立该地图的邻接表,用户指定起点、终点、必经点序列和必避点序列,要求找出从起点到终点的满足要求的所有路径及其长度,并求其中的最短路径及其长度。用相关数据进行测试,其操作界面如图 7.32所示。

实践项目设计

(1) 新建一个 Windows 应用程序项目 GIS。

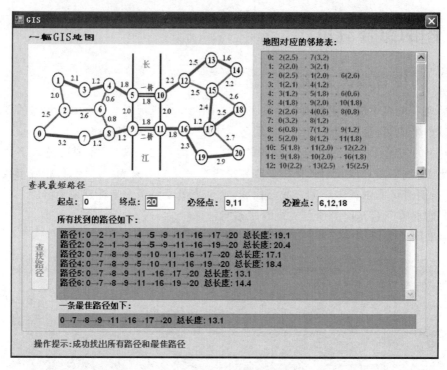

图 7.32　图综合应用实践项目的操作界面

（2）设计 GIS 运算类 GISClass，该类的基本结构如图 7.33 所示，字段 map 用于存放 GIS 地图的邻接表存储结构，minpath 存放一条最短路径，visited 数组用作顶点的访问标识。

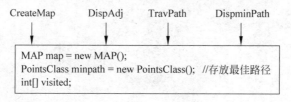

图 7.33　GISClass 类结构

项目中的必经点和必避点都是顶点序列（可能含有多个顶点），为此另设计一个顶点序列类 PointsClass，用于构建相关顶点序列顺序表。PointsClass 类和 GISClass 类及相关代码放在 Class1.cs 文件中：

```
class PointsClass                     //顶点序列类
{   const int MaxSize = 100;
    public int[] vers;                //存放顶点序列
    public int length;                //存放顶点个数,vers 和 length 构成一个顶点顺序表
    public double sum = 0;            //存放路径长度
    public PointsClass()              //构造函数
    {   vers = new int[MaxSize];
        length = 0;
    }
    public bool CreateList(string[] split) //由 split 中的元素建立顶点顺序表
    {   int i;
```

```
        for (i = 0; i < split.Length; i++)
            try
            {   vers[i] = Convert.ToInt32(split[i]);   }
        catch (Exception err)                //捕捉顶点输入错误
        {   return false; }
        length = i;
        return true;
    }
    public void Addver(int v, double edgelen)    //添加一个顶点
    {   vers[length] = v;
        length++;
        sum += edgelen;
    }
    public void Declength(double edgelen)        //长度减 1
    {   length--;
        sum -= edgelen;
    }
    public void Copy(PointsClass ps)             //将当前顶点序列复制到 ps 中
    {   int i;
        for (i = 0; i < length; i++)
            ps.vers[i] = vers[i];
        ps.length = length;
        ps.sum = sum;
    }
    public string Disp()                         //将当前顶点序列构成一个字符串返回
    {   string mystr = ""; int i;
        if (length > 0)
            mystr += vers[0].ToString();
        for (i = 1; i < length; i++)
            mystr += "→" + vers[i].ToString();
        mystr += "  总长度: " + sum.ToString();
        return mystr;
    }
    public bool allIn(PointsClass p)             //当前顶点序列中是否包含 p 中所有顶点
    {   int i, j;
        for (i = 0; i < p.length; i++)           //判断路径中是否有必经点
        {   for (j = 0; j < length; j++)
                if (p.vers[i] == vers[j])
                    break;
            if (j == length)                     //p.vers[i]不在当前顶点序列中,返回 true
                return false;
        }
        return true;
    }
    public bool allnotIn(PointsClass p)          //当前顶点序列中是否不包含 p 中任何顶点
    {   int i, j;
        for (i = 0; i < p.length; i++)           //判断路径中是否有必避点
        {   for (j = 0; j < length; j++)
                if (p.vers[i] == vers[j])        //p.vers[i]在当前顶点序列中,返回 false
                    return false;
        }
        return true;
    }
}
```

数据结构实践教程（C♯语言描述）

```
//------- GIS 图的邻接表 -------------------------------   
class ArcNode                                       //边结点类型
{    public int adjvex;                             //该边的终点编号
     public ArcNode nextarc;                        //指向下一条边的指针
     public double edgelength;                      //该边的长度
};
struct VNode                                        //表头结点类型
{    public string data;                            //顶点信息
     public ArcNode firstarc;                       //指向第一条边
};
struct MAP                                          //GIS 图的邻接表类型
{    public VNode[] adjlist;                        //邻接表数组
     public int n, e;                               //图中顶点数 n 和边数 e
};
//-------------------------------------------
class GISClass                                      //GIS 类
{    const double INF = 32767;                      //表示 ∞
     const int MAXV = 100;                          //最多顶点数
     MAP map = new MAP();                           //一幅采用邻接表存储的 GIS 地图
     PointsClass apath = new PointsClass();         //存放一条路径
     PointsClass minpath = new PointsClass();       //存放最佳路径
     int[] visited;                                 //顶点是否访问标志数组
     double[,] a;                                   //边数组
     string pathstr;                                //用于输出的字符串
     int count = 0;                                 //总的路径条数
     public GISClass()                              //构造函数
     {    int i, j;
          minpath.sum = INF;                        //初始时将最佳路径长度设为最大
          map.adjlist = new VNode[MAXV];
          a = new double[MAXV, MAXV];
          visited = new int[MAXV];
          for (i = 0; i < MAXV; i++)
              for (j = 0; j < MAXV; j++)
                  if (i == j) a[i,j] = 0;
                  else a[i, j] = INF;
          a[0, 2] = a[2, 0] = 2.5;                  //地图初始化
          a[0, 7] = a[7, 0] = 3.2;
          a[1, 2] = a[2, 1] = 2.0;
          a[1, 3] = a[3, 1] = 2.1;
          a[2, 6] = a[6, 2] = 2.6;
          a[3, 4] = a[4, 3] = 1.2;
          a[4, 6] = a[6, 4] = 0.6;
          a[4, 5] = a[5, 4] = 1.8;
          a[5, 10] = a[10, 5] = 1.8;
          a[5, 9] = a[9, 5] = 2.0;
          a[6, 8] = a[8, 6] = 0.8;
          a[7, 8] = a[8, 7] = 1.2;
          a[8, 9] = a[9, 8] = 1.2;
          a[9, 11] = a[11, 9] = 1.8;
          a[10, 12] = a[12, 10] = 2.2;
          a[10, 11] = a[11, 10] = 2.0;
          a[11, 16] = a[16, 11] = 1.8;
          a[12, 13] = a[13, 12] = 2.5;
```

```
            a[12, 15] = a[15, 12] = 2.5;
            a[13, 14] = a[14, 13] = 1.6;
            a[14, 15] = a[15, 4] = 2.2;
            a[15, 17] = a[17, 15] = 2.4;
            a[15, 18] = a[18, 15] = 2.6;
            a[16, 17] = a[17, 16] = 1.2;
            a[16, 19] = a[19, 16] = 2.3;
            a[17, 18] = a[18, 17] = 2.5;
            a[17, 20] = a[20, 17] = 2.7;
            a[19, 20] = a[20, 19] = 2.9;
            map.n = 21; map.e = 56;
            CreateMap();                        //建立图的邻接表
            for (i = 0; i < map.n; i++)          //顶点访问标识置为 0
                visited[i] = 0;
    }
    private void CreateMap()                    //由数组 a 产生 GIS 邻接表 map
    {   int i,j; ArcNode p;
        for (i = 0;i < map.n; i++)              //给邻接表中所有头结点的指针域置初值
            map.adjlist[i].firstarc = null;
        for (i = 0;i < map.n; i++)              //检查邻接矩阵中的每个元素
            for (j = map.n - 1;j >= 0; j-- )
                if (a[i,j] != 0 && a[i,j] != INF)
                {   p = new ArcNode();          //创建一个结点 p
                    p.adjvex = j;
                    p.edgelength = a[i, j];
                    p.nextarc = map.adjlist[i].firstarc;   //将 p 链到链表后
                    map.adjlist[i].firstarc = p;
                }
    }
    public string DispAdj()                     //输出 GIS 地图
    {   string mystr = ""; int i;
        ArcNode p;
        for (i = 0;i < map.n; i++)
        {   p = map.adjlist[i].firstarc;
            mystr += string.Format("{0,3}: ",i);
            if (p != null)
            {   mystr += string.Format("{0,3}({1:f1}) ", p.adjvex, p.edgelength);
                p = p.nextarc;
            }
            while (p != null)
            {   mystr += string.Format("→{0,3}({1:f1}) ", p.adjvex, p.edgelength);
                p = p.nextarc;
            }
            mystr += "\r\n";
        }
        return mystr;
    }
    private bool Cond(PointsClass ps1, PointsClass ps2)   //判断条件
    {   return (apath.allIn(ps1) && apath.allnotIn(ps2)); }
    public string TravPath(int start, int end, PointsClass ps1,PointsClass ps2)
    //路径搜索:找从 start 到 end 满足条件的路径
```

```
{    pathstr = "";
     TravPath1(start, end, 0 ,ps1, ps2);
     return pathstr;
}
```
//求从顶点 start 到终点 end 的所有路径,其中必经 ps 中的顶点,必避 ps2 中的顶点
//edgelen 表示路径上从前一顶点到顶点 start 这条边的长度,若 start 为起点,则 edgelen 置为 0
```
private void TravPath1(int start,int end,double edgelen,
        PointsClass ps1,PointsClass ps2)    //被 TravPath 方法调用
{    int v, i; ArcNode p;
     visited[start] = 1;
     apath.Addver(start, edgelen);
     if (start == end && Cond(ps1,ps2))     //判断是否找到一条路径
     {   count ++ ;
         pathstr += "路径" + count.ToString() + ": ";
         pathstr += apath.Disp() + "\r\n";
         if (apath.sum < minpath.sum)      //将更短长度路径存放到 minpath 中
             apath.Copy(minpath);
     }
     p = map.adjlist[start].firstarc;       //找 start 的第一个邻接顶点
     while (p != null)
     {   v = p.adjvex;                      //v 为 start 的邻接顶点
         if (visited[v] == 0)               //若该顶点未标记访问,则递归访问之
         {   TravPath1(v,end,p.edgelength,ps1,ps2);
             apath.Declength(p.edgelength); //回退一个顶点
         }
         p = p.nextarc;                     //找 start 的下一个邻接顶点
     }
     visited[start] = 0;                    //取消访问标记,以使该顶点可重新使用
}
public string DispminPath()                 //用于输出最佳路径
{    if (count > 0)
         return minpath.Disp();
     else
         return "找不到任何路径";
}
}
```

(3) 在项目中建立一个 Form1 窗体,其设计界面如图 7.34 所示。项目中的 GIS 地图是固定预先设置的,用户只需输入路径的起点和终点,以及该路径必须经过的顶点序列和该路径不能经过的顶点序列,单击"查找路径"命令按钮,则在 textBox5 文本框中显示所有满足条件的路径及其长度,在 textBox6 文本框中显示找到的第一条满足条件的最短路径及其长度。

Form1 的主要代码如下:
```
public partial class Form1 : Form
{   GISClass gs = new GISClass();
    PointsClass ps1 = new PointsClass();                //必经点序列
    PointsClass ps2 = new PointsClass();                //必避点序列
    int start;                                          //起始顶点编号
    int end;                                            //终止顶点编号
    public Form1()                                      //构造函数
```

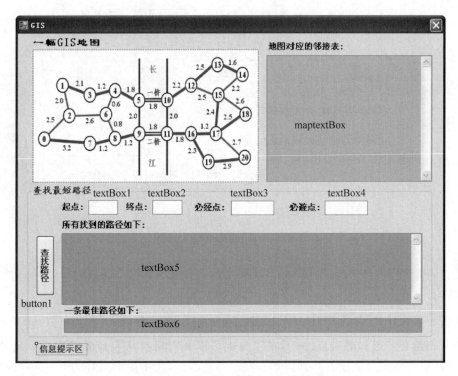

图 7.34　Form1 窗体的设计界面

```
{   InitializeComponent(); }
private void Form1_Load(object sender, EventArgs e)
{   maptextBox.Text = gs.DispAdj();
    textBox1.Text = "0";
    textBox2.Text = "20";
    textBox3.Text = "9,11";
    textBox4.Text = "6,12,18";
    button1.Enabled = true;
}
private void button1_Click(object sender, EventArgs e)   //查找路径
{   string str;
    string[] split;
    try
    {   start = Convert.ToInt32(textBox1.Text);
        end = Convert.ToInt32(textBox2.Text);
    }
    catch (Exception err)                               //捕捉顶点输入错误
    {   infolabel.Text = "输入的起始点和终止点错误,重新输入";
        return;
    }
    str = textBox3.Text.Trim();
    if (str == "")
        infolabel.Text = "操作提示:必须输入必经顶点";
    else
    {   split = str.Split(new Char[] { ' ', ',', '.', ':' });
        if (!ps1.CreateList(split))
```

```
        {    infolabel.Text = "操作提示:必经点输入错误,请重新输入";
             return;
        }
    }
    str = textBox4.Text.Trim();
    if (str == "")
        infolabel.Text = "操作提示:必须输入必避顶点";
    else
    {    split = str.Split(new Char[] { ' ', ',', '.', ':'});
         if (!ps2.CreateList(split))
         {    infolabel.Text = "操作提示:必避点输入错误,请重新输入";
              return;
         }
    }
    textBox5.Text = gs.TravPath(start,end,ps1,ps2);
    textBox6.Text = gs.DispminPath();
    button1.Enabled = false;
    infolabel.Text = "操作提示:成功找出所有路径和最佳路径";
    }
}
```

如果不给必经点和必避点序列,本项目也可以找出所有从起点到终点的所有路径,如图 7.35 所示总共找出从顶点 0 到顶点 10 的 50 条路径,其中最短路径为 0→2→6→4→5→10,其长度为 9.3。这实际上变为两个顶点的路径搜索问题。

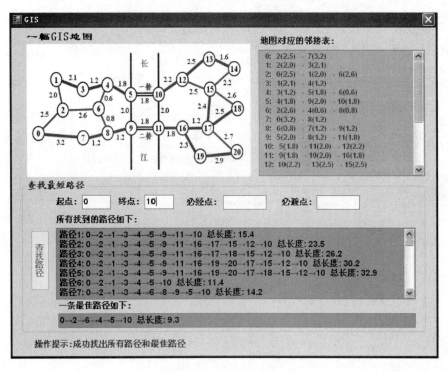

图 7.35　一次求路径的结果

查　　找　　第8章

查找又称为检索,是指在某种数据结构中找出满足给定条件的元素,所以查找与数据组织和查找方式有关。本章通过多个实践项目讨论各种查找算法设计。

8.1　查找的基本概念

一般情况下,被查找的对象是由一组元素组成的表或文件,每个元素由若干个数据项组成,并假设每个元素都有一个能唯一标识该元素的关键字。在这种条件下,**查找**定义为:给定一个值 k,在含有 n 个元素的表中找出关键字等于 k 的元素。若找到这样的元素,表示查找成功,返回该元素的信息或该元素在表中的位置;否则查找失败,返回相应的指示信息。

因为查找是对已存入计算机中的数据所进行的运算,所以采用何种查找方法,首先取决于使用哪种数据结构来表示"表",即表中元素是按何种方式组织的。为了提高查找速度,常常用某些特殊的数据结构来组织表,或对表事先进行诸如排序这样的运算。因此在研究各种查找方法时,首先必须弄清这些方法所需要的数据结构(尤其是存储结构)是什么,对表中关键字的次序有何要求,例如,是对无序集合查找还是对有序集合查找。

若在查找的同时对表做修改运算(如插入和删除),则相应的表称为**动态查找表**,否则称为**静态查找表**。

查找有内查找和外查找之分。若整个查找过程都在内存进行,则称为**内查找**;反之,若查找过程中需要访问外存,则称为**外查找**。

由于查找运算的主要运算是关键字的比较,所以通常把查找过程中对关键字需要执行的平均比较次数(也称为平均查找长度)作为衡量一个查找算法效率优劣的标准。**平均查找长度**(Average Search Length,ASL)定义为:

$$ASL = \sum_{i=1}^{n} p_i c_i$$

其中,n 是查找表中元素的个数;p_i 是查找第 i 个元素的概率,一般地,除特别指出外,均认为每个元素的查找概率相等,即 $p_i = 1/n(1 \leqslant i \leqslant n)$；$c_i$ 是找到第 i 个元素所需进行的比较次数。

平均查找长度分为成功查找情况下和不成功查找情况下的平均查找长度。前者指在表中找到指定关键字的元素平均所需关键字比较的次数,后者指在表中找不到指定关键字的元素平均所需关键字比较的次数。

8.2 线性表的查找

在表的组织方式中,线性表是最简单的一种,本节以顺序表为存储结构讨论线性表的 3 种查找方法。定义被查找的顺序表中每个记录的类型如下:

```
struct RecType          //记录类型
{    public int key;     //存放关键字,假设关键字为 int 类型
     public string data; //存放其他数据,假设为 string 类型
};
```

8.2.1 线性表的各种查找方法

1. 顺序查找

顺序查找是一种最简单的查找方法。它的基本思路是:从表的一端开始顺序扫描顺序表,依次将扫描到的元素关键字和给定值 k 相比较,若当前扫描到的元素关键字与 k 相等,则查找成功;若扫描结束后,仍未找到关键字等于 k 的元素,则查找失败。

2. 折半查找

折半查找又称二分查找,它是一种效率较高的查找方法。但是折半查找要求线性表是有序表,即表中元素按关键字有序。在下面的讨论中,假设有序顺序表是递增有序的。

折半查找的基本思路是:设 R[low..high]是当前的查找区间,首先确定该区间的中点位置 $mid = \lfloor (low+high)/2 \rfloor$,然后将待查的 k 值与 R[mid].key 比较:

(1) 若 R[mid].key=k,则查找成功并返回该元素的逻辑序号。

(2) 若 R[mid].key>k,则由表的有序性可知 R[mid..$n-1$].key 均大于 k,因此若表中存在关键字等于 k 的元素,则该元素必定在位置 mid 左子表 R[0..mid-1]中,故新的查找区间是左子表 R[0..mid-1]。

(3) 若 R[mid].key<k,则要查找的 k 必在位置 mid 的右子表 R[mid$+1$..$n-1$]中,即新的查找区间是右子表 R[mid$+1$..$n-1$]。

下一次查找是针对新的查找区间进行的。

因此,可以从初始的查找区间 R[0..$n-1$]开始,每经过一次与当前查找区间的中点位置上的关键字的比较,就可确定查找是否成功,不成功则当前的查找区间就缩小一半。这一过程重复直至找到关键字为 k 的元素,或者直至当前的查找区间为空(即查找失败)时为止。

3. 索引存储结构和分块查找

1) 索引存储结构

索引存储结构是在存储数据的同时,还建立附加的索引表。索引表中的每一项称为索

引项,索引项的一般形式为(关键字,地址)。

关键字唯一标识一个结点,地址作为指向该关键字对应结点的指针,也可以是相对地址。

线性结构采用索引存储后,可以对结点进行随机访问。在进行插入、删除运算时,由于只需修改索引表中相关结点的存储地址,而不必移动存储在结点表中的结点,所以仍可保持较高的运算效率。

索引存储结构的缺点是为了建立索引表而增加时间和空间的开销。

2) 分块查找

分块查找又称索引顺序查找,它是一种性能介于顺序查找和折半查找之间的查找方法。它要求按如下的索引方式来存储线性表:将表 $R[0..n-1]$ 均分为 b 块,前 $b-1$ 块中元素个数为 $s=\lceil n/b \rceil$,最后一块即第 b 块的元素数小于等于 s;每一块中的关键字不一定有序,但前一块中的最大关键字必须小于后一块中的最小关键字,即要求表是"分块有序"的;抽取各块中的最大关键字及其起始位置构成一个索引表 $IDX[0..b-1]$,即 $IDX[i]$ $(0 \leqslant i \leqslant b-1)$ 中存放着第 i 块的最大关键字及该块在表 R 中的起始位置。由于表 R 是分块有序的,所以索引表是一个递增有序表。

例如,设有一个线性表采用顺序表 R 存储,其中包含 25 个元素,其关键字序列为 (8,14,6,9,10,22,34,18,19,31,40,38,54,66,46,71,78,68,80,85,100,94,88,96,87)。假设将 25 个元素分为 5 块($b=5$),每块中有 5 个元素($s=5$),该线性表的索引存储结构如图 8.1 所示。第一块中最大关键字 14 小于第二块中最小关键字 18,第二块中最大关键字 34 小于第三块中最小关键字 38,如此等等。

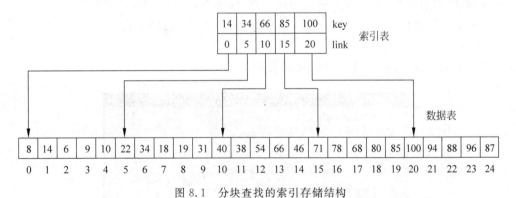

图 8.1　分块查找的索引存储结构

分块查找的基本思路是:首先查找索引表,因为索引表是有序表,故可采用折半查找或顺序查找,以确定待查的元素在哪一块;然后在已确定的块中进行顺序查找(因块内元素序,只能用顺序查找)。例如,在图 8.1 所示的存储结构中,若用顺序查找方法查找索引表,即首先将 k 依次和索引表中各关键字比较,直到找到第一个关键字大于等于 k 的元素,由于 $k \leqslant 85$,所以关键字为 80 的元素若存在的话,则必定在第四块中;然后,由 $IDX[3].link$ 找到第四块的起始地址 15,从该地址开始在 $R[15..19]$ 中进行顺序查找,直到 $R[18].key=k$ 为止,共需 8 次关键字比较。

8.2.2　线性表实践项目及其设计

⌨ 顺序表查找的实践项目

项目 1：设计一个项目，用户输入一组关键字，采用顺序查找算法查找指定的元素，并求关键字比较的次数。用相关数据进行测试，其操作界面如图 8.2 所示。

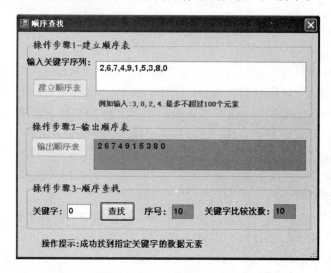

图 8.2　顺序表查找——实践项目 1 的操作界面

项目 2：设计一个项目，用户输入一组关键字，要求：

（1）采用折半查找算法查找指定的元素，并求关键字比较的次数。

（2）输出相应的判定树。

用相关数据进行测试，其操作界面如图 8.3 所示。

图 8.3　顺序表查找——实践项目 2 的操作界面

项目 3：设计一个项目，用户输入一组关键字，要求：

（1）建立相应的索引表并输出。

（2）用户输入一个值 k，先在索引表中查找，找到后在数据表中查找，输出查找结果和关键字比较次数。

用相关数据进行测试，其操作界面如图 8.4 所示。

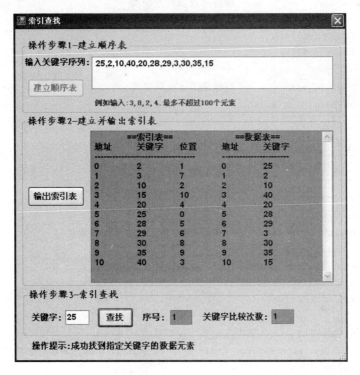

图 8.4　顺序表查找——实践项目 3 的操作界面

💻 实践项目设计

（1）新建一个 Windows 应用程序项目 LineSearch。

（2）设计顺序表查找运算类 SqListSearchClass，其基本结构如图 8.5 所示，字段 R 数组存放数据表，字段 length 存放数据表中元素个数，字段 I 数组存放索引表，字段 r 存放建立的折半查找判定树根结点。

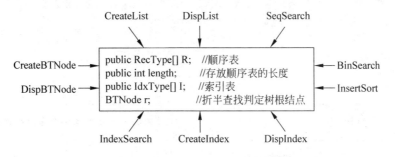

图 8.5　SqListSearchClass 类结构

数据结构实践教程(C♯语言描述)

SqListSearchClass 类及相关代码放在 Class1.cs 文件中:

```
struct IdxType                      //索引表类型
{   public int key;                 //关键字
    public int no;                  //数据表中对应的序号
}
class BTNode                        //折半查找判定树类
{   public int key;
    public BTNode lchild;
    public BTNode rchild;
}
class SqListSearchClass             //顺序表查找运算类
{   const int MaxSize = 100;        //顺序表中最多元素个数
    public RecType[ ] R;            //顺序表
    public int length;             //存放顺序表的长度
    public IdxType[ ] I;            //索引表
    BTNode r;                       //折半查找判定树根结点
    string sstr;                    //用于返回结果
    public SqListSearchClass()      //构造函数,用于顺序表的初始化
    {   r = new BTNode();
        R = new RecType[MaxSize];
        I = new IdxType[MaxSize];
        length = 0;
    }
    //----------------- 顺序表的基本运算算法 ------------------------------
    public void CreateList(string[] split)    //由 split 中的元素建立顺序表
    {   int i;
        for (i = 0; i < split.Length; i++)
            R[i].key = Convert.ToInt16(split[i]);
        length = i;
    }
    public string DispList()                  //将顺序表 L 中的所有元素构成一个字符串返回
    {   int i;
        if (length > 0)
        {   string mystr = R[0].key.ToString();
            for (i = 1; i < length; i++)      //扫描顺序表中的各元素值
                mystr += " " + R[i].key.ToString();
            return mystr;
        }
        else return "空串";
    }
    //-------------------- 排序算法 -----------------------------------------
    public string InsertSort()                //对 R[0..n-1]按递增有序进行直接插入排序
    {   int i, j; string mystr = ""; RecType tmp;
        for (i = 1; i < length; i++)
        {   mystr += "i=" + i.ToString() + ": ";
            tmp = R[i];
```

```
        j = i - 1;                          //从右向左在有序区 R[0..i-1]中找 R[i]的插入位置
        while (j >= 0 && tmp.key < R[j].key)
        {   R[j + 1] = R[j];         //将关键字大于 R[i].key 的元素后移
            j--;
        }
        R[j + 1] = tmp;              //在 j+1 处插入 R[i]
        for (int k = 0; k < length; k++)
            mystr += R[k].key.ToString() + " ";
        mystr += "\r\n";
    }
    return mystr;
}
// ------------------- 各种查找算法 ---------------------------
public int SeqSearch(int k, ref int cn)      //顺序查找算法
{   int i = 0; cn = 0;                        //统计关键字比较次数
    while (i < length && R[i].key != k)   //从表头往后找
    {   cn++;
        i++;
    }
    if (i >= length)                     //未找到返回 0
        return 0;
    else
    {   cn++;
        return i + 1;                    //找到返回逻辑序号 i+1
    }
}
public int BinSearch(int k, ref int cn)      //折半查找算法
{   int low = 0, high = length - 1, mid; cn = 0;
    while (low <= high)                  //当前区间存在元素时循环
    {   cn++;
        mid = (low + high) / 2;
        if (R[mid].key == k)             //查找成功返回其逻辑序号 mid+1
            return mid + 1;
        if (R[mid].key > k)              //继续在 R[low..mid-1]中查找
            high = mid - 1;
        else                             //R[mid].key<k
            low = mid + 1;               //继续在 R[mid+1..high]中查找
    }
    return 0;
}
public int IndexSearch(int k, ref int n)     //索引查找: 仅找关键字
{   int low = 0, high = length - 1, mid; n = 0;
    while (low <= high)                  //当前区间存在元素时循环
    {   n++;
        mid = (low + high) / 2;
        if (I[mid].key == k)             //查找成功返回其逻辑序号 mid+1
            return I[mid].no + 1;
        if (I[mid].key > k)              //继续在 R[low..mid-1]中查找
```

```
                    high = mid - 1;
                else low = mid + 1;                //继续在 R[mid+1..high]中查找
        }
        return 0;
}
//---------------- 折半查找判定树的各种算法 ----------------------
public void CreateBTNode()                    //创建折半查找判定树
{   CreateBTNode1(ref r, 0, length - 1); }
private void CreateBTNode1(ref BTNode b, int low, int high)
{   int mid;
    if (low <= high)
    {   mid = (low + high)/2;
        b = new BTNode();
        b.key = R[mid].key;
        CreateBTNode1(ref b.lchild, low, mid - 1);     //递归建左子树
        CreateBTNode1(ref b.rchild, mid + 1, high);    //递归建右子树
    }
    else b = null;
}
public string DispBTNode()                    //将二叉链转换成括号表示法
{   sstr = "";
    DispBTNode1(r);
    return sstr;
}
private void DispBTNode1(BTNode t)            //被 DispBTNode 方法调用
{   if (t != null)
    {   sstr += t.key.ToString();
        if (t.lchild != null || t.rchild != null)
        {   sstr += "(";                      //有孩子结点时才输出(
            DispBTNode1(t.lchild);            //递归处理左子树
            if (t.rchild != null)
                sstr += ",";                  //有右孩子结点时才输出,
            DispBTNode1(t.rchild);            //递归处理右子树
            sstr += ")";                      //有孩子结点时才输出)
        }
    }
}
//---------------- 索引查找的各种算法 ----------------------
public void CreateIndex()                     //建立索引表
{   int i, j; IdxType tmp;
    for (i = 0; i < length; i++)
    {   I[i].key = R[i].key;
        I[i].no = i;
    }
    for (i = 1; i < length; i++)              //对索引表 I 按关键字递增排序
    {   tmp = I[i];
        j = i - 1;
        while (j >= 0 && tmp.key < I[j].key)
```

```
                {    I[j + 1] = I[j];
                     j--;
                }
                I[j + 1] = tmp;
            }
        }
        public string DispIndex()                              //输出索引表
        {    string mystr = "                    == 索引表 == \t\t          == 数据表 == \r\n";
            int i;
            mystr += "地址\t 关键字\t 位置\t 地址\t 关键字" + "\r\n";
            mystr += "-------------------------- \t------------------\r\n";
            for (i = 0; i < length; i++)
                mystr += i.ToString() + "\t" + I[i].key.ToString() + "\t" +
                    I[i].no.ToString() + "\t" +
                    i.ToString() + "\t" + R[i].key.ToString() + "\r\n";
            return mystr;
        }
    }
```

（3）设计项目 1 对应的窗体 Form1，包含以下字段：

```
SqListSearchClass L = new SqListSearchClass();           //顺序表查找运算对象 L
```

用户先建立要查找的顺序表 L，输入要查找的关键字 keystr，单击"查找"命令按钮（button3），调用顺序查找 SeqSearch 方法查找该关键字记录的位置，并求出关键字比较次数，其单击事件过程如下：

```
private void button3_Click(object sender, EventArgs e)
{    int cn = 0, no;
    string keystr = textBox3.Text.Trim();
    if (keystr == "")
    {    infolabel.Text = "操作提示:必须输入要查找的关键字";
        return;
    }
    no = L.SeqSearch(Convert.ToInt16(keystr), ref cn);
    if (no == 0)
    {    infolabel.Text = "操作提示:没有找到指定关键字的数据元素";
        textBox4.Text = "";
        textBox5.Text = cn.ToString();
    }
    else
    {    infolabel.Text = "操作提示:成功找到指定关键字的数据元素";
        textBox4.Text = no.ToString();
        textBox5.Text = cn.ToString();
    }
}
```

（4）设计项目 2 对应的窗体 Form2，包含以下字段：

```
SqListSearchClass L = new SqListSearchClass();           //顺序表查找运算对象 L
```

数据结构实践教程(C♯语言描述)

用户先建立要查找的顺序表 L,并递增排序,单击"输出判定树"命令按钮(button3),调用 CreateBTNode 方法建立折半查找对应的判定树,并在 textBox3 文本框中用括号表示输出该判定树,其单击事件过程如下:

```
private void button3_Click(object sender, EventArgs e)
{   L.CreateBTNode();
    textBox3.Text = L.DispBTNode();
    infolabel.Text = "操作提示:折半查找判定树显示完毕";
}
```

然后输入要查找的关键字 keystr,单击"查找"命令按钮(button4),调用折半查找 BinSearch 方法查找该关键字记录的位置,并求出关键字比较次数,其单击事件过程如下:

```
private void button4_Click(object sender, EventArgs e)
{   int cn = 0, no;
    string keystr = textBox4.Text.Trim();
    if (keystr == "")
    {   infolabel.Text = "操作提示:必须输入要查找的关键字";
        return;
    }
    no = L.BinSearch(Convert.ToInt16(keystr), ref cn);
    if (no == 0)
    {   infolabel.Text = "操作提示:没有找到指定关键字的数据元素";
        textBox5.Text = "";
        textBox6.Text = cn.ToString();
    }
    else
    {   infolabel.Text = "操作提示:成功找到指定关键字的数据元素";
        textBox5.Text = no.ToString();
        textBox6.Text = cn.ToString();
    }
}
```

(5) 设计项目 3 对应的窗体 Form3,包含以下字段:

```
SqListSearchClass L = new SqListSearchClass();          //顺序表查找运算对象 L
```

用户先建立要查找的顺序表 L,单击"输出索引表"命令按钮(button2),调用 CreateIndex 方法建立对应的索引表,然后调用 DispIndex 方法输出建好的索引表,其单击事件过程如下:

```
private void button2_Click(object sender, EventArgs e)
{   L.CreateIndex();
    textBox2.Text = L.DispIndex();
    button3.Enabled = true;
    infolabel.Text = "操作提示:成功显示索引表和对应的数据表";
}
```

然后输入要查找的关键字 keystr,单击"查找"命令按钮(button3),调用索引查找方法 IndexSearch 查找该关键字记录的位置,并求出关键字比较次数,其单击事件过程如下:

```
private void button3_Click(object sender, EventArgs e)
```

```
{    int n = 0, no;
     string keystr = textBox3.Text.Trim();
     if (keystr == "")
     {   infolabel.Text = "操作提示:必须输入要查找的关键字";
         return;
     }
     no = L.IndexSearch(Convert.ToInt16(keystr), ref n);
     if (no == 0)
     {   infolabel.Text = "操作提示:没有找到指定关键字的数据元素";
         textBox4.Text = "";
         textBox5.Text = n.ToString();
     }
     else
     {   infolabel.Text = "操作提示:成功找到指定关键字的数据元素";
         textBox4.Text = no.ToString();
         textBox5.Text = n.ToString();
     }
}
```

8.3　树表的查找

本节以二叉排序树为例讨论树表的查找方法。

8.3.1　二叉排序树及其查找方法

1. 二叉排序树的定义

二叉排序树(简称 BST)又称二叉查找(搜索)树,其定义为:二叉排序树或者是空树,或者是满足如下性质的二叉树:

(1) 若它的左子树非空,则左子树上所有元素的值均小于根元素的值。

(2) 若它的右子树非空,则右子树上所有元素的值均大于根元素的值。

(3) 左、右子树本身又各是一棵二叉排序树。

上述性质简称二叉排序树性质(BST 性质),二叉排序树实际上是满足 BST 性质的二叉树。由 BST 性质可知,二叉排序树中任一元素 x,其左(右)子树中任一元素 y(若存在)的关键字必小(大)于 x 的关键字。如此定义的二叉排序树中,各元素关键字是唯一的。但实际应用中,不能保证被查找的数据集中各元素的关键字互不相同,所以可将二叉排序树定义中 BST 性质(1)里的"小于"改为"小于等于",或将 BST 性质(2)里的"大于"改为"大于等于",甚至可同时修改这两个性质。

说明:从 BST 性质可推出二叉排序树的另一个重要性质:按中序遍历该树所得到的中序序列是一个递增有序序列。二叉排序树中根结点最左下结点为关键字最小的结点,根结点最右下结点为关键字最大的结点。

定义二叉排序树的结点类型如下:

```
public class BSTNode                      //二叉排序树结点类
{   public int key;                       //存放关键字,假设关键字为 int 类型
    public string data;                   //存放其他数据
```

```
    public BSTNode lchild;                        //存放左孩子指针
    public BSTNode rchild;                        //存放右孩子指针
}
```

2. 二叉排序树的插入和生成

在二叉排序树中插入一个新元素，要保证插入后仍满足 BST 性质。将一个关键字 k 插入到根结点为 p 的二叉排序树中（插入成功返回 true，否则返回 false）的过程如下：

（1）若二叉排序树 p 为空，则创建一个 key 域为 k 的结点，将它作为根结点，返回 true；

（2）否则将 k 和根结点的关键字比较，若两者相等，则说明树中已有此关键字 k，无须插入，直接返回 false；

（3）若 k<p. key，将 k 插入到根结点 p 的左子树中；

（4）若 k>p. key，将 k 插入到根结点 p 的右子树中。

二叉排序树的生成，是从一个空树开始，每插入一个关键字，就调用一次前面的插入过程将它插入到当前已生成的二叉排序树中。当所有关键字插入完毕，就建立了最终的二叉排序树。

3. 二叉排序树上的查找

在一棵根结点为 bt 的非空二叉排序树中查找关键字 k（找到后返回含关键字 k 的结点，找不到返回 null）的过程如下：

（1）若 bt 为 null，返回 null；

（2）若 bt. key==k，查找成功，返回 bt；

（3）否则，若 k<bt. key，在 bt. lchild（左子树）中查找；

（4）若 k>bt. key，在 bt. rchild（左子树）中查找。

显然，在二叉排序树上进行查找，若查找成功，则是从根结点出发走了一条从根结点到查找到结点的路径；若查找不成功，则是从根结点出发走了一条从根到某个叶子结点的路径。

4. 二叉排序树的删除

从二叉排序树中删除一个结点时，不能把以该结点为根的子树都删去，只能删除该结点本身，并且还要保证删除后所得的二叉树仍然满足 BST 性质。也就是说，在二叉排序树中删去一个结点就相当于删去有序序列（即该树的中序序列）中的一个元素。

删除操作必须首先查找待删除结点，删除一个结点的过程如下：

（1）若待删除 p 结点是叶子结点，直接删去该结点。如图 8.6(a)所示，直接删除结点 9。这是最简单的删除结点的情况。

（2）若待删除 p 结点只有左子树而无右子树，根据二叉排序树的特点，可以直接将其左子树的根结点放在被删结点的位置。如图 8.6(b)所示，用 p 结点的左孩子 q 替换 p 结点即可。

（3）若待删除 p 结点只有右子树而无左子树，与(2)情况类似，可以直接将其右子树的根结点放在被删结点的位置。如图 8.6(c)所示，用 p 结点的右孩子 q 替换 p 结点即可。

（4）若待删除 p 结点同时有左子树和右子树，根据二叉排序树的特点，可以从其左子树中选择关键字最大的结点或从其右子树中选择关键字最小的结点放在被删去结点的位置

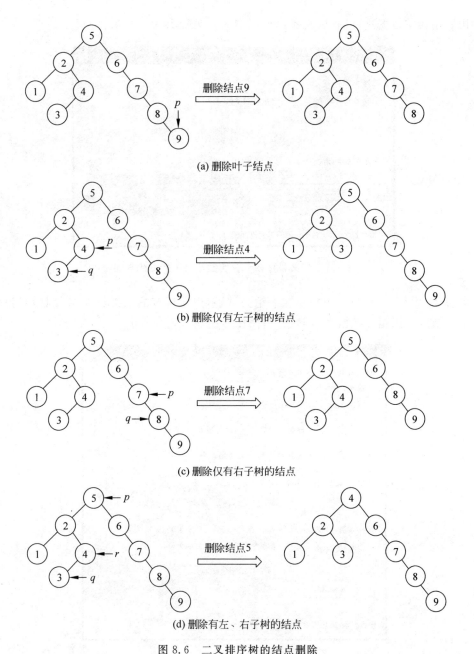

(a) 删除叶子结点

(b) 删除仅有左子树的结点

(c) 删除仅有右子树的结点

(d) 删除有左、右子树的结点

图 8.6 二叉排序树的结点删除

上。假如选取左子树上关键字最大的结点，那么该结点一定是左子树的最右下结点。如图 8.6(d)所示，先找到 p 结点的左子树根结点的最右下结点 r，将 p 结点的值改为 r 结点的值，再删除 r 结点。此时的 r 结点一定没有右子树，用其左孩子 q 替换它即删除了 r 结点。

8.3.2 二叉排序树实践项目及其设计

二叉排序树的实践项目

项目 1：设计一个项目，用户输入一组关键字，建立对应的二叉排序树并采用括号表示

数据结构实践教程(C♯语言描述)

法输出。用相关数据进行测试,其操作界面如图 8.7 所示。

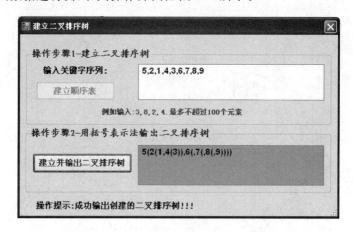

图 8.7　二叉排序树——实践项目 1 的操作界面

项目 2：设计一个项目,用户输入一组关键字,建立对应的二叉排序树并删除用户指定关键字的结点。用相关数据进行测试,其操作界面如图 8.8 所示。

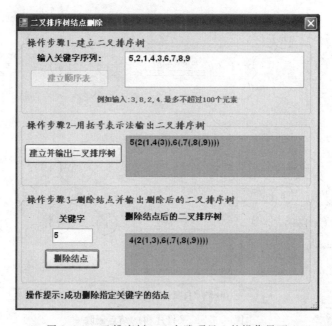

图 8.8　二叉排序树——实践项目 2 的操作界面

项目 3：设计一个项目,用户输入一组关键字,建立对应的二叉排序树并查找用户指定关键字的结点,需给出关键字比较的次数。用相关数据进行测试,其操作界面如图 8.9 所示。

💻 实践项目设计

(1) 新建一个 Windows 应用程序项目 TreeSearch。

(2) 设计二叉排序树查找运算类 BSTClass,其基本结构如图 8.10 所示,字段 R 数组和 length 存放要查找的数据顺序表,r 存放建立的二叉排序树的根结点。

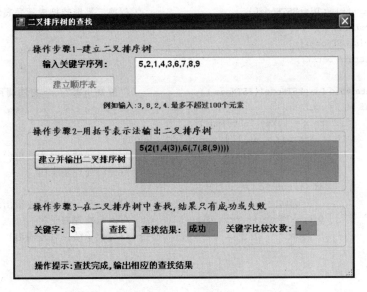

图 8.9 二叉排序树——实践项目 3 的操作界面

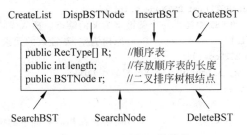

图 8.10 BSTClass 类结构

BSTClass 类及相关代码放在 Class1.cs 文件中,对应的代码如下:

```
public class BSTClass                         //二叉排序树查找运算类
{   const int MaxSize = 100;                  //最多元素个数
    public RecType[] R;                       //顺序表
    public int length;                        //存放顺序表的长度
    public BSTNode r;                         //二叉排序树根结点
    string bststr;                            //用于返回结果
    public BSTClass()                         //构造函数
    {   R = new RecType[MaxSize];
        length = 0;
    }
//------------- 二叉排序树的基本运算算法 -------------------
    public void CreateList(string[] split)    //由 split 中的元素建立顺序表
    {   int i;
        for (i = 0; i < split.Length; i++)
            R[i].key = Convert.ToInt16(split[i]);
        length = i;
    }
```

```
public string DispBSTNode()                    //将二叉链转换成括号表示法
{   bststr = "";
    DispBSTNode1(r);
    return bststr;
}
private void DispBSTNode1(BSTNode t)           //被 DispBSTNode 方法调用
{   if (t != null)
    {   bststr += t.key.ToString();
        if (t.lchild != null || t.rchild != null)
        {   bststr += "(";                     //有孩子结点时才输出(
            DispBSTNode1(t.lchild);            //递归处理左子树
            if (t.rchild != null)
                bststr += ",";                 //有右孩子结点时才输出,
            DispBSTNode1(t.rchild);            //递归处理右子树
            bststr += ")";                     //有孩子结点时才输出)
        }
    }
}
public bool InsertBST(int k)         //在二叉排序树中插入一个关键字为 k 的结点
{   return InsertBST1(ref r,k); }
private bool InsertBST1(ref BSTNode p,int k)
//在以 p 为根结点的 BST 中插入一个关键字为 k 的结点。插入成功返回 true,否则返回 false
{   if (p == null)                   //原树为空,新插入的元素为根结点
    {   p = new BSTNode();
        p.key = k; p.lchild = p.rchild = null;
        return true;
    }
    else if (k == p.key)             //树中存在相同关键字的结点,返回 0
        return false;
    else if (k < p.key)
        return InsertBST1(ref p.lchild,k);     //插入到 p 的左子树中
    else
        return InsertBST1(ref p.rchild,k);     //插入到 p 的右子树中
}
public bool CreateBST()                  //由顺序表 R 中的关键字序列创建一棵二叉排序树
{   r = null;                        //初始时 r 为空树
    int i = 0;
    while (i < length)
    {   if (InsertBST1(ref r, R[i].key))   //将关键字 R[i].key 插入二叉排序树中
            i++;
        else
            return false;
    }
    return true;
}
public bool SearchBST(int k,ref int cn)   //在二叉排序树中查找关键字为 k 的结点
{   return SearchBST1(r,k,ref cn); }
private bool SearchBST1(BSTNode bt,int k,ref int cn)   //被 SearchNode 算法调用
{   if (bt == null) return false;        //空树查找失败返回 false
    cn++;
    if (bt.key == k)                     //找到了关键字为 k 的结点返回 true
```

```
            return true;
        if (k < bt.key)
            return SearchBST1(bt.lchild, k,ref cn);     //在左子树中递归查找
        else
            return SearchBST1(bt.rchild, k,ref cn);     //在右子树中递归查找
}
public BSTNode SearchNode(int k)            //在二叉排序树中查找关键字为 k 的结点
{   return SearchNode1(r, k); }
private BSTNode SearchNode1(BSTNode bt, int k)     //被 SearchNode 算法调用
{   if (bt == null)                          //空树查找失败返回 null
        return null;
    if (bt.key == k)                         //找到了关键字为 k 的结点返回该结点
        return bt;
    if (k < bt.key)
        return SearchNode1(bt.lchild, k);        //在左子树中递归查找
    else
        return SearchNode1(bt.rchild, k);        //在右子树中递归查找
}

public bool DeleteBST(int k)                   //在二叉排序树中删除关键字为 k 的结点
{   return DeleteBST1(ref r,k); }
private bool DeleteBST1(ref BSTNode bt, int k)    //被 DeleteBST 方法调用
{   if (bt == null)
        return false;                        //空树删除失败返回 false
    else
    {   if (k < bt.key)
            return DeleteBST1(ref bt.lchild, k);  //递归在左子树中删除为 k 的结点
        else if (k > bt.key)
            return DeleteBST1(ref bt.rchild, k);  //递归在右子树中删除为 k 的结点
        else                                 //找到了要删除的结点 bt
        {   Delete(ref bt);                  //调用 Delete(bt)函数删除 bt 结点
            return true;                     //找到并删除后返回 true
        }
    }
}

private void Delete(ref BSTNode p)              //从二叉排序树中删除 p 结点
{   BSTNode q;
    if (p.rchild == null)                    //p 结点没有右子树的情况
    {   q = p;
        p = p.lchild;                        //将其左子树的根结点放在被删结点的位置上
        q = null;
    }
    else if (p.lchild == null)               //p 结点没有左子树的情况
    {   q = p;
        p = p.rchild;                        //将其右子树的根结点放在被删结点的位置上
        q = null;                            //置 q 为 null 相当于释放原 t 结点的空间
    }
    else Delete1(p,ref p.lchild);            //p 结点既有左子树又有右子树的情况
}
private void Delete1(BSTNode p,ref BSTNode t)  //当被删 p 结点有左右子树时的删除过程
{   BSTNode q;
    if (t.rchild != null)          //找原 t 结点的最右下结点
```

```
                Delete1(p, ref t.rchild);
        else                            //找到了原 t 结点的最右下结点
        {   p.key = t.key;              //将 t 结点的关键字值赋给 p 结点
            q = t;
            t = t.lchild;               //直接将其左子树的根结点放在被删结点的位置上
            q = null;                   //置 q 为 null 相当于释放原 t 结点的空间
        }
        }
    }
```

(3) 设计项目 1 对应的窗体 Form1,包含以下字段:

```
BSTClass bst = new BSTClass();          //二叉排序树找运算类对象 L
```

用户先输入一个关键字序列,单击"建立顺序表"命令按钮(button1),调用 CreateList 方法建立对应的顺序表,其单击事件过程如下:

```
private void button1_Click(object sender, EventArgs e)
{   if (textBox1.Text.Trim() == "")
        infolabel.Text = "操作提示:必须输入 3 个以上的关键字序列";
    else
    {   try
        {   string[] split = textBox1.Text.Split(new Char[] { ' ', ',', '.', ':'});
            bst.CreateList(split);
        }
        catch (Exception err)           //捕捉用户输入的关键字错误
        {   infolabel.Text = "操作提示:输入的关键字序列错误,请检查";
            return;
        }
        if (bst.length <= 3)
        {   infolabel.Text = "操作提示:输入的关键字个数太少";
            return;
        }
        button1.Enabled = false;
        button2.Enabled = true;
    }
}
```

然后单击"建立并输出二叉排序树"命令按钮(button2),调用 CreateBST 方法由顺序表建立对应的二叉排序树,其单击事件过程如下:

```
private void button2_Click(object sender, EventArgs e)
{   if (!bst.CreateBST())
        infolabel.Text = "操作提示:存在重复的关键字,不能创建二叉排序树";
    else
    {   textBox2.Text = bst.DispBSTNode();
        infolabel.Text = "操作提示:成功输出创建的二叉排序树!!!";
    }
}
```

(4) 设计项目 2 对应的窗体 Form2,包含以下字段:

```
BSTClass bst = new BSTClass();          //二叉排序树找运算类对象 L
```

用户在建立好二叉排序树后，输入要删除的关键字 bstkey，单击"删除结点"命令按钮（button3），调用 DeleteBST 方法删除该关键字，并重新显示删除后的二叉排序树，其单击事件过程如下：

```
private void button3_Click(object sender, EventArgs e)
{   int bstkey;
    if (textBox3.Text.Trim() == "")
    {   infolabel.Text = "操作提示:必须输入一个要删除的关键字";
        return;
    }
    bstkey = Convert.ToInt16(textBox3.Text.Trim());
    if (!bst.DeleteBST(bstkey))
    {   infolabel.Text = "操作提示:指定的关键字不存在,无法删除";
        return;
    }
    textBox4.Text = bst.DispBSTNode();
    infolabel.Text = "操作提示:成功删除指定关键字的结点";
}
```

（5）设计项目 3 对应的窗体 Form3，包含以下字段：

```
BSTClass bst = new BSTClass();          //二叉排序树找运算类对象 L
```

用户在建立好二叉排序树后，输入要查找的关键字 bstkey，单击"查找"命令按钮（button3），调用 SearchBST 方法查找该关键字，并求出关键字比较次数，其单击事件过程如下：

```
private void button3_Click(object sender, EventArgs e)
{   int bstkey; int cn = 0;
    try
    {   bstkey = Convert.ToInt16(textBox3.Text.Trim()); }
    catch(Exception err)                //捕捉输入的关键字错误
    {   infolabel.Text = "操作提示:输入的关键字错误,请重新输入";
        return;
    }
    if (bst.SearchBST(bstkey, ref cn))
        textBox4.Text = "成功";
    else
        textBox4.Text = "失败";
    textBox5.Text = cn.ToString();
    infolabel.Text = "操作提示:查找完成,输出相应的查找结果";
}
```

8.4 哈希表查找

本节通过实践项目讨论哈希表的组织结构和哈希表查找的相关算法。

8.4.1 哈希表的基本概念

1. 什么是哈希表

哈希表存储的基本思路是：设要存储的对象（或记录）个数为 n，设置一个长度为

数据结构实践教程（C♯语言描述）

$m(m{\geqslant}n)$的连续内存单元，以每个对象的关键字 $k_i(0{\leqslant}i{\leqslant}n-1)$ 为自变量，通过一个称为哈希函数的函数 $h(k)$，把 k_i 映射为内存单元的地址(或称下标) $h(k_i)$，并把该对象存储在这个内存单元中。$h(k)$ 也称为**哈希地址**(又称散列地址)。把如此构造的线性表存储结构称为**哈希表**。

但是存在这样的问题，对于两个关键字 k_i 和 $k_j(i{\neq}j)$，有 $k_i{\neq}k_j$，但 $h(k_i)=h(k_j)$。把这种现象叫做**哈希冲突**。通常把这种具有不同关键字而具有相同哈希地址的对象称做"同义词"，这种冲突也称为**同义词冲突**。在哈希表存储结构中，同义词冲突是很难避免的，除非关键字的变化区间小于等于哈希地址的变化区间，而这种情况当关键字取值不连续时是非常浪费存储空间的。通常的实际情况是关键字的取值区间远大于哈希地址的变化区间。

2. 哈希函数构造方法

构造哈希函数的目标是使得到 n 个对象的哈希地址尽可能均匀地分布在 m 个连续内存单元地址上，同时使计算过程尽可能简单以达到尽可能高的时间效率。根据关键字的结构和分布的不同，可构造出许多不同的哈希函数。这里主要讨论几种常用的整数类型关键字的哈希函数构造方法。

1) 直接定址法

直接定址法是以关键字 k 本身或关键字加上某个常量 c 作为哈希地址的方法。直接定址法的哈希函数 $h(k)$ 为：

$$h(k) = k + c$$

这种哈希函数计算简单，并且不可能有冲突发生。当关键字的分布基本连续时，可用直接定址法的哈希函数；否则，若关键字分布不连续将造成内存单元的大量浪费。

2) 除留余数法

除留余数法是用关键字 k 除以某个不大于哈希表长度 m 的整数 p 所得的余数作为哈希地址的方法。除留余数法的哈希函数 $h(k)$ 为：

$$h(k) = k \bmod p \quad (\text{mod 为求余运算}, p \leqslant m)$$

除留余数法计算比较简单，适用范围广，是最经常使用的一种哈希函数。这种方法的关键是选好 p，使得元素集合中的每一个关键字通过该函数转换后映射到哈希表范围内的任意地址上的概率相等，从而尽可能减少发生冲突的可能性。例如，p 取奇数就比 p 取偶数好。理论研究表明，p 应取不大于 m 的素数时效果最好。

3. 哈希冲突解决方法

解决哈希冲突的方法很多，可分为开放定址法和拉链法两大类。

1) 开放定址法

开放定址法是一类以发生冲突的哈希地址为自变量，通过某种哈希冲突函数得到一个新的空闲的哈希地址的方法。在开放定址法中，哈希表中的空闲单元(假设其下标或地址为 d)不仅允许哈希地址为 d 的同义词关键字使用，而且也允许发生冲突的其他关键字使用，因为这些关键字的哈希地址不为 d，所以称为非同义词关键字。开放定址法的名称就是来自此方法的。哈希表空闲单元既向同义词关键字开放，也向发生冲突的非同义词关键字开放。至于哈希表的一个地址中存放的是同义词关键字还是非同义词关键字，要看谁先占用它，这和构造哈希表的元素排列次序有关。

在开放定址法中,以发生冲突的哈希地址为自变量,通过某种哈希冲突函数得到一个新的空闲的哈希地址的方法有很多种,下面介绍常用的几种。

(1) 线性探查法。线性探查法是从发生冲突的地址(设为 d_0)开始,依次探查 d_0 的下一个地址(当到达下标为 $m-1$ 的哈希表表尾时,下一个探查的地址是表首地址 0),直到找到一个空闲单元为止(当 $m \geqslant n$ 时一定能找到一个空闲单元)。线性探查法的数学递推描述公式为:

$$d_0 = h(k)$$
$$d_i = (d_{i-1} + 1) \bmod m \quad (1 \leqslant i \leqslant m-1)$$

线性探查法容易产生堆积问题。这是由于当连续出现若干个同义词后(设第一个同义词占用单元 d_0,这连续的若干个同义词将占用哈希表的 d_0、d_0+1、d_0+2 等单元),此时,随后任何 d_0+1、d_0+2 等单元上的哈希映射都会由于前面的同义词堆积而产生冲突,尽管随后的这些关键字并没有同义词。

(2) 平方探查法。设发生冲突的地址为 d_0,则平方探查法的探查序列为 d_0+1^2、d_0-1^2、d_0+2^2、d_0-2^2、$\cdots$。平方探查法的数学描述公式为:

$$d_0 = h(k)$$
$$d_i = (d_0 \pm i^2) \bmod m \quad (1 \leqslant i \leqslant m-1)$$

平方探查法是一种较好的处理冲突的方法,可以避免出现堆积问题。它的缺点是不能探查到哈希表上的所有单元,但至少能探查到一半单元。

此外,开放定址法的探查方法还有伪随机序列法、双哈希函数法等。

设装填因子 $\alpha = n/m$,其中,n 为存储对象个数,m 为哈希表的长度。理论证明,哈希表的成功和不成功情况下的平均查找长度是 α 的函数,而不直接与 n 或 m 相关。

2) 拉链法

拉链法是把所有的同义词用单链表链接起来的方法。在这种方法中,哈希表每个单元中存放的不再是元素本身,而是相应同义词单链表的头指针。由于单链表中可插入任意多个结点,所以此时装填因子 α 根据同义词的多少既可以设定为大于 1,也可以设定为小于或等于 1,通常取 $\alpha = 1$。

与开放定址法相比,拉链法有如下几个优点:

(1) 拉链法处理冲突简单,且无堆积现象,即非同义词决不会发生冲突,因此平均查找长度较短。

(2) 由于拉链法中各链表上的元素空间是动态申请的,故它更适合于造表前无法确定表长的情况。

(3) 开放定址法为减少冲突,要求装填因子 α 较小,故当数据规模较大时会浪费很多空间,而拉链法中可取 $\alpha \geqslant 1$,且元素较大时,拉链法中增加的指针域可忽略不计,因此节省空间。

(4) 在用拉链法构造的哈希表中,删除元素的操作易于实现,只要简单地删去链表上相应的元素即可。而对开放地址法构造的哈希表,删除元素不能简单地将被删元素的空间置为空,否则将截断在它之后填入哈希表的同义词元素的查找路径,这是因为各种开放地址法中,空地址单元(即开放地址)都是查找失败的条件。因此在用开放地址法处理冲突的哈希表上执行删除操作,只能在被删元素上做删除标记,而不能真正删除元素。

数据结构实践教程（C♯语言描述）

拉链法也有缺点：指针需要额外的空间，故当元素规模较小时，开放定址法较为节省空间，而若将节省的指针空间用来扩大哈希表的规模，可使装填因子变小，这又减少了开放定址法中的冲突，从而提高了平均查找速度。

8.4.2 哈希表查找实践项目及其设计

哈希表查找的实践项目

项目1：设计一个项目，采用除留余数法＋线性探查法设计一个哈希表，要求：

(1) 用于动态输入关键字序列。

(2) 用于动态设置哈希函数。

(3) 输出哈希表，求装填因子、成功情况下和不成功情况下的平均查找长度。

(4) 对于给定的关键字，求查找结果和关键字比较次数。

用相关数据进行测试，其操作界面如图 8.11 所示。

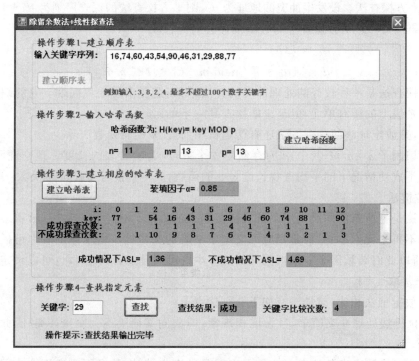

图 8.11 哈希表——实践项目 1 的操作界面

项目2：设计一个项目，采用除留余数法＋拉链法设计一个哈希表，要求同实践项目 1。用相关数据进行测试，其操作界面如图 8.12 所示。

实践项目设计

(1) 新建一个 Windows 应用程序项目 HashSearch。

(2) 设计哈希表运算类 HashClass，其基本结构如图 8.13 所示。设哈希函数为 $H(k) = k \% p, p \leqslant m$，字段 ht 是哈希表数组（用于线性探查法），hh 是哈希链表头结点数组（用于拉链法）。

HashClass 类和相关代码放在 Class1.cs 文件中：

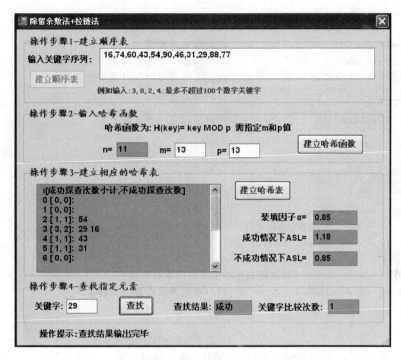

图 8.12　哈希表——实践项目 2 的操作界面

图 8.13　HashClass 类结构

```
struct RecType                      //记录类型
{   public int key;                 //存放关键字
    public string data;             //存放其他数据
};
struct HashType                     //哈希表数组元素类型
{   public int key;                 //关键字域
    public string data;             //其他数据域
    public int count;               //成功探查次数域
    public int uncount;             //不成功探查次数域
};
class HashNode                      //哈希表结点类型
{   public int key;                 //关键字域
    public string data;             //其他数据域
    public HashNode next;
}
class HashHeadNode                  //哈希表头结点数组类型
{   public int count;               //成功探查次数域
    public int uncount;             //不成功探查次数域
```

数据结构实践教程（C#语言描述）

```
        public HashNode firstnext;
}
class HashClass                        //哈希表运算类
{   const int MaxSize = 100;           //定义最大哈希表长度
    const int NULLKEY = -1;            //定义哈希表中空记录关键字值
    public HashType[] ht;              //哈希表数组
    HashHeadNode[] hh;                 //哈希表头结点数组
    public int m;                      //ht[0..m-1]
    public int n;                      //记录个数
    public int p;                      //哈希函数:h(key) = key MOD p
    public HashClass()                 //构造函数
    {   ht = new HashType[MaxSize];
        hh = new HashHeadNode[MaxSize];
    }
//--------------- 线性探查法的哈希表基本运算算法 ---------------------
    public bool SearchHT(int k, ref int i)//在哈希表中查找关键字 k
    {   int adr;
        adr = k % p;
        i = 1;                         //i 为关键字比较次数
        while (ht[adr].key != NULLKEY && ht[adr].key != k)
        {   i++;                       //采用线性探查法找下一个地址
            adr = (adr + 1) % m;
        }
        if (ht[adr].key == k)          //查找成功
            return true;
        else                           //查找失败
            return false;
    }
    private void InsertHT(RecType e)    //将元素 e 插入到哈希表中
    {   int i, adr, k = e.key;
        adr = k % p;
        if (ht[adr].key == NULLKEY)
        {   ht[adr].key = k;            //k 直接放在哈希表中
            ht[adr].data = e.data;
            ht[adr].count = 1;
        }
        else                           //发生冲突时采用线性探查法解决冲突
        {   i = 1;                     //i 元素插入 k 时发生冲突的次数
            do
            {   adr = (adr + 1) % m;
                i++;
            } while (ht[adr].key != NULLKEY);
            ht[adr].key = k;
            ht[adr].count = i;
        }
    }
    public void CreateHT(SqListClass L)  //由顺序表 L 来创建哈希表
    {   int i, j, t;
```

```
        n = L.length;
        for (i = 0; i < m; i++)           //哈希表置初值
        {   ht[i].key = NULLKEY;
            ht[i].count = 0;
            ht[i].uncount = 0;
        }
        for (i = 0; i < n; i++)           //插入所有记录
            InsertHT(L.R[i]);
        for (i = 0; i < m; i++)           //求所有不成功情况下的探查次数
        {   j = i; t = 1;
            while (ht[j].key != NULLKEY)
            {   j = (j + 1) % m;          //采用线性探查法找下一个地址
                t++;
            }
            ht[i].uncount = t;
        }
    }
    public string DispHT()                //输出哈希表
    {   string mystr = "            i:";
        int i;
        for (i = 0; i < m; i++)
            mystr += string.Format("{0,4}",i);
        mystr += "\r\n            key:";
        for (i = 0; i < m; i++)
        {   if (ht[i].key != NULLKEY)
                mystr += string.Format("{0,4}",ht[i].key);
            else
                mystr += string.Format("{0,4}", "");
        }
        mystr += "\r\n  成功探查次数:";
        for (i = 0; i < m; i++)
        {   if (ht[i].count != 0)
                mystr += string.Format("{0,4}",ht[i].count);
            else
                mystr += string.Format("{0,4}", "");
        }
        mystr += "\r\n不成功探查次数:";
        for (i = 0; i < m; i++)
        {   if (ht[i].uncount != 0)
                mystr += string.Format("{0,4}", ht[i].uncount);
            else
                mystr += string.Format("{0,4}", "");
        }
        return mystr;
    }
    public double ASLsucc()               //求成功情况下的平均查找长度
    {   int s = 0, t = 0,i;
        for (i = 0; i < p; i++)
        {   if (ht[i].key != NULLKEY)
            {   t++;
                s += ht[i].count;
```

```
        }
    }
    return (1.0 * s / t);
}
public double ASLunsucc( )              //求不成功情况下的平均查找长度
{   int s = 0, i;
    for (i = 0; i < p; i++)
        s += ht[i].uncount;
    return (1.0 * s / p);
}
//--------------- 拉链法的哈希表基本运算算法 ---------------------
public bool SearchHT1(int k, ref int i)     //在哈希表中查找关键字 k
{   int adr; HashNode q;
    adr = k % p;
    q = hh[adr].firstnext;
    i = 0;                              //i 为关键字比较次数
    while (q != null)
    {   i++;
        if (q.key == k) break;
        q = q.next;
    }
    if (q != null) return true;         //查找成功
    else return false;                  //查找失败
}
private void InsertHT1(RecType e)        //将元素 e 插入到哈希表中
{   int i, adr, k = e.key;
    HashNode q;
    adr = k % p;
    q = new HashNode( );                //创建一个结点
    q.key = e.key;
    q.data = e.data;
    q.next = hh[adr].firstnext;         //采用头插法插入 q 结点
    hh[adr].firstnext = q;
}
public void CreateHT1(SqListClass L) //由顺序表 L 来创建哈希表
{   int i, j, sun, unsun;
    HashNode q;
    n = L.length;
    for (i = 0; i < m; i++)             //哈希表置初值
    {   hh[i] = new HashHeadNode( );
        hh[i].firstnext = null;
        hh[i].count = 0;
        hh[i].uncount = 0;
    }
    for (i = 0; i < n; i++)             //在链表中插入所有结点
        InsertHT1(L.R[i]);
    for (i = 0; i < m; i++)             //求所有成功和不成功情况下的探查次数
    {   sun = 0; unsun = 0;
        q = hh[i].firstnext;
        j = 1;
        while (q != null)
```

```
            {    unsun++;  sun  +=  j;  j++;
                 q  =  q.next;
            }
            hh[i].count  =  sun;
            hh[i].uncount  =  unsun;
        }
    }
    public string DispHT1()                //输出哈希表
    {    string mystr = " i[成功探查次数小计,不成功探查次数]\r\n";
        HashNode q; int i;
        for (i = 0; i < m; i++)
        {    mystr  +=  string.Format("{0,2} ", i);
            mystr  +=  string.Format("[{0,2},{1,2}]:   ", hh[i].count,hh[i].uncount);
            q  =  hh[i].firstnext;
            while (q != null)
            {    mystr  +=  q.key.ToString() + " ";
                q  =  q.next;
            }
            mystr  +=  "\r\n";
        }
        return mystr;
    }
    public double ASLsucc1()                //求成功情况下的平均查找长度
    {    int s = 0, t = 0, i;
        for (i = 0; i < p; i++)
            s  +=  hh[i].count;
        return (1.0 * s / n);
    }
    public double ASLunsucc1()              //求不成功情况下的平均查找长度
    {    int s = 0, t = 0, i;
        for (i = 0; i < p; i++)
            s  +=  hh[i].uncount;
        return (1.0 * s / p);
    }
}
class SqListClass                           //顺序表类
{    const int MaxSize = 100;               //最多要排序的元素个数
    public RecType[] R;                     //顺序表
    public int length;                      //存放顺序表的长度
    public SqListClass()                    //构造函数
    {    R = new RecType[MaxSize];
        length = 0;
    }
    //----------------- 顺序表的基本运算算法 -----------------------------
    public void CreateList(string[] split)  //由 split 中的元素建立顺序表
    {    int i;
        for (i = 0; i < split.Length; i++)
            R[i].key = Convert.ToInt16(split[i]);
        length = i;
    }
}
```

数据结构实践教程（C♯语言描述）

（3）设计项目1对应的窗体 Form1,其设计界面如图8.14所示。用户在 textBox1 文本框中输入一组关键字,单击"建立顺序表"命令按钮。再输入 n、m、p,单击"建立哈希函数"命令按钮建立形如 $H(k)=k \% p$ 的哈希函数。单击"建立哈希表"命令按钮建立好哈希表,在 textBox6 文本框中显示构建的哈希表,并求出成功和不成功情况下的平均查找长度。输入要查找的关键字,单击"查找"命令按钮,求出查找结果和本次查找所需的关键字比较次数。

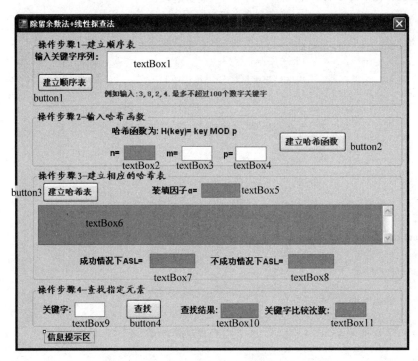

图 8.14　Form1 窗体的设计界面

Form1 窗体的主要代码如下:

```
public partial class Form1 : Form
{   SqListClass L = new SqListClass();           //顺序表 L
    HashClass H = new HashClass();               //哈希表对象 H
    public Form1()                               //构造函数
    {   InitializeComponent(); }
    private void Form1_Load(object sender, EventArgs e)
    {   textBox1.Text = "16,74,60,43,54,90,46,31,29,88,77";  //预置关键字序列
        button1.Enabled = true;          button2.Enabled = false;
        button3.Enabled = false;      button4.Enabled = false;
    }
    private void button1_Click(object sender, EventArgs e)     //建立顺序表
    {   string str = textBox1.Text.Trim();
        if (str == "")
            infolabel.Text = "操作提示:必须输入关键字序列";
        else
        {   string[] split = str.Split(new Char[] { ' ', ',', '.', ':'});
```

```
        L.CreateList(split);
        if (L.length <= 3)
        {   infolabel.Text = "操作提示:输入的关键字个数太少";
            return;
        }
        textBox2.Text = L.length.ToString();
        textBox3.Text = (L.length + 2).ToString();
        textBox4.Text = (L.length + 2).ToString();
        H.n = L.length;
        button1.Enabled = false;    button2.Enabled = true;
    }
}
private void button2_Click(object sender, EventArgs e)        //建立哈希函数
{   if (textBox3.Text.Trim() == "" || textBox4.Text.Trim() == "")
    {   infolabel.Text = "操作提示:必须输入 m 和 p 的值";
        return;
    }
    try
    {   H.m = Convert.ToInt16(textBox3.Text.Trim());
        H.p = Convert.ToInt16(textBox4.Text.Trim());
    }
    catch (Exception err)                               //捕捉输入的 m 和 p 值错误
    {   infolabel.Text = "操作提示:输入的 m 和 p 值不正确,请重新输入";
        return;
    }
    if (H.m < H.n || H.p > H.m || H.p < 1)
    {   infolabel.Text = "操作提示:输入的 m 和 p 值不正确,请重新输入";
        return;
    }
    textBox5.Text = string.Format("{0:n}",(1.0 * H.n / H.m));
    button3.Enabled = true;
    infolabel.Text = "操作提示:成功地设置哈希函数为 H(key) = key % "
        + H.p.ToString();
}
private void button3_Click(object sender, EventArgs e)        //建立哈希表
{   string mystr = "";
    H.CreateHT(L);
    mystr = H.DispHT();
    textBox6.Text = mystr;
    textBox7.Text = string.Format("{0:n}",H.ASLsucc());
    textBox8.Text = string.Format("{0:n}",H.ASLunsucc());
    button4.Enabled = true;
    infolabel.Text = "操作提示:哈希表创建完毕";
}
private void button4_Click(object sender, EventArgs e)        //查找
{   int k, n = 0;
    if (textBox9.Text == "")
    {   infolabel.Text = "操作提示:必须输入要查找的关键字";
        return;
    }
    try
```

```
    {   k = Convert.ToInt16(textBox9.Text); }
    catch (Exception err)                              //捕捉输入的 k 值错误
    {   infolabel.Text = "操作提示:输入的关键字错误,重新输入";
        return;
    }
    if (H.SearchHT(k,ref n))
        textBox10.Text = "成功";
    else
        textBox10.Text = "失败";
    textBox11.Text = n.ToString();
    infolabel.Text = "操作提示:查找结果输出完毕";
    }
}
```

（4）设计项目 2 对应的窗体 Form2,其设计界面如图 8.15 所示。用户在 textBox1 文本框中输入一组关键字,单击"建立顺序表"命令按钮。再输入 n、m、p,单击"建立哈希函数"命令按钮建立形如 $H(k)=k\ \%\ p$ 的哈希函数。单击"建立哈希表"命令按钮建立好哈希表,在 textBox5 文本框中显示构建的哈希表,并求出装填因子、成功和不成功情况下的平均查找长度。输入要查找的关键字,单击"查找"命令按钮,求出查找结果和本次查找所需的关键字比较次数。

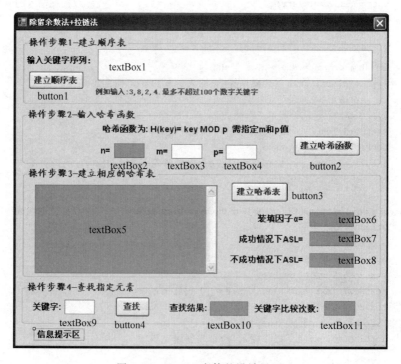

图 8.15　Form2 窗体的设计界面

Form2 窗体的主要代码如下:

```
public partial class Form2 : Form
{   SqListClass L = new SqListClass();                    //顺序表 L
    HashClass H = new HashClass();                        //哈希表对象 H
```

```
public Form2()                                          //构造函数
{   InitializeComponent(); }
private void Form2_Load(object sender, EventArgs e)
{   textBox1.Text = "16,74,60,43,54,90,46,31,29,88,77";
    button1.Enabled = true;           button2.Enabled = false;
    button3.Enabled = false;      button4.Enabled = false;
}
private void button1_Click(object sender, EventArgs e)      //建立顺序表
{   string str = textBox1.Text.Trim();
    if (str == "")
        infolabel.Text = "操作提示:必须输入关键字序列";
    else
    {   string[] split = str.Split(new Char[] { ' ', ',', '.', ':'});
        L.CreateList(split);
        if (L.length <= 3)
        {   infolabel.Text = "操作提示:输入的关键字个数太少";
            return;
        }
        textBox2.Text = L.length.ToString();
        textBox3.Text = (L.length + 2).ToString();
        textBox4.Text = (L.length + 2).ToString();
        H.n = L.length;
        button1.Enabled = false;      button2.Enabled = true;
    }
}
private void button2_Click(object sender, EventArgs e)          //建立哈希函数
{   if (textBox3.Text.Trim() == "" || textBox4.Text.Trim() == "")
    {   infolabel.Text = "操作提示:必须输入 m 和 p 的值";
        return;
    }
    try
    {   H.m = Convert.ToInt16(textBox3.Text.Trim());
        H.p = Convert.ToInt16(textBox4.Text.Trim());
    }
    catch (Exception err)                     //捕捉用户输入的 m 和 p 值错误
    {   infolabel.Text = "操作提示:输入的 m 和 p 值不正确,请重新输入";
        return;
    }
    if (H.m < H.n || H.p > H.m || H.p < 1)
    {   infolabel.Text = "操作提示:输入的 m 和 p 值不正确,请重新输入";
        return;
    }
    textBox5.Text = string.Format("{0:n}",(1.0 * H.n / H.m));
    button3.Enabled = true;
    infolabel.Text = "操作提示:成功地设置哈希函数为 H(key) = key % "
        + H.p.ToString();
}
private void button3_Click(object sender, EventArgs e)      //建立哈希表
{   string mystr = "";
    H.CreateHT1(L);
    mystr = H.DispHT1();
```

数据结构实践教程(C♯语言描述)

```
            textBox6.Text = mystr;
            textBox7.Text = string.Format("{0:n}",H.ASLsucc1());
            textBox8.Text = string.Format("{0:n}",H.ASLunsucc1());
            button4.Enabled = true;
            infolabel.Text = "操作提示:哈希表创建完毕";
        }
        private void button4_Click(object sender, EventArgs e)      //查找
        {   int k, n = 0;
            if (textBox9.Text == "")
            {   infolabel.Text = "操作提示:必须输入要查找的关键字";
                return;
            }
            try
            {   k = Convert.ToInt16(textBox9.Text); }
            catch (Exception err)                               //捕捉用户输入的 k 值错误
            {   infolabel.Text = "操作提示:输入的关键字错误,重新输入";
                return;
            }
            if (H.SearchHT1(k, ref n))
                textBox10.Text = "成功";
            else
                textBox10.Text = "失败";
            textBox11.Text = n.ToString();
            infolabel.Text = "操作提示:查找结果输出完毕";
        }
    }
```

内 排 序　第9章

当数据有序时可以大大提高查找的效率,所以经常需要对数据进行排序。本章通过多个实践项目讨论各种内排序算法设计。

9.1　排序的基本概念

假定被排序的数据是由一组元素组成的表或文件,而元素则由若干个数据项组成,其中有一项可用来标识一个元素,称为关键字项,该数据项的值称为关键字。关键字可用作排序运算的依据。

1. 什么是排序

所谓排序,就是要整理表中的元素,使之按关键字递增或递减有序排列,本章仅讨论递增排序的情况,在默认情况下所有的排序均指递增排序。排序的定义如下。

输入: n 个元素, R_0、R_1、$\cdots$、R_{n-1},其相应的关键字分别为 k_0、k_1、$\cdots$、k_{n-1}。

输出: R_{i_0}、R_{i_1}、$\cdots$、$R_{i_{n-1}}$,使得 $k_{i_0} \leqslant k_{i_1} \leqslant \cdots \leqslant k_{i_{n-1}}$。

因此,排序算法就是要确定 0、1、$\cdots$、$n-1$ 的一种排列 i_0、i_1、$\cdots$、i_{n-1},使表中的元素依此次序按关键字排序。

2. 内排序和外排序

各种排序方法可以按照不同的原则加以分类。在排序过程中,若整个表都是放在内存中处理,排序时不涉及数据的内、外存交换,则称为**内排序**;反之,若排序过程中要进行数据的内、外存交换,则称为**外排序**。内排序适用于元素个数不很多的小表,外排序则适用于元素个数很多,不能一次将其全部元素放入内存的大表。内排序是外排序的基础,本章只讨论内排序。

3. 内排序的分类

根据内排序算法是否基于关键字的比较,将内排序算法分为基于比较的排序算法和不基于比较的排序算法。像插入排序、交换排序、选择排序和归并排序都是基于比较的排序算法；而基数排序是不基于比较的排序算法。

4．基于比较的排序算法的性能

基于比较的排序算法中，主要进行以下两种基本操作：

- 比较：关键字之间的比较。
- 移动：元素从一个位置移动到另一个位置。

排序算法的性能是由算法的时间和空间确定的，而时间是由比较和移动的次数确定的，两个元素的一次交换需要 3 次移动。

若待排序元素的关键字顺序正好和排序顺序相同，称此表中元素为**正序**；反之，若待排序元素的关键字顺序正好和排序顺序相反，称此表中元素为**反序**。

5．排序的稳定性

当待排序元素的关键字均不相同时，排序的结果是唯一的，否则排序的结果不一定唯一。如果待排序的表中存在有多个关键字相同的元素，经过排序后这些具有相同关键字的元素之间的相对次序保持不变，则称这种排序方法是**稳定的**；反之，若具有相同关键字的元素之间的相对次序发生变化，则称这种排序方法是**不稳定的**。注意，排序算法的稳定性是针对所有输入实例而言的。也就是说，在所有可能的输入实例中，只要有一个实例使得算法不满足稳定性要求，则该排序算法就是不稳定的。

6．排序数据的组织

在本章中，以顺序表作为排序数据的存储结构。为简单起见，假设关键字类型为 int 类型。待排序的顺序表中记录类型定义如下：

```
struct RecType                          //记录类型
{   public int key;                     //存放关键字
    public string data;                 //存放其他数据
};
```

9.2 插入排序

插入排序的基本思想是：每次将一个待排序的元素，按其关键字大小插入到前面已经排好序的子表中的适当位置，直到全部元素插入完成为止。本节介绍 3 种插入排序方法，即直接插入排序、折半插入排序和希尔排序。

9.2.1 常用的插入排序方法

1．直接插入排序

假设待排序的元素存放在数组 $R[0..n-1]$ 中，排序过程的某一中间时刻，R 被划分成两个子区间 $R[0..i-1]$ 和 $R[i..n-1]$（刚开始时 $i=1$，有序区只有 $R[0]$ 一个元素），其中，前一个子区间是已排好序的**有序区**，后一个子区间则是当前未排序的部分，不妨称其为**无序区**。直接插入排序每趟操作是将当前无序区的开头元素 $R[i]$（$1 \leqslant i \leqslant n-1$）插入到有序区 $R[0..i-1]$ 中适当的位置上，使 $R[0..i]$ 变为新的有序区，从而扩大有序区，减小无序区，如图 9.1 所示。这种方法通常称为增量法,因为它每次使有序区增加一个元素。经过 $n-1$(i 从 1 到 $n-1$)趟后无序区变为空,有序区含有全部的元素,从而全部数据有序。

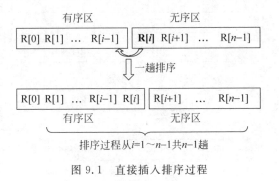

图 9.1　直接插入排序过程

2. 折半插入排序

直接插入排序将无序区中的开头元素 R[i]($1 \leqslant i \leqslant n-1$)插入到有序区 R[$0..i-1$]中,可以采用折半查找方法先在 R[$0..i-1$]中找到插入位置,再通过移动元素进行插入。这样的插入排序称为**折半插入排序**或**二分插入排序**。

在 R[low..high](初始时 low=0,high=$i-1$)中采用折半查找方法查找插入 R[i]的位置为 R[high+1],再将 R[high+1..$i-1$]元素后移一个位置,并置 R[high+1]=R[i],如图 9.2 所示。

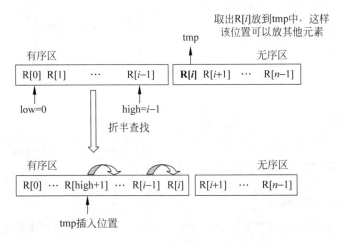

图 9.2　折半插入排序的一趟排序过程

3. 希尔排序

希尔排序也是一种插入排序方法,实际上是一种分组插入方法。其基本思想是:先取定一个小于 n 的整数 d_1 作为第一个增量,把表的全部元素分成 d_1 个组,所有距离为 d_1 的倍数的元素放在同一个组中,如图 9.3 所示是分为 d 的情况。再在各组内进行直接插入排序,然后,取第二个增量 d_2($<d_1$),重复上述的分组和排序,直至所取的增量 $d_t=1$($d_t<d_{t-1}<\cdots<d_2<d_1$),即所有元素放在同一组中进行直接插入排序为止。

每一趟进行直接插入排序的过程如图 9.4 所示,从元素 R[d]开始起,直到元素 R[$n-1$]

数据结构实践教程(C♯语言描述)

为止,每个元素的比较和插入都是和同组的元素进行,对于元素 $R[i]$,同组的前面的元素有 $\{R[j] \mid j=i-d \geqslant 0\}$。

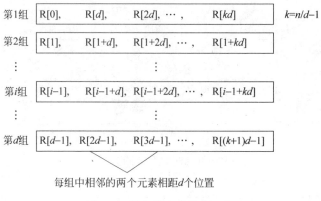

每组中相邻的两个元素相距d个位置

图 9.3　希尔排序时分为 d 组

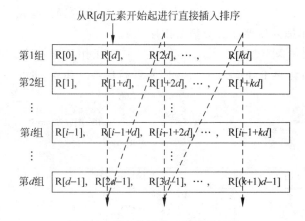

图 9.4　希尔排序的一趟排序过程

9.2.2　插入排序实践项目及其设计

插入排序的实践项目

项目 1:设计直接插入排序算法,输出每趟排序后的结果。用相关数据进行测试,其操作界面如图 9.5 所示。

项目 2:设计二分插入排序算法,输出每趟排序后的结果。用相关数据进行测试,其操作界面如图 9.6 所示。

项目 3:设计希尔排序算法,输出每趟排序后的结果。用相关数据进行测试,其操作界面如图 9.7 所示。

实践项目设计

(1)新建一个 Windows 应用程序项目 Sort。

(2)设计内排序运算类 InterSortClass,该类用于本章中除综合实践项目外的其他项目。由于基数排序以不带头结点的单链表存放排序数据,所以设计一些基本的单链表运算

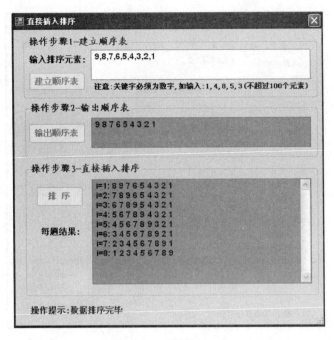

图 9.5 内排序——实践项目 1 的操作界面

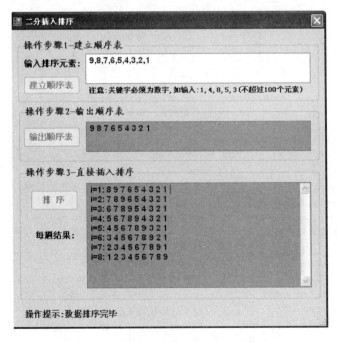

图 9.6 内排序——实践项目 2 的操作界面

方法；其他内排序以顺序表存放数据，所以设计一些基本的顺序表运算方法。该类的基本结构如图 9.8 所示，字段 R 数组和 length 构成顺序表，字段 h、r 和 d 用于基数排序。

InterSortClass 类及相关代码放在 Class1.cs 文件中：

数据结构实践教程（C♯语言描述）

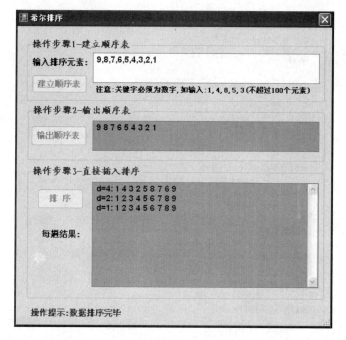

图 9.7　内排序——实践项目 3 的操作界面

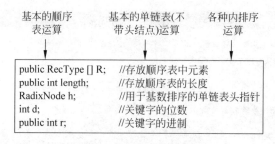

图 9.8　InterSortClass 类结构

```
class RadixNode                    //单链表结点类型,仅用于基数排序
{   public string key;             //存放关键字
    public string data;            //存放其他数据
    public RadixNode next;         //下一个结点的指针
};
class InterSortClass               //顺序表排序类
{   const int MaxSize = 10000;     //最多要排序的元素个数
    const int INF = 32767;         //一个很大的常量
    const int MAXR = 32;           //关键字的最大进制
    const int MAXD = 10;           //关键字的最大位数
    public RecType [] R;           //存放顺序表中的元素
    public int length;             //存放顺序表的长度
    RadixNode h;                   //用于基数排序的单链表头指针
    int d;                         //关键字的位数
    public int r;                  //关键字的进制
```

```
    string sstr;                        //用于返回排序时的每趟结果
    public InterSortClass()             //构造函数
    {   R = new RecType[MaxSize];   //R 初始化
        length = 0;                     //顺序表长度初始化
        h = new RadixNode();            //建立单链表的首结点
    }
    //----------------- 顺序表的基本运算 ----------------------------
    public void CreateList(string[] split)    //由 split 中的元素建立顺序表
    {   int i;
        for (i = 0; i < split.Length; i++)
            R[i].key = Convert.ToInt16(split[i]);
        length = i;
    }
    public string DisplList()                 //将顺序表 L 中的所有元素构成一个字符串返回
    {   int i;
        if (length > 0)
        {   string mystr = R[0].key.ToString();
            for (i = 1; i < length; i++)      //扫描顺序表中各元素值
                mystr += " " + R[i].key.ToString();
            return mystr;
        }
        else return "空串";
    }
    //----------------- 单链表的基本运算算法 -----------------------
    public void CreateList1(string[] split)   //由 split 构造一个不带头结点的单链表
    {   int i; RadixNode r, s;
        r = h; d = 0;
        for (i = 0; i < split.Length; i++)    //求最大的位数
            if (split[i].Length > d)
                d = split[i].Length;
        h.key = Reverse(split[0]);            //首结点置关键字
        for (i = 1; i < split.Length; i++)
        {   s = new RadixNode();              //建立单链表结点
            s.key = addZero(Reverse(split[i]));
            r.next = s; r = s;                //插入到末尾
        }
        r.next = null;                        //尾结点 next 置空
    }
    private string addZero(string str)        //高位部分添 0
    {   int i;
        if (str.Length < d)
            for (i = str.Length; i < d; i++)
            str += "0";
        return str;
    }
    public string DisplList1()                //输出单链表
    {   int i; string mystr = "";
        RadixNode p = h;
        while (p != null)
        {   for (i = d - 1; i >= 0; i--)
                mystr += p.key[i].ToString();
```

数据结构实践教程（C#语言描述）

```
        mystr += "   ";
        p = p.next;
    }
    return mystr;
}
private string Reverse(string original)     //返回逆置后的字符串
{   char[] arr = original.ToCharArray();
    Array.Reverse(arr);                     //利用 Array 类的方法进行字符串逆置
    return new string(arr);
}
//----------------- 3 种插入排序算法 ----------------------------------
public string InsertSort()                  //对 R[0..n-1]按递增有序进行直接插入排序
{   int i, j; string mystr = "";
    RecType tmp;
    for (i = 1; i < length; i++)
    {   mystr += "i=" + i.ToString() + ": ";
        tmp = R[i];
        j = i - 1;                          //从右向左在有序区 R[0..i-1]找 R[i]的插入位置
        while (j >= 0 && R[j].key > tmp.key)
        {   R[j + 1] = R[j];                //将关键字大于 R[i].key 的元素后移
            j--;
        }
        R[j + 1] = tmp;                     //在 j+1 处插入 R[i]
        for (int k = 0;k < length;k++)      //输出一趟排序结果
            mystr += R[k].key.ToString() + " ";
        mystr += "\r\n";
    }
    return mystr;
}
public string BinInsertSort()               //对 R[0..n-1]按递增有序进行折半插入排序
{   int i, j, low, high, mid;
    string mystr = "";
    RecType tmp;
    for (i = 1;i < length; i++)
    {   mystr += "i=" + i.ToString() + ": ";
        tmp = R[i];                         //将 R[i]保存到 tmp 中
        low = 0; high = i-1;
        while (low <= high)                 //在 R[low..high]中折半查找有序插入的位置
        {   mid = (low + high)/2;           //取中间位置
            if (tmp.key < R[mid].key)
                high = mid - 1;             //插入点在左半区
            else
                low = mid + 1;              //插入点在右半区
        }
        for (j = i-1;j >= high + 1; j--)    //元素后移
            R[j + 1] = R[j];
        R[high + 1] = tmp;                  //插入原来的 R[i]
        for (int k = 0; k < length; k++)    //输出一趟排序结果
            mystr += R[k].key.ToString() + " ";
        mystr += "\r\n";
    }
```

```
            return mystr;
        }
        public string ShellSort()                //对 R[0..n-1]按递增有序进行希尔排序
        {   int i,j,d; string mystr = "";
            RecType tmp;
            d = length / 2;                       //增量置初值
            while (d>0 )
            {   mystr += "d = " + d.ToString() + ": ";
                for (i = d; i < length; i++)      //对所有相隔 d 位置的元素组直接插入排序
                {   tmp = R[i];
                    j = i - d;
                    while (j >= 0 && tmp.key < R[j].key) //对相隔 d 位置的元素组进行排序
                    {   R[j+d] = R[j];
                        j = j - d;
                    }
                    R[j+d] = tmp;
                }
                d = d/2;                          //减小增量
                for (int k = 0; k < length; k++)  //输出一趟排序结果
                    mystr += R[k].key.ToString() + " ";
                mystr += "\r\n";
            }
            return mystr;
        }
    }
```

（3）设计项目 1 对应的 Form1 窗体，包含以下字段：

```
InterSortClass L = new InterSortClass();         //排序类对象 L
```

用户先输入要排序的关键字序列，单击"建立顺序表"命令按钮（button1），调用 CreateList 方法建立好要排序的顺序表，对应的单击事件过程如下：

```
private void button1_Click(object sender, EventArgs e)
{   string str = textBox1.Text.Trim();
    if (str == "")
        infolabel.Text = "操作提示:必须输入元素";
    else
    {   string[] split = str.Split(new Char[] { ' ', ',', '.', ':' });
        L.CreateList(split);
        button1.Enabled = false; button2.Enabled = true;
    }
}
```

单击"输出顺序表"命令按钮（button2），调用 DispList 方法输出排序前的顺序表，对应的单击事件过程如下：

```
private void button2_Click(object sender, EventArgs e)
{   textBox2.Text = L.DispList();
    button2.Enabled = false;
    button3.Enabled = true;
    infolabel.Text = "操作提示:待排序数据显示完毕";
}
```

单击"排序"命令按钮(button3),调用 InsertSort 方法采用直接插入排序方法对顺序表进行递增排序,并输出每趟排序结果,对应的单击事件过程如下:

```
private void button3_Click(object sender, EventArgs e)
{    textBox3.Text = L.InsertSort();
     button3.Enabled = false;
     infolabel.Text = "操作提示:数据排序完毕";
}
```

(4) 设计项目 2 对应的 Form2 窗体,包含以下字段:

```
InterSortClass L = new InterSortClass();              //排序类对象 L
```

用户建立好要排序的顺序表后,单击"排序"命令按钮(button3),调用 BinInsertSort 方法采用折半插入排序方法对顺序表进行递增排序,并输出每趟排序结果,对应的单击事件过程如下:

```
private void button3_Click(object sender, EventArgs e)
{    textBox3.Text = L.BinInsertSort();
     button3.Enabled = false;
     infolabel.Text = "操作提示:数据排序完毕";
}
```

(5) 设计项目 3 对应的 Form3 窗体,包含以下字段:

```
InterSortClass L = new InterSortClass();              //排序类对象 L
```

用户建立好要排序的顺序表后,单击"排序"命令按钮(button3),调用 ShellSort 方法采用希尔排序方法对顺序表进行递增排序,并输出每趟排序结果,对应的单击事件过程如下:

```
private void button3_Click(object sender, EventArgs e)
{    textBox3.Text = L.ShellSort();
     button3.Enabled = false;
     infolabel.Text = "操作提示:数据排序完毕";
}
```

9.3　交换排序

交换排序的基本思想是:两两比较待排序元素的关键字,发现两个元素的次序相反时即进行交换,直到没有反序的元素为止。本节介绍两种交换排序,即冒泡排序和快速排序。

9.3.1　常用的交换排序方法

1. 冒泡排序

冒泡排序也称为气泡排序,是一种典型的交换排序方法,其基本思想是:通过无序区中相邻元素关键字间的比较和位置的交换,使关键字最小的元素如气泡一般逐渐往上"漂浮"直至"水面"。整个算法是从最下面的元素开始,对每两个相邻的关键字进行比较,且使关键字较小的元素换至关键字较大的元素之上,使得经过一趟冒泡排序后,关键字最小的元素到达最上端,如图 9.9 所示。接着,再在剩下的元素中找关键字次小的元素,并把它换在第二个位置上。依此类推,一直到所有元素都有序为止。

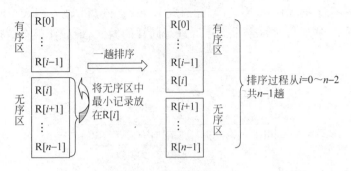

图 9.9　冒泡排序的过程

在冒泡排序算法中,若某一趟比较时不出现任何元素交换,说明所有元素已排好序了,就可以结束本算法。

2. 快速排序

快速排序是由冒泡排序改进而得的,它的基本思想是:在待排序的 n 个元素中任取一个元素(通常取第一个元素)作为基准,如图 9.10 所示,把该元素放入适当位置后,数据序列被此元素划分成两部分。所有关键字比该元素关键字小的元素放置在前一部分,所有比它大的元素放置在后一部分,并把该元素排在这两部分的中间(称为该元素归位),这个过程称做一趟快速排序。然后对所有的两部分分别重复上述过程,直至每部分内只有一个元素或空为止。简而言之,每趟使表的第一个元素放入适当位置,将表一分为二,对子表按递归方式继续这种划分,直至划分的子表长为 1 或 0。

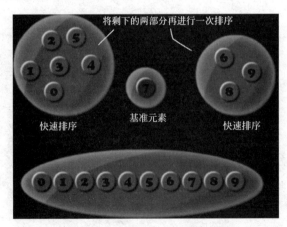

图 9.10　快速排序示意图

一趟快速排序的划分过程是采用从两头向中间扫描的办法,同时交换与基准元素逆序的元素。具体做法是:设两个指示器 i 和 j,它们的初值分别为指向无序区中的第一个和最后一个元素。假设无序区中元素为 $R[s]$、$R[s+1]$、$\cdots$、$R[t]$,则 i 的初值为 s,j 的初值为 t,首先将 $R[s]$ 移至变量 tmp 中作为基准,令 j 向左扫描直至 $R[j].key < tmp.key$ 时,将 $R[j]$ 移至 i 所指的位置上,然后令 i 向右扫描直至 $R[i].key > tmp.key$ 时,将 $R[i]$ 移至 j 所指的位置上,

依次重复直至 $i=j$，此时所有 R[$s..i-1$]的关键字都小于 tmp.key，而所有 R[$i+1..t$]的关键字必大于 tmp.key，此时可将 tmp 中的元素移至 i 位置上即 R[i]＝tmp。该方法归位一个元素，并将一个大的无序区 R[$s..t$]分割成 R[$s..i-1$]和 R[$i+1..t$]两个较小的无序区，如图 9.11 所示，然后再对每个小无序区进行同样的做法，最后使整个数据有序。

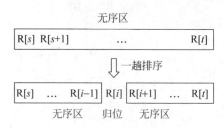

图 9.11　快速排序的一趟排序过程

9.3.2　交换排序实践项目设计

⌨ 交换排序的实践项目

在前面的 Sort 项目中添加以下项目。

项目 1：设计冒泡排序算法，输出每趟排序后的结果。用相关数据进行测试，其操作界面如图 9.12 所示。

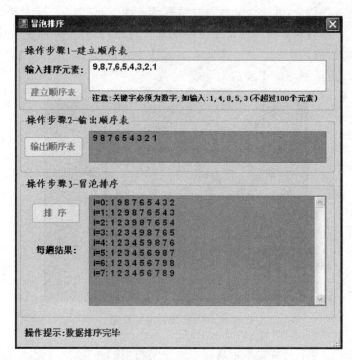

图 9.12　内排序——实践项目 1 的操作界面

　　项目 2：设计快速排序算法，输出每趟排序后的结果。用相关数据进行测试，其操作界面如图 9.13 所示。

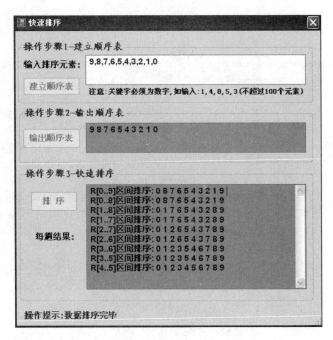

图 9.13 内排序——实践项目 2 的操作界面

💻 实践项目设计

(1) 在 Sort 项目的 Class1.cs 文件的 InterClass 类中增加以下排序方法:

```
public string BubbleSort()                 //对 R[0..n-1]按递增有序进行冒泡排序
{   int i,j; string mystr = "";
    bool exchange;
    RecType tmp;
    for (i = 0;i < length-1; i++)
    {   mystr += "i=" + i.ToString() + ": ";
        exchange = false;
        for (j = length - 1; j > i; j--)   //比较,找出最小关键字的元素
            if (R[j].key < R[j-1].key)
                {   tmp = R[j];            //R[j]与 R[j-1]进行交换,将最小关键字元素前移
                    R[j] = R[j-1];
                    R[j-1] = tmp;
                    exchange = true;
                }
        if (!exchange)                     //本趟没有发生交换,中途结束算法
            return mystr;
        for (int k = 0; k < length; k++)   //输出一趟排序结果
            mystr += R[k].key.ToString() + " ";
        mystr += "\r\n";
    }
    return mystr;
}
public string QuickSort()                  //对 R[0..n-1]的元素按递增进行快速排序
{   sstr = "";
```

```
        QuickSort1(0,length-1);
        return sstr;
    }
    private void QuickSort1(int s,int t)          //对 R[s..t]的元素进行快速排序
        {   int i = s, j = t;
            RecType tmp;
            if (s < t)                            //区间内至少存在两个元素的情况
            {   sstr += "R[" + s.ToString() + ".." + t.ToString() + "]区间排序:";
                tmp = R[s];                       //用区间的第一个元素作为基准
                while (i != j)                    //从区间两端交替向中间扫描,直至 i=j 为止
                {   while (j > i && R[j].key >= tmp.key)
                        j--;                      //从右向左扫描,找第一个小于 tmp.key 的 R[j]
                    R[i] = R[j];                  //找到这样的 R[j],R[i]、R[j]交换
                    while (i < j && R[i].key <= tmp.key)
                        i++;                      //从左向右扫描,找第一个大于 tmp.key 的元素 R[i]
                    R[j] = R[i];                  //找到这样的 R[i],R[i]、R[j]交换
                }
                R[i] = tmp;
                for (int k = 0; k < length; k++)  //输出一趟排序结果
                    sstr += R[k].key.ToString() + " ";
                sstr += "\r\n";
                QuickSort1(s, i-1);               //对左区间递归排序
                QuickSort1(i+1, t);               //对右区间递归排序
            }
        }
    }
```

（2）设计项目 1 对应的 Form1 窗体,包含以下字段:

```
InterSortClass L = new InterSortClass();          //排序类对象 L
```

用户建立好要排序的顺序表后,单击"排序"命令按钮(button3),调用 BubbleSort 方法采用冒泡排序方法对顺序表进行递增排序,并输出每趟排序结果,对应的单击事件过程如下:

```
private void button3_Click(object sender, EventArgs e)
{   textBox3.Text = L.BubbleSort();
    button3.Enabled = false;
    infolabel.Text = "操作提示:数据排序完毕";
}
```

（3）设计项目 2 对应的 Form2 窗体,包含以下字段:

```
InterSortClass L = new InterSortClass();          //排序类对象 L
```

用户建立好要排序的顺序表后,单击"排序"命令按钮(button3),调用 QuickSort 方法采用快速排序方法对顺序表进行递增排序,并输出每趟排序结果,对应的单击事件过程如下:

```
private void button3_Click(object sender, EventArgs e)
{   textBox3.Text = L.QuickSort();
    button3.Enabled = false;
    infolabel.Text = "操作提示:数据排序完毕";
}
```

9.4　选择排序

选择排序的基本思想是：每一趟从待排序的元素中选出关键字最小的元素，顺序放在已排好序的子表的最后，直到全部元素排序完毕。主要的选择排序方法有简单选择排序（或称直接选择排序）和堆排序。

9.4.1　常用的选择排序方法

1. 简单选择排序

简单选择排序的基本思想是：第 i 趟排序开始时，当前有序区和无序区分别为 R$[0..i-1]$ 和 R$[i..n-1]$（$0 \leqslant i < n-1$），该趟排序则是从当前无序区中选出关键字最小的元素 R$[k]$，将它与无序区的第一个元素 R$[i]$ 交换，使 R$[0..i]$ 和 R$[i+1..n-1]$ 分别变为新的有序区和新的无序区，如图 9.14 所示。因为每趟排序均使有序区中增加了一个元素，且有序区中的元素关键字均不大于无序区中元素的关键字，即第 i 趟排序之后 R$[0..i]$ 的所有关键字小于等于 R$[i+1..n-1]$ 中的所有关键字，所以进行 $n-1$ 趟排序之后有 R$[0..n-2]$ 的所有关键字小于等于 R$[n-1]$.key，也就是说，经过 $n-1$ 趟排序之后，整个表 R$[0..n-1]$ 递增有序。

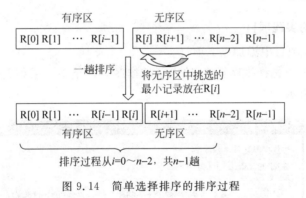

图 9.14　简单选择排序的排序过程

2. 堆排序

堆排序是一种树形选择排序方法，它的特点是：在排序过程中，将顺序表 R$[1..n]$ 看成是一棵完全二叉树的顺序存储结构，利用完全二叉树中双亲结点和孩子结点之间的内在关系，在当前无序区中选择关键字最大（或最小）的元素。

堆的定义是：n 个关键字序列 k_1、k_2、…、k_n 称为堆，当且仅当该序列满足如下性质（简称为堆性质）：

(1) $k_i \leqslant k_{2i}$ 且 $k_i \leqslant k_{2i+1}$　或　(2) $k_i \geqslant k_{2i}$ 且 $k_i \geqslant k_{2i+1}$（$1 \leqslant i \leqslant \lfloor n/2 \rfloor$）

满足第(1)种情况的堆称为**小根堆**，满足第(2)种情况的堆称为**大根堆**。下面讨论的堆是大根堆。

堆排序的排序过程与简单选择排序类似，只是挑选最大或最小元素的不同，这里采用大根堆，每次挑选最大元素归位，排序过程如图 9.15 所示。挑选最大元素的方法是将数组中存储的数据看成是一棵完全二叉树,利用完全二叉树中双亲结点和孩子结点之间的内在关系来选择关键字最大元素。具体做法是:把待排序的表的关键字存放在数组 R[1..n](注意,为了与二叉树的顺序存储结构一致,堆排序的数据序列的下标从 1 开始)之中,将 R 看作一棵二叉树,每个结点表示一个元素,第一个元素 R[1]作为二叉树的根,以下各元素 R[2..n]依次逐层从左到右顺序排列,构成一棵完全二叉树,结点 R[i]的左孩子是 R[2i],右孩子是 R[2i+1],双亲是 R[i/2]。

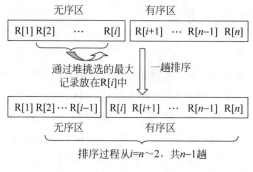

图 9.15 堆排序的一趟排序过程

9.4.2 选择排序实践项目设计

⌨ 选择排序的实践项目

在前面的 Sort 项目中添加以下项目。

项目 1:设计简单选择排序算法,输出每趟排序后的结果。用相关数据进行测试,其操作界面如图 9.16 所示。

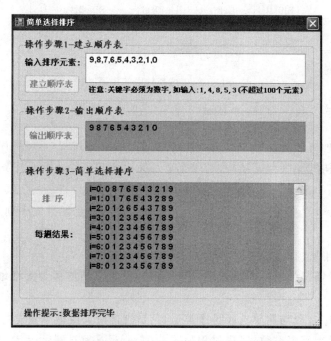

图 9.16 内排序——实践项目 1 的操作界面

项目2：设计堆排序算法，输出每趟排序后的结果。用相关数据进行测试，其操作界面如图 9.17 所示。

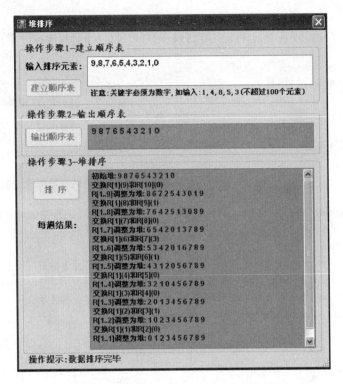

图 9.17 内排序——实践项目 2 的操作界面

📺 实践项目设计

（1）在 Sort 项目的 Class1. cs 文件的 InterClass 类中增加以下排序方法：

```
public string SelectSort()                 //直接选择排序
{   int i, j, min;   string mystr = "";
    RecType tmp;
    for (i = 0; i < length - 1; i++)        //做第 i 趟排序
    {   mystr += "i=" + i.ToString() + ": ";
        min = i;
        for (j = i + 1; j < length; j++)    //在当前无序区 R[i..n-1]中选 key 最小的 R[min]
            if (R[j].key < R[min].key)
                min = j;                     //min 记下目前找到的最小关键字所在的位置
        if (min != i)                        //交换 R[i]和 R[min]
        {   tmp = R[i];
            R[i] = R[min]; R[min] = tmp;
        }
        for (int k = 0;k < length; k++)      //输出一趟排序结果
            mystr += R[k].key.ToString() + " ";
        mystr += "\r\n";
    }
    return mystr;
}
```

```
private void sift(int low, int high)                    //用作堆筛选
{    int i = low,j = 2 * i;                             //R[j]是R[i]的左孩子
     RecType tmp = R[i];
     while (j <= high)
     {    if (j < high && R[j].key < R[j + 1].key)       //若右孩子较大,把j指向右孩子
              j++;
          if (tmp.key < R[j].key)
          {    R[i] = R[j];                              //将R[j]调整到双亲结点位置上
               i = j;                                   //修改i和j值,以便继续向下筛选
               j = 2 * i;
          }
          else break;                                   //筛选结束
     }
     R[i] = tmp;                                        //被筛选结点的值放入最终位置
}
public string HeapSort()                                //对R[1..n]的元素按递增进行堆排序
{    int i; string mystr = "";
     RecType tmp;
     for (i = length;i >= 1;i-- )                        //将所有元素后移一个位置
         R[i] = R[i-1];
     for (i = length / 2; i >= 1; i-- )                  //循环建立初始堆
         sift(i, length);
     mystr += "初始堆:";
     for (int k = 1;k <= length; k++)                    //输出初始堆
         mystr += R[k].key.ToString() + " ";
     mystr += "\r\n";
     for (i = length; i >= 2; i-- ) //进行n-1趟排序完成堆排序,每一趟堆排序的元素个数减1
     {    mystr += "交换R[1](" + R[1].key.ToString() + ")和R[" +
          i.ToString() + "](" + R[i].key.ToString() + ")\r\n";
          tmp = R[1];                                    //将区间中最后一个元素与R[1]对换
          R[1] = R[i]; R[i] = tmp;
          sift(1,i-1);                                   //筛选R[1]结点,得到i-1个结点的堆
          mystr += "R[1.." + (i-1).ToString() + "]调整为堆:";
          for (int k = 1;k <= length; k++)               //输出一趟排序结果
              mystr += R[k].key.ToString() + " ";
          mystr += "\r\n";
     }
     return mystr;
}
```

(2) 设计项目1对应的 Form1 窗体,包含以下字段:

```
InterSortClass L = new InterSortClass();                //排序类对象L
```

用户建立好要排序的顺序表后,单击"排序"命令按钮(button3),调用 SelectSort 方法
采用简单选择排序方法对顺序表进行递增排序,并输出每趟排序结果,对应的单击事件过程
如下:

```
private void button3_Click(object sender, EventArgs e)
{    textBox3.Text = L.SelectSort();
```

```
        button3.Enabled = false;
        infolabel.Text = "操作提示:数据排序完毕";
}
```

（3）设计项目 2 对应的 Form2 窗体，包含以下字段：

```
InterSortClass L = new InterSortClass();          //排序类对象 L
```

用户建立好要排序的顺序表后，单击"排序"命令按钮（button3），调用 HeapSort 方法采用堆排序方法对顺序表进行递增排序，并输出每趟排序结果，对应的单击事件过程如下：

```
private void button3_Click(object sender, EventArgs e)
{   textBox3.Text = L.HeapSort();
    button3.Enabled = false;
    infolabel.Text = "操作提示:数据排序完毕";
}
```

9.5 归并排序

根据归并的路数，归并排序分为二路、三路和多路归并排序。

9.5.1 常用的归并排序方法

1. 二路归并排序

归并排序是多次将两个或两个以上的有序表合并成一个新的有序表。最简单的归并是直接将两个有序的子表合并成一个有序的表即二路归并。二路归并排序的基本思路是：将 R[0..n−1] 看成是 n 个长度为 1 的有序序列，然后进行两两归并，得到 ⌈n/2⌉ 个长度为 2（最后一个有序序列的长度可能为 1）的有序序列，再进行两两归并，得到 ⌈n/4⌉ 个长度为 4（最后一个有序序列的长度可能小于 4）的有序序列，……，直到得到一个长度为 n 的有序序列，如图 9.18 所示。

说明：归并排序每趟产生的有序区只是局部有序的，也就是说在最后一趟排序结束前，所有元素并不一定归位了。

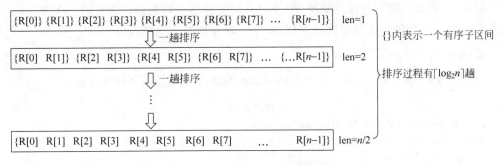

图 9.18 二路归并排序过程

2. 三路归并排序和多路归并排序

三路归并排序方法与二路归并排序相似，只是每次将 3 个长度相同的有序表归并成一个有序表,但是需要判断只剩下两个或一个有序表,或者剩下的有序表的长度不等的各种情况,这增加了算法设计的难度。

多路归并排序方法与此类相似。

9.5.2　归并排序实践项目设计

⌨ 归并排序的实践项目

在前面的 Sort 项目中添加以下项目。

项目 1：设计二路归并排序算法,输出每趟排序后的结果。用相关数据进行测试,其操作界面如图 9.19 所示。

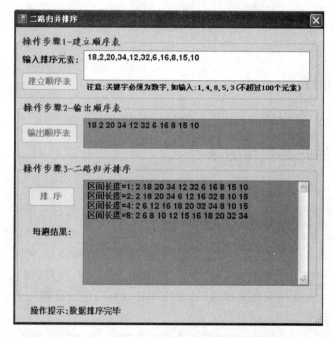

图 9.19　内排序——实践项目 1 的操作界面

项目 2：设计三路归并排序算法（假设输入的关键字个数为正整数 k 的三次方）,输出每趟排序后的结果。用相关数据进行测试,其操作界面如图 9.20 所示。

💻 实践项目设计

（1）在 Sort 项目的 Class1.cs 文件的 InterClass 类中增加以下排序方法：

```
//----------------------- 二路归并排序算法 ----------------------------
private void Merge2(int low, int mid, int high)
//将 R[low..mid]和 R[mid+1..high]两个有序段二路归并为一个有序段
{   RecType [] R1 = new RecType[high-low+1];
    int i = low, j = mid+1, k = 0;          //k 是 R1 的下标,i、j 分别为第 1、2 段的下标
    while (i <= mid && j <= high)           //在第 1 段和第 2 段均未扫描完时循环
    if (R[i].key <= R[j].key)               //将第 1 段中的元素放入 R1 中
    {   R1[k] = R[i];
        i++; k++;
```

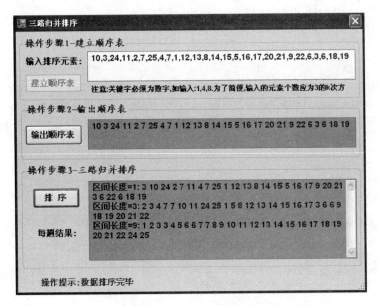

图 9.20 内排序——实践项目 2 的操作界面

```
        }
        else                            //将第 2 段中的元素放入 R1 中
        {   R1[k] = R[j];
            j++; k++;
        }
        while (i <= mid)                //将第 1 段余下部分复制到 R1
        {   R1[k] = R[i];
            i++; k++;
        }
        while (j <= high)               //将第 2 段余下部分复制到 R1
        {   R1[k] = R[j];
            j++; k++;
        }
        for (k = 0,i = low;i <= high; k++,i++)   //将 R1 复制回 R 中
            R[i] = R1[k];
        R1 = null;
}
private void MergePass2(int len)        //对整个数序进行一趟归并
{   int i;
    for (i = 0; i + 2 * len - 1 < length; i = i + 2 * len)    //归并 len 长的两相邻子表
        Merge2(i, i + len - 1, i + 2 * len - 1);
    if (i + len - 1 < length)           //余下两个子表,后者长度小于 len
        Merge2(i, i + len - 1, length - 1);    //归并这两个子表
}
public string MergeSort2()              //对 R[0..n - 1]按递增进行二路归并算法
{   int len; string mystr = "";
    for (len = 1; len < length; len = 2 * len)  //进行 log2n 趟归并
    {   MergePass2(len);
        mystr += "区间长度 = " + len.ToString() + ": ";
        for (int k = 0; k < length; k++)        //输出一趟排序结果
```

```
                    mystr += R[k].key.ToString() + " ";
              mystr += "\r\n";
         }
         return mystr;
  }
  //----------------------- 三路归并排序算法 -----------------------------
  private int Min(int a, int b, int c)              //找 3 个数中的最小数，返回它所在的序号
  {    int min = a, i = 1;
       if (b < min)
       {    min = b; i = 2; }
       if (c < min)
       {    min = c; i = 3; }
       return i;
  }
  private void Merge3(int low, int mid1, int mid2, int high)
  //将 R[low..mid1]、R[mid1 + 1..mid2]和 R[mid2 + 1..high]3 个有序段三路归并为一个有序段
  //R[low..high]
  {    RecType[] R1 = new RecType[high − low + 1];
       int i = low, j = mid1 + 1, k = mid2 + 1, r, s = 0;
       int a, b, c;
       while (!(i > mid1 && j > mid2 && k > high))
       {    if (i > mid1) a = INF;
            else a = R[i].key;
            if (j > mid2) b = INF;
            else b = R[j].key;
            if (k > high) c = INF;
            else c = R[k].key;
            r = Min(a, b, c);
            switch(r)
            {    case 1: R1[s] = R[i]; i++; s++; break;
                 case 2: R1[s] = R[j]; j++; s++; break;
                 case 3: R1[s] = R[k]; k++; s++; break;
            }
       }
       for (k = 0, i = low; i <= high; k++, i++)    //将 R1 复制回 R 中
            R[i] = R1[k];
       R1 = null;
  }
  private void MergePass3(int len)                  //对整个数序进行一趟归并
  {    int i;
       for (i = 0; i + 3 * len − 1 < length; i = i + 3 * len)   //归并 len 长的 3 个相邻子表
            Merge3(i, i + len − 1, i + 2 * len − 1, i + 3 * len − 1);
  }
  public string MergeSort3()                        //对 R[0..n − 1]按递增进行三路归并算法
  {    int len; string mystr = "";
       for (len = 1; len < length; len = 3 * len)   //进行 log3n 趟归并
       {    MergePass3(len);
            mystr += "区间长度 = " + len.ToString() + ": ";
            for (int k = 0; k < length; k++)         //输出一趟排序结果
                 mystr += R[k].key.ToString() + " ";
            mystr += "\r\n";
       }
       return mystr;
  }
```

（2）设计项目 1 对应的 Form1 窗体，包含以下字段：

```
InterSortClass L = new InterSortClass();          //排序类对象 L
```

用户建立好要排序的顺序表后，单击"排序"命令按钮（button3），调用 MergeSort2 方法采用二路归并排序方法对顺序表进行递增排序，并输出每趟排序结果，对应的单击事件过程如下：

```
private void button3_Click(object sender, EventArgs e)
{    textBox3.Text = L.MergeSort2();
     button3.Enabled = false;
     infolabel.Text = "操作提示:数据排序完毕";
}
```

（3）设计项目 2 对应的 Form2 窗体，包含以下字段：

```
InterSortClass L = new InterSortClass();          //排序类对象 L
```

用户建立好要排序的顺序表后，单击"排序"命令按钮（button3），调用 MergeSort3 方法采用三路归并排序方法对顺序表进行递增排序，并输出每趟排序结果，对应的单击事件过程如下：

```
private void button3_Click(object sender, EventArgs e)
{    textBox3.Text = L.MergeSort3();
     button3.Enabled = false;
     infolabel.Text = "操作提示:数据排序完毕";
}
```

9.6　基数排序

前面介绍的各种排序都是基于关键字比较的，而基数排序是一种不基于关键字比较的排序算法，它是通过"分配"和"收集"过程来实现排序的。

9.6.1　基数排序方法

基数排序是一种借助于多关键字排序的思想对单关键字排序的方法。

多关键字排序有两种常用方法。第一种排序方法的思路是：首先对第 1 关键字 k^1 排序，得到若干子表，每个子表中的记录含有相同的 k^1，然后每个子表独立地对第 2 关键字 k^2 排序，得到若干子表，每个子表中的记录含有相同的 k^1 和 k^2，如此直到对所有关键字都排序完毕，最后把这些子表按多关键字顺序合在一起。以扑克牌排序为例，52 张牌先按花色分为 4 个子表，然后在每个子表中按牌面排序，最后按花色序一堆放在另一堆下面，得到 52 张有序扑克牌。第二种排序方法的思路是：先按关键字 k^i 排序，再按 k^{i-1} 排序，如此直到对所有关键字都排序完毕，最后把这些子表按多关键字顺序合在一起。

基数排序就是利用多关键字排序思路，只不过将记录中的单个关键字分为多个位，每个位看成一个关键字。

一般地，在基数排序中元素 $R[i]$ 的关键字 $R[i].key$ 是由 d 位数字组成，即 $k^{d-1}k^{d-2}\cdots k^0$，每一个数字表示关键字的一位，其中，k^{d-1} 为最高位，k^0 是最低位，每一位的值都在 $0\leqslant$

$k^i < r$ 范围内,其中,r 称为基数。例如,对于二进制数 r 为 2,对于十进制数 r 为 10。

基数排序有两种:最高位优先(MSD)和最低位优先(LSD)。最高位优先的过程是:先按最高位的值对元素进行排序,在此基础上,再按次高位进行排序,依此类推,由高位向低位,每趟都是根据关键字的一位并在前一趟的基础上对所有元素进行排序,直至最低位,则完成了基数排序的整个过程。最低位优先的过程与此相似,只不过是从最低位开始到最高位结束。

以 r 为基数的最高位优先排序的过程是:假设线性表由结点序列 a_1、a_2、$\cdots$、a_n 构成,每个结点 a_j 的关键字由 d 元组(k_j^{d-1}, k_j^{d-2}, $\cdots$, k_j^1, k_j^0)组成,其中,$0 \leqslant k_j^i \leqslant r-1$($0 \leqslant j < n$,$0 \leqslant i \leqslant d-1$)。在排序过程中,使用 r 个队列 Q_0、Q_1、$\cdots$、Q_{r-1}。排序过程如下:

对 $i = d-1$、$d-2$、$\cdots$、1、0(从高位到低位),依次做一次"分配"和"收集"(其实就是一次稳定的排序过程)。

分配:开始时,把 Q_0、Q_1、$\cdots$、Q_{r-1} 各个队列置成空队列,然后依次考察线性表中的每一个结点 a_j($j=1,2,\cdots,n$),如果 a_j 的关键字 $k_j^i = k$,就把 a_j 插入到 Q_k 队列中。

收集:将 Q_0、Q_1、$\cdots$、Q_{r-1} 各个队列中的结点依次首尾相接,得到新的结点序列,从而组成新的线性表。

9.6.2 基数排序实践项目设计

⌨ 基数排序的实践项目

在前面的 Sort 项目中添加以下项目。

项目 1:设计最高位优先基数排序算法,输出每趟排序后的结果。用相关数据进行测试,其操作界面如图 9.21 所示。

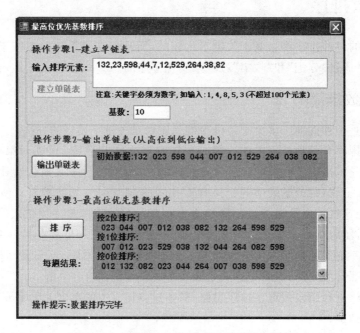

图 9.21 内排序——实践项目 1 的操作界面

项目2：设计最低位优先基数排序算法，输出每趟排序后的结果。用相关数据进行测试，其操作界面如图9.22所示。

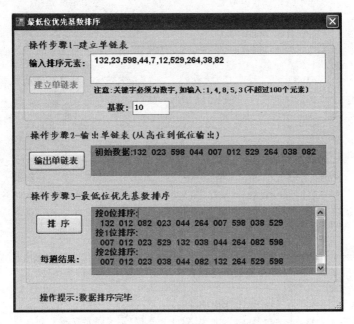

图9.22 内排序——实践项目2的操作界面

💻 实践项目设计

(1) 在 Sort 项目的 Class1.cs 文件的 InterClass 类中增加以下排序方法：

```
public string RadixSort1()                        //最高位优先基数排序
//实现基数排序：* h 为待排序数列单链表指针,r 为基数,d 为关键字位数
{    string mystr = "";
     RadixNode [ ] head = new RadixNode[MAXR];
     RadixNode[ ] tail = new RadixNode[MAXR];      //定义各链队的首尾指针
     RadixNode p, t = null;
     int i, j, k;
     for (i = d − 1; i >= 0; i−−)                  //从高位到低位循环
     {    for (j = 0; j < r; j++)                  //初始化各链队首、尾指针
              head[j] = tail[j] = null;
          p = h;
          while (p ! = null)                       //分配：对于原链表中每个结点循环
          {    k = p.key[i] − '0';                 //找第 k 个链队
               if (head[k] == null)                //第 k 个链队空时,队头队尾均指向 p 结点
               {    head[k] = p;
                    tail[k] = p;
               }
               else
               {    tail[k].next = p;              //第 k 个链队非空时,p 结点入队
                    tail[k] = p;
               }
               p = p.next;                         //取下一个待排序的元素
          }
```

```
            h = null;                               //重新用 h 来收集所有结点
        for (j = 0;j < r; j++)                      //收集：对于每一个链队循环
            if (head[j] != null)                    //若第 j 个链队是第一个非空链队
            {   if (h == null)
                {   h = head[j];
                    t = tail[j];
                }
                else                                //若第 j 个链队是其他非空链队
                {   t.next = head[j];
                    t = tail[j];
                }
            }
            t.next = null;                          //最后一个结点的 next 域置 NULL
            mystr += "按" + i.ToString() + "位排序:\r\n ";   //输出一趟排序结果
            mystr += DispList1() + "\r\n";          //调用 DispList1 方法显示数列
        }
        return mystr;
    }
    public string RadixSort2()                      //最低位优先基数排序
    //实现基数排序:*h 为待排序数列单链表指针,r 为基数,d 为关键字位数
    {   string mystr = "";
        RadixNode[] head = new RadixNode[MAXR];
        RadixNode[] tail = new RadixNode[MAXR];     //定义各链队的首尾指针
        RadixNode p, t = null;
        int i, j, k;
        for (i = 0; i <= d - 1; i++)                //从低位到高位循环
        {   for (j = 0; j < r; j++)                 //初始化各链队首、尾指针
                head[j] = tail[j] = null;
            p = h;
            while (p != null)                       //分配：对于原链表中每个结点循环
            {   k = p.key[i] - '0';                 //找第 k 个链队
                if (head[k] == null)                //第 k 个链队空时,队头队尾均指向 p 结点
                {   head[k] = p;
                    tail[k] = p;
                }
                else
                {   tail[k].next = p;               //第 k 个链队非空时,p 结点入队
                    tail[k] = p;
                }
                p = p.next;                         //取下一个待排序的元素
            }
            h = null;                               //重新用 h 来收集所有结点
            for (j = 0; j < r; j++)                 //收集：对于每一个链队循环
                if (head[j] != null)                //若第 j 个链队是第一个非空链队
                {   if (h == null)
                    {   h = head[j];
                        t = tail[j];
                    }
                    else                            //若第 j 个链队是其他非空链队
                    {   t.next = head[j];
```

```
                    t = tail[j];
                }
            }
            t.next = null;                  //最后一个结点的 next 域置 NULL
            mystr += "按" + i.ToString() + "位排序:\r\n  ";  //输出一趟排序结果
            mystr += DispList1() + "\r\n";   //调用 DispList1 方法显示数列
        }
        return mystr;
    }
```

（2）设计项目 1 对应的 Form1 窗体，包含以下字段：

```
InterSortClass L = new InterSortClass();        //排序类对象 L
```

用户建立好要排序的单链表后，单击"排序"命令按钮（button3），调用 RadixSort1 方法采用最高位优先基数排序方法对单链表进行递增排序，并输出每趟排序结果，对应的单击事件过程如下：

```
private void button3_Click(object sender, EventArgs e)
{   textBox3.Text = L.RadixSort1();
    button3.Enabled = false;
    infolabel.Text = "操作提示:数据排序完毕";
}
```

（3）设计项目 2 对应的 Form2 窗体，包含以下字段：

```
InterSortClass L = new InterSortClass();        //排序类对象 L
```

用户建立好要排序的单链表后，单击"排序"命令按钮（button3），调用 RadixSort2 方法采用最高低优先基数排序方法对顺序表进行递增排序，并输出每趟排序结果，对应的单击事件过程如下：

```
private void button3_Click(object sender, EventArgs e)
{   textBox3.Text = L.RadixSort2();
    button3.Enabled = false;
    infolabel.Text = "操作提示:数据排序完毕";
}
```

9.7　各种内排序方法比较

9.7.1　各种内排序方法的比较和选择

前面介绍了多种排序方法，将这些排序方法总结为表 9.1 所示。通常可按平均时间将排序方法分为 3 类：

（1）平方阶 $O(n^2)$ 排序，一般称为简单排序，例如直接插入排序、简单选择排序和冒泡排序。

（2）线性对数阶 $O(n\log_2 n)$ 排序，如快速排序、堆排序和归并排序。

（3）线性阶 $O(n)$ 排序，如基数排序（假定数据的位数 d 和进制 r 为常量时）。

表 9.1　各种排序方法的性能

排序方法	时间复杂度			空间复杂度	稳定性	复杂性
	平均情况	最坏情况	最好情况			
直接插入排序	$O(n^2)$	$O(n^2)$	$O(n)$	$O(1)$	稳定	简单
希尔排序	$O(n^{1.3})$			$O(1)$	不稳定	较复杂
冒泡排序	$O(n^2)$	$O(n^2)$	$O(n)$	$O(1)$	稳定	简单
快速排序	$O(n\log_2 n)$	$O(n^2)$	$O(n\log_2 n)$	$O(\log_2 n)$	不稳定	较复杂
简单选择排序	$O(n^2)$	$O(n^2)$	$O(n^2)$	$O(1)$	不稳定	简单
堆排序	$O(n\log_2 n)$	$O(n\log_2 n)$	$O(n\log_2 n)$	$O(1)$	不稳定	较复杂
归并排序	$O(n\log_2 n)$	$O(n\log_2 n)$	$O(n\log_2 n)$	$O(n)$	稳定	较复杂
基数排序	$O(d(n+r))$	$O(d(n+r))$	$O(d(n+r))$	$O(r)$	稳定	较复杂

因为不同的排序方法适合不同的应用环境和要求，所以选择合适的排序方法应综合考虑下列因素：

（1）待排序的元素数目 n（问题规模）；

（2）元素的大小（每个元素的规模）；

（3）关键字的结构及其初始状态；

（4）对稳定性的要求；

（5）语言工具的条件；

（6）存储结构；

（7）时间和辅助空间复杂度等。

没有哪一种排序方法是绝对好的。每一种排序方法都有其优缺点，适合于不同的环境。因此，在实际应用中，应根据具体情况做选择。首先考虑排序对稳定性的要求，若要求稳定，则只能在稳定方法中选取，否则可以在所有方法中选取；接着要考虑待排序结点数 n 的大小，若 n 较大，则可在改进方法中选取，否则在简单方法中选取；然后再考虑其他因素。下面给出综合考虑了以上几个方面所得出的大致结论：

（1）若 n 较小（如 $n \leqslant 50$），可采用直接插入或简单选择排序。当元素规模较小时，直接插入排序较好；否则因为直接选择移动的元素数少于直接插入，应选简单选择排序为宜。

（2）若文件初始状态基本有序（指正序），则应选用直接插入、冒泡或随机的快速排序为宜。

（3）若 n 较大，则应采用时间复杂度为 $O(n\log_2 n)$ 的排序方法——快速排序、堆排序或归并排序。快速排序是目前基于比较的内部排序中被认为是较好的方法，当待排序的关键字是随机分布时，快速排序的平均时间最短；但堆排序所需的辅助空间少于快速排序，并且不会出现快速排序可能出现的最坏情况。这两种排序都是不稳定的，若要求排序稳定，则可选用归并排序。但本章介绍的从单个元素起进行两两归并的二路归并排序算法并不值得提倡，通常可以将它和直接插入排序结合在一起使用。先利用直接插入排序求得较长的有序子文件，然后再两两归并之。因为直接插入排序是稳定的，所以改进后的归并排序仍是稳定的。

（4）若要将两个有序表组合成一个新的有序表，最好的方法是归并排序方法。

（5）在基于比较的排序方法中，每次比较两个关键字的大小之后，仅仅出现两种可能的转移,因此可以用一棵二叉树来描述比较判定过程,由此可以证明:当文件的 n 个关键字随机分布时,任何借助于"比较"的排序算法至少需要 $O(n\log_2 n)$ 的时间。由于基数排序只需一步就会引起 r 种可能的转移,即把一个元素装入 r 个队列之一,因此在一般情况下,基数排序可能在 $O(n)$ 时间内完成对 n 个元素的排序。但遗憾的是,基数排序只适用于像字符串和整数这类有明显结构特征的关键字,而当关键字的取值范围属于某个无穷集合(例如实数型关键字)时,无法使用基数排序,这时只有借助于"比较"的方法来排序。由此可知,若 n 很大,元素的关键字位数较少且可以分解时,采用基数排序较好。

9.7.2 内排序方法比较实践项目设计

⌨ 内排序比较的实践项目

在前面的 Sort 项目中添加以下项目。

项目:设计一个项目,随机产生 100 个 0~99 的正整数,采用各种排序算法进行递增排序,并给出各种排序算法所花时间。用相关数据进行测试,其操作界面如图 9.23 所示。

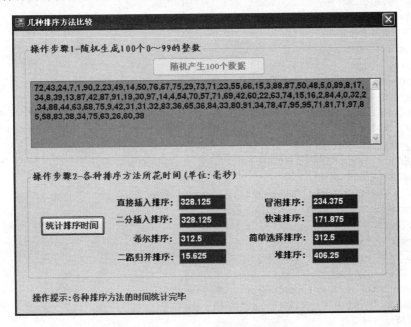

图 9.23 内排序——实践项目的操作界面

💻 实践项目设计

设计项目对应的 Form 窗体,包含以下字段:

```
InterSortClass L = new InterSortClass();      //排序类对象 L
string randstr;                               //随机产生的要排序的关键字串
```

单击"随机产生 100 个数据"命令按钮(button1)随机产生 100 个 0~99 的整数。单击"统计排序时间"命令按钮(button2),调用各种排序方法进行排序并统计相应的排序时间,对应的单击事件过程如下:

```
private void button2_Click(object sender, EventArgs e)
```

```
{    DateTime t1, t2;
     string mystr = randstr;
     string[] split = mystr.Split(new Char[] { ' ', ',', '.', ':'});
     //直接插入排序
     L.CreateList(split);
     t1 = DateTime.Now; L.InsertSort(); t2 = DateTime.Now;
     textBox2.Text = Difftime(t1, t2).ToString();
     //二分插入排序
     mystr = randstr;
     split = mystr.Split(new Char[] { ' ', ',', '.', ':' });
     L.CreateList(split);
     t1 = DateTime.Now; L.BinInsertSort(); t2 = DateTime.Now;
     textBox3.Text = Difftime(t1, t2).ToString();
     //希尔排序
     mystr = randstr;
     split = mystr.Split(new Char[] { ' ', ',', '.', ':' });
     L.CreateList(split);
     t1 = DateTime.Now; L.ShellSort(); t2 = DateTime.Now;
     textBox4.Text = Difftime(t1, t2).ToString();
     //二路归并排序
     mystr = randstr;
     split = mystr.Split(new Char[] { ' ', ',', '.', ':' });
     L.CreateList(split);
     t1 = DateTime.Now; L.MergeSort2(); t2 = DateTime.Now;
     textBox5.Text = Difftime(t1, t2).ToString();
     //冒泡排序
     mystr = randstr;
     split = mystr.Split(new Char[] { ' ', ',', '.', ':' });
     L.CreateList(split);
     t1 = DateTime.Now; L.BubbleSort(); t2 = DateTime.Now;
     textBox6.Text = Difftime(t1, t2).ToString();
     //快速排序
     mystr = randstr;
     split = mystr.Split(new Char[] { ' ', ',', '.', ':' });
     L.CreateList(split);
     t1 = DateTime.Now; L.QuickSort(); t2 = DateTime.Now;
     textBox7.Text = Difftime(t1, t2).ToString();
     //简单选择排序
     mystr = randstr;
     split = mystr.Split(new Char[] { ' ', ',', '.', ':' });
     L.CreateList(split);
     t1 = DateTime.Now; L.SelectSort(); t2 = DateTime.Now;
     textBox8.Text = Difftime(t1, t2).ToString();
     //堆排序
     mystr = randstr;
     split = mystr.Split(new Char[] { ' ', ',', '.', ':' });
     L.CreateList(split);
     t1 = DateTime.Now; L.HeapSort(); t2 = DateTime.Now;
     textBox9.Text = Difftime(t1, t2).ToString();
     infolabel.Text = "操作提示:各种排序方法的时间统计完毕";
}
```

说明：由于 C#线程分配的原因，各种排序的时间不完全与理论上的分析相对应，但这不能证明理论上的分析是错误的。

9.8　内排序的应用

9.8.1　内排序应用方法

内排序有很多种方法，有的需要存储结构具有随机存取特性（如折半插入排序、快速排序等），有的则不需要；各种内排序的时间复杂度也不相同。所以内排序的应用一般步骤如下：

（1）根据求解问题中的数据关系选择合适的数据存储结构。

（2）根据存储结构的特点和性能要求选择合理的排序方法。

有时为了强调排序的性能需要采用某种排序方法，程序员需要重新组织数据的存储结构以满足该排序算法的要求。

9.8.2　内排序应用实践项目设计

☞ 线性表＋内排序综合实践项目

修改第 2 章的线性表综合应用实践项目，增加可按学号、姓名、性别、出生日期、班号、电话号码或住址列升序或降序排序的功能，例如，图 9.24 的学生记录按班号降序排序的结果如图 9.25 所示。

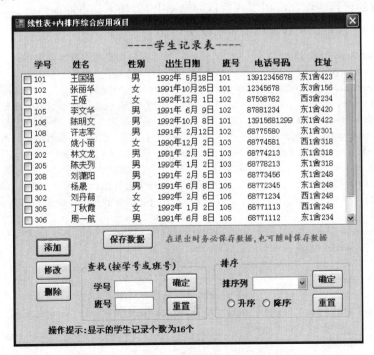

图 9.24　线性表＋内排序综合实践项目(1)

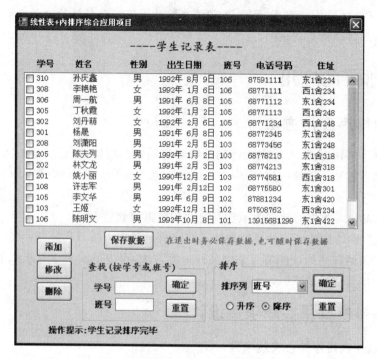

图 9.25　线性表＋内排序综合实践项目(2)

💻 实践项目设计

在第 2 章的线性表综合应用实践项目的基础上，做如下几方面的修改。

（1）在 StudClass 类中增加以下排序方法：

```
public void Sort1(int i)                        //按指定列进行递增排序
{   StudList p,pre,q;                           //定义结点指针
    if (head.next == null ‖ head.next.next == null)
        return;                                 //没有数据结点或只有一个结点时返回
    p = head.next.next;                         //p 指向 L 的第二个数据结点
    head.next.next = null;                      //构造只含一个数据结点的有序表
    while (p != null)
    {   q = p.next;                             //q 保存 p 结点后继结点的指针
        pre = head;                             //从有序表开头进行比较,pre 指向插入 p 的前趋结点
        switch (i)                              //分列名在有序表中找插入 p 的前趋结点 pre
        {
        case 0:                                 //按学号排序
            while (pre.next != null && pre.next.no < p.no)
                pre = pre.next;
            break;
        case 1:                                 //按姓名排序
            while (pre.next != null && string.Compare(pre.next.name,p.name)< 0)
                pre = pre.next;
            break;
        case 2:                                 //按性别排序
            while (pre.next != null && string.Compare(pre.next.sex, p.sex) < 0)
                pre = pre.next;
```

```
            break;
        case 3:                    //按出生日期排序
            while (pre.next != null && (pre.next.year < p.year ‖
                    pre.next.year == p.year && pre.next.month < p.month ‖
                    pre.next.year == p.year && pre.next.month == p.month
                    && pre.next.day < p.day))
                pre = pre.next;
            break;
        case 4:                    //按班号排序
            while (pre.next != null && string.Compare(pre.next.classno, p.classno) < 0)
                pre = pre.next;
            break;
        case 5:                    //按电话号码排序
            while (pre.next! = null && string.Compare(pre.next.telephone, p.telephone) < 0)
                pre = pre.next;
            break;
        case 6:                    //按住址排序
            while (pre.next != null && string.Compare(pre.next.place, p.place) < 0)
                pre = pre.next;
            break;
        }
        p.next = pre.next;         //在 pre 之后插入 p
        pre.next = p;
        p = q;                     //扫描原单链表余下的结点
    }
}
public void Sort2(int i)          //按指定列进行递减排序
{   StudList p, pre, q;           //定义结点指针
    if (head.next == null ‖ head.next.next == null)
        return;                   //没有数据结点或只有一个结点时返回
    p = head.next.next;           //p 指向 L 的第二个数据结点
    head.next.next = null;        //构造只含一个数据结点的有序表
    while (p != null)
    {   q = p.next;               //q 保存 p 结点后继结点的指针
        pre = head;               //从有序表头开始进行比较,pre 指向插入 p 的前趋结点
        switch (i)                //分列名在有序表中找插入 p 的前趋结点 pre
        {
        case 0:                    //按学号排序
            while (pre.next != null && pre.next.no > p.no)
                pre = pre.next;
            break;
        case 1:                    //按姓名排序
            while (pre.next != null && string.Compare(pre.next.name, p.name) > 0)
                pre = pre.next;
            break;
        case 2:                    //按性别排序
            while (pre.next != null && string.Compare(pre.next.sex, p.sex) > 0)
                pre = pre.next;
            break;
        case 3:                    //按出生日期排序
            while (pre.next != null && (pre.next.year > p.year ‖
```

数据结构实践教程(C♯语言描述)

```
                        pre.next.year == p.year && pre.next.month > p.month ||
                        pre.next.year == p.year && pre.next.month == p.month
                        && pre.next.day > p.day))
                pre = pre.next;
            break;
        case 4:                          //按班号排序
            while (pre.next != null && string.Compare(pre.next.classno, p.classno) > 0)
                pre = pre.next;
            break;
        case 5:                          //按电话号码排序
            while (pre.next!= null && string.Compare(pre.next.telephone, p.telephone)> 0)
                pre = pre.next;
            break;
        case 6:                          //按住址排序
            while (pre.next != null && string.Compare(pre.next.place, p.place) > 0)
                pre = pre.next;
            break;
        }
        p.next = pre.next;               //在 pre 之后插入 p
        pre.next = p;
        p = q;                           //扫描原单链表余下的结点
    }
}
```

(2) 修改 Form1 窗体的设计界面如图 9.26 所示,增加排序分组框,其中,comboBox1 组合框中预先设置有要排序的列,用户选择其中一个列,再选中升序或降序单选按钮,单击其中的"确定"命令按钮,则在 studlist 列表框中的所有学生记录进行相应的排序。

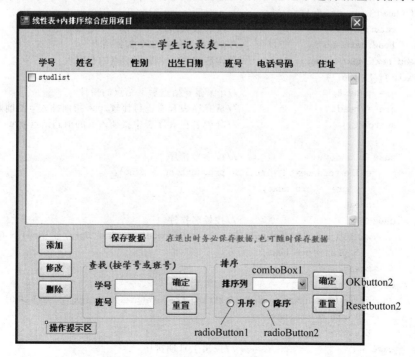

图 9.26　修改后的 Form1 的设计界面

设计 Form1 中排序"确定"和"重置"命令按钮的单击事件过程如下：

```
private void OKbutton2_Click(object sender, EventArgs e)
//排序确定命令按钮单击事件过程
{    if (comboBox1.Text == "")
     {    infolabel.Text = "操作提示:必须选择一个排序的列";
          return;
     }
     if (radioButton1.Checked ‖ radioButton2.Checked)
     {    if (radioButton1.Checked)
              st.Sort1(comboBox1.SelectedIndex);      //升序
          else
              st.Sort2(comboBox1.SelectedIndex);      //降序
          DispList();
          infolabel.Text = "操作提示:学生记录排序完毕";
     }
     else infolabel.Text = "操作提示:必须选择一种排序方式";
}
private void Resetbutton2_Click(object sender, EventArgs e)
//排序重置命令按钮单击事件过程
{    comboBox1.Text = "";
     radioButton1.Checked = true;
}
```

其他内容保持不变,这样修改后的项目满足本实践项目的要求。

CHAPTER 10

第 10 章　　　　　　外　排　序

　　外排序主要是针对文件的,待排序的数据量大,采用文件的方式存放在外存上。本章通过磁盘排序的实践项目设计讨论外排序的基本方法。

10.1　外排序概述

　　文件存储在外存上,因此外排序方法与各种外存设备的特征有关,外存设备大体上可分为两类:一类是顺序存取设备,例如磁带;另一类是直接存取设备,例如磁盘。

　　外排序的基本方法是归并排序法,它主要分为以下两个步骤:

　　(1) 生成若干初始归并段(顺串)。将一个文件(含待排序的数据)中的数据分段读入内存,在内存中对其进行内排序,并将经过排序的数据段(有序段)写到多个外存文件上。

　　(2) 多路归并。对这些初始归并段进行多遍归并,使得有序的归并段逐渐扩大,最后在外存上形成整个文件的单一归并段,也就完成了这个文件的外排序。

10.2　磁盘排序

　　磁盘是一种直接存取设备,磁盘和内存的数据交换是数据块,磁盘读/写一个数据块的时间与当前读/写头所处的位置关系不大。磁盘排序就是利用磁盘的这一特性实现的。

10.2.1　磁盘排序过程

　　磁盘排序过程如图 10.1 所示,磁盘中的 F_{in} 文件包括待排序的全部数据,根据内存大小采用相关算法将 F_{in} 文件中数据一部分一部分地调入内存(每个记录被读一次)排序,产生若干个文件 $F_1 \sim F_n$(每个记录被写一次),它们都是有序的,称为**顺串**。然后再次将 $F_1 \sim F_n$ 文件中的记录调入内存(每个记录被读一次),通过相关归并算法产生一个有序的 F_{out} 文件(每个记录被写一次),从而达到数据排序的目的。

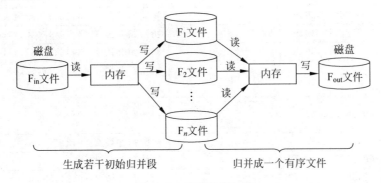

图 10.1　磁盘排序过程

1. 生成初始归并段

采用置换-选择排序算法生成初始归并段时,其中内排序采用选择排序,即从若干个记录中通过关键字比较选择一个最小的记录,同时在此过程中伴随记录的输入和输出,最后生成若干个长度可能各不相同的有序文件即初始归并段。基本步骤如下:

(1) 从待排序文件 F_{in} 中按内存工作区 WA 的容量(设为 w)读入 w 个记录。设当前初始归并段编号 $i=1$。

(2) 从 WA 中选出关键字最小的记录 R_{min}。

(3) 将 R_{min} 记录输出到文件 F_i(F_i 为产生的第 i 个初始归并段)中,作为当前初始归并段的一个记录。

(4) 若 F_{in} 不空,则从 F_{in} 中读入下一个记录到 WA 中替代刚输出的记录。

(5) 在 WA 工作区中所有大于或等于 R_{min} 的记录中选择最小记录作为新的 R_{min},转(3),直到选不出这样的 R_{min}。

(6) 置 $i=i+1$,开始下一个初始归并段。

(7) 若 WA 工作区已空,则所有初始归并段已全部产生;否则转(2)。

例如,某个磁盘文件中共有 18 个记录,其中,各记录的关键字分别为{15,4,97,64,17, 32,108,44,76,9,39,82,56,31,80,73,255,68},假设内存工作区可容纳 5 个记录,用置换-选择排序算法产生两个初始归并段,归并段 F_1 为{4,15,17,32,44,64,76,82,97,108},归并段 F_2 为{9,31,39,56,68,73,80,255},初始归并段的生成过程如表 10.1 所示。

表 10.1　初始归并段的生成过程

读入记录	内存工作区状态	R_{min}	输出之后的初始归并段状态
15,4,97,64,17	15,4,97,64,17	4($i=1$)	初始归并段 1:{4}
32	15,32,97,64,17	15($i=1$)	初始归并段 1:{4,15}
108	108,32,97,64,17	17($i=1$)	初始归并段 1:{4,15,17}
44	108,32,97,64,44	32($i=1$)	初始归并段 1:{4,15,17,32}
76	108,76,97,64,44	44($i=1$)	初始归并段 1:{4,15,17,32,44}
9	108,76,97,64,9	64($i=1$)	初始归并段 1:{4,15,17,32,44,64}

读入记录	内存工作区状态	R_{min}	输出之后的初始归并段状态
39	108,76,97,39,9	76($i=1$)	初始归并段 1:{4,15,17,32,44,64,76}
82	108,82,97,39,9	82($i=1$)	初始归并段 1:{4,15,17,32,44,64,76,82}
56	108,56,97,39,9	97($i=1$)	初始归并段 1:{4,15,17,32,44,64,76,82,97}
31	108,56,31,39,9	108($i=1$)	初始归并段 1:{4,15,17,32,44,64,76,82,97,108}
80	80,56,31,39,9	9（没有大于等于108的记录,$i=2$）	初始归并段 2:{9}
73	80,56,31,39,9	31($i=2$)	初始归并段 2:{9,31}
255	80,56,255,39,73	39($i=2$)	初始归并段 2:{9,31,39}
68	80,56,255,68,73	56($i=2$)	初始归并段 2:{9,31,39,56}
	80,,255,68,73	68($i=2$)	初始归并段 2:{9,31,39,56,68}
	80,,255,,73	73($i=2$)	初始归并段 2:{9,31,39,56,68,73}
	80,,255,,	80($i=2$)	初始归并段 2:{9,31,39,56,68,73,80}
	,,255,,	255($i=2$)	初始归并段 2:{9,31,39,56,68,73,80,255}

2. 利用败者树实现 k 路平衡归并

利用败者树实现 k 路平衡归并的过程是：先建立败者树,然后对 k 个初始归并段进行 k 路平衡归并。实际上,败者树用于连续地从 k 个记录中找关键字最小的记录,并且会提高效率。

败者树是一棵有 k 个叶子结点的完全二叉树,其中,叶子结点存储要归并的记录,分支结点存放关键字对应的段号。所谓败者,是两个记录比较时关键字较大者,胜者是两个记录比较时关键字较小者。建立败者树是采用类似于堆调整的方法实现的,其初始时令所有的分支结点指向一个含最小关键字（MINKEY）的叶子结点,然后从各叶子结点出发调整分支结点为新的败者即可。

对 k 个初始归并段（有序段）进行 k 路平衡归并的方法如下：

（1）取每个输入有序段的第一个记录作为败者树的叶子结点,建立初始败者树：两两叶子结点进行比较,在双亲结点中记录比赛的败者（关键字较大者）,而让胜者去参加更高一层的比赛,如此在根结点之上胜出的"冠军"是关键字最小者。

（2）最后胜出的记录写至输出归并段,在对应的叶子结点处,补充该输入有序段的下一个记录,若该有序段变空,则补充一个大关键字（比所有记录关键字都大,设为 k_{max},通常用 ∞ 表示）的虚记录。

（3）调整败者树,选择新的关键字最小的记录：从补充记录的叶子结点向上和双亲结点的关键字比较,败者留在该双亲结点,胜者继续向上,直至树的根结点,最后将胜者放在根结点的双亲结点中。

（4）若胜出的记录关键字等于 k_{max},则归并结束；否则转（2）继续。

例如,设有 5 个初始归并段,它们中各记录的关键字分别是：

F_0:{17,21,∞} F_1:{5,44,∞} F_2:{10,12,∞} F_3:{29,32,∞} F_4:{15,56,∞}

其中,∞ 是段结束标志。利用败者树进行五路平衡归并排序的过程是：先建立如图 10.2(a)所示的败者树,产生冠军（最小者）,将冠军 1(5)写至输出归并段后,在 F_1 中补充下一个关键字为 44 的记录,调整败者树,调整过程是:将 1(44)与 2(10)进行比较,产生败者 1(44),放在 ls[3]中,胜者为 2(10);将 2(10)与 4(15)进行比较,产生败者 4(15),胜者为 2(10);最后将胜者 2(10)放在 ls[0]中。只经过两次比较产生新的关键字最小的记录 2(10),如图 10.2(b)所示,其中粗线部分为调整路径。

说明:在置换-选择排序算法中第(2)步从 WA 中选出关键字最小的记录时也可以使用败者树方法以提高算法效率。

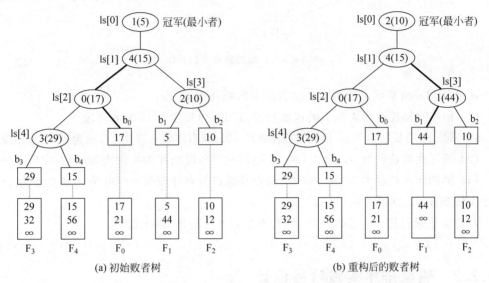

图 10.2 初始败者树和重构后的败者树(粗线部分结点发生改变)

3. 最佳归并树

由于采用置换-选择排序算法生成的初始归并段长度不等,在进行逐趟 k 路归并时对归并段的组合不同,会导致归并过程中对外存的读/写次数不同。为提高归并的时间效率,有必要对各归并段进行合理的搭配组合。

不同的归并方案所对应的归并树的带权路径长度各不相同,为了使得总的读写次数达到最少,需要改变归并方案,重新组织归并树,使其路径长度 WPL 尽可能的短。所有归并树中最小带权路径长度 WPL 的归并树称为**最佳归并树**。为此,可将哈夫曼树的思想扩充到 k 次树的情形。在归并树中,让记录个数少的初始归并段最先归并,记录个数多的初始归并段最后归并,就可以建立总的读写次数达到最少的最佳归并树。

最佳归并树是带权路径长度最短的 k 次(阶)哈夫曼树,构造 m 个初始归并段的最佳归并树的步骤如下:

(1) 若$(m-1) \bmod (k-1) \neq 0$,则需附加$(k-1)-(m-1) \bmod (k-1)$个长度为 0 的虚段,以使每次归并都可以对应 k 个段。

(2) 按照哈夫曼树的构造原则(权值越小的结点离根结点越远)构造最佳归并树。

例如,设文件经预处理后,得到长度分别为 47、9、39、18、4、12、23、7、21、16 和 26 的 11 个初始归并段,产生四路最佳归并树的过程是:$m=11$,归并路数 $k=4$,由于$(m-1) \bmod (k-1)=1$,不为 0,因此需附加$(k-1)-(m-1) \bmod (k-1)=2$个长度为 0 的虚段,根据集合{49,9,35,18,4,12,23,7,21,14,26,0,0}构造四阶哈夫曼树,如图 10.3 所示。

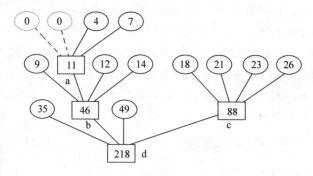

图 10.3　一棵四路最佳归并树

该最佳归并树显示了读写文件次数最少的归并方案,即:

(1) 第一次将长度为 4 和 7 的初始归并段归并为长度为 11 的有序段 a。

(2) 第二次将长度为 9、12 和 14 的初始归并段以及有序段 a 归并为长度为 46 的有序段 b。

(3) 第三次将长度为 18、21、23 和 26 的初始归并段归并为长度为 88 的有序段 c。

(4) 第四次将长度为 35 和 49 的初始归并段以及有序段 b、c 归并为记录长度为 218 的有序文件整体 d。共需 4 次归并。

若每个记录占用一个物理页块,则此方案对外存的读/写次数为:

$$2\times[(4+7)\times3+(9+12+14+18+21+23+26)\times2+(35+49)\times1]=726(次)$$

10.2.2　磁盘排序实践项目设计

⌨ 磁盘排序的实践项目

项目 1:设计一个项目,对于用户输入的无序关键字序列,存放到文件 F_{in} 中,采用置换-选择排序算法对 F_{in} 文件生成初始归并段。用相关数据进行测试,其操作界面如图 10.4 所示。

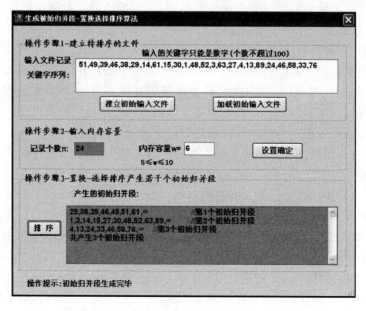

图 10.4　外排序——实践项目 1 的操作界面

项目 2：设计一个项目，对于项目 1 产生 k 个初始归并段，采用 k 路平衡归并方法产生一个有序文件 F_{out}，并显示完整的归并过程。用相关数据进行测试，其操作界面如图 10.5 所示。

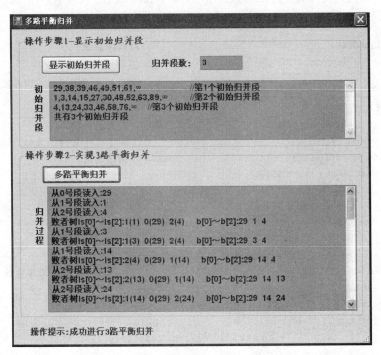

图 10.5　外排序——实践项目 2 的操作界面

项目 3：设计一个项目，根据用户输入的若干初始归并段的记录个数和归并路数 k，产生多路最佳归并树，并给出完整的归并方案。用相关数据进行测试，其操作界面如图 10.6 所示。

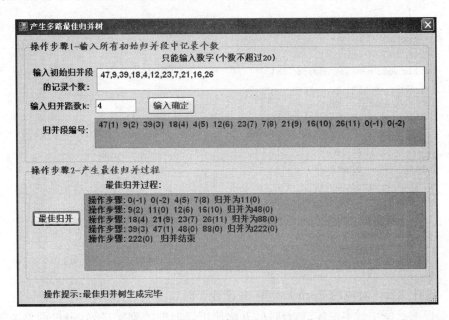

图 10.6　外排序——实践项目 3 的操作界面

🖳 实践项目设计

(1) 新建一个 Windows 应用程序项目 ESort。

(2) 由于输入关键字序列、归并段等都用顺序表存储,所以设计一个公用的顺序表类 SqListClass,将其代码放在 Class1.cs 文件中:

```
class SqListClass                                //顺序表类
{    const int MaxSize = 100;
     public int [ ] keys;                        //存放关键字序列或归并段记录个数序列
     public int length;                          //存放顺序表的长度
     public int[ ] no;                           //归并段的编号
     public bool[ ] tag;                         //用于产生最佳归并树
     public SqListClass()                        //构造函数
     {    keys = new int[MaxSize];
          no = new int[MaxSize];
          tag = new bool[MaxSize];
          length = 0;
     }
     //----------------- 顺序表的基本运算算法 -----------------------------
     public bool CreateList(string[ ] split)     //由 split 中的元素建立顺序表
     {    int i;
          for (i = 0; i < split.Length; i++)
          {    try
               {    keys[i] = Convert.ToInt32(split[i]);
                    no[i] = i + 1;
                    tag[i] = true;
               }
               catch (Exception err)             //捕捉数据输入错误
               {    return false;   }
          }
          length = split.Length;
          return true;
     }
     public void add(int num, int bh)            //增加一个虚段
     {    keys[length] = num;
          no[length] = bh;
          tag[length] = true;
          length++;
     }
     public string DispList()                    //输出归并段段号
     {    int i; string mystr = "";
          for (i = 0; i < length; i++)
               mystr += keys[i].ToString() + "(" + no[i].ToString() + ")";
          return mystr;
     }
}
```

(3) 设计项目 1 对应的 Form1 窗体,其设计界面如图 10.7 所示。

如果以前已使用过本窗体进行排序,并想使用以前的关键字序列,用户可单击"加载初

始输入文件"命令按钮打开 FI.dat 文件将其数据显示到 textBox1 文本框中。

　　用户也可以直接在 textBox1 文本框中输入关键字序列,单击"建立初始输入文件"命令按钮将这些数据保存到 FI.dat 文件中。

　　系统自动求出记录个数 n,在输入内存容量 w 后单击"设置确定"命令按钮。

　　单击"排序"命令按钮时采用置换-选择排序算法产生若干个有序归并段,并分别放在 Fmidi.dat 文件中,以供下一个窗体使用。

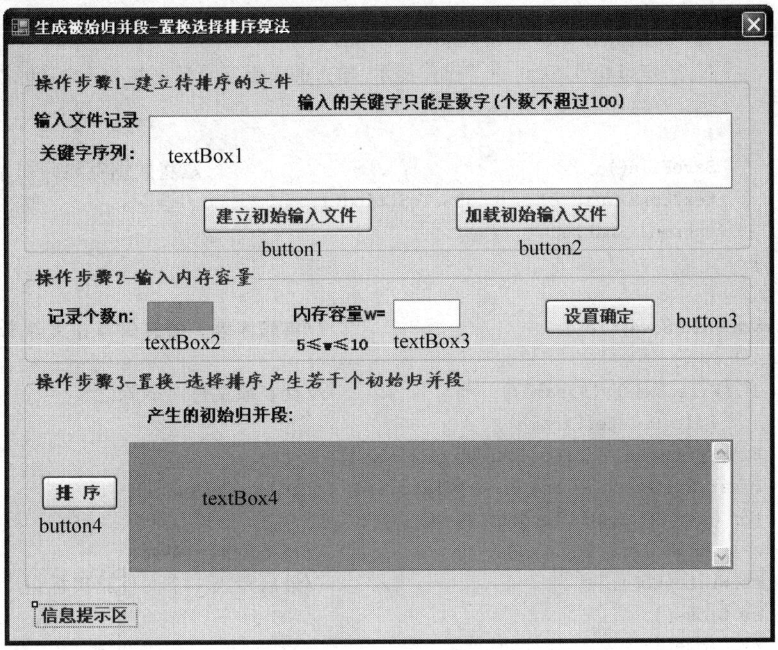

图 10.7　Form1 窗体设计界面

Form1 窗体的主要代码如下:

```
struct WorkArea                              //内存工作区类型
{   public int key;                          //存放一个关键字
    public int rnum;                         //所属归并段的段号
};
public partial class Form1 : Form
{   string rstr = "";
    const int MAXKEY = 32767;                //表示最大关键字值∞
    const int EOF  = - 32768;
    const string Finame = "FI.dat";          //初始输入文件名
    const string Fmidname = "Fmid.dat";      //存放产生的若干归并段的文件名
    SqListClass L = new SqListClass();       //顺序表
    WorkArea[] wa;                           //内存工作区
    int w;                                   //内存工作区可容纳的记录个数
    int[] ls;                                //存放败者树(loser tree),其中每个结点值为段号
    int rc;                                  //rc 指示当前生成的初始归并段的段号
    int rmax;                                //rmax 指示 wa 中关键字所属初始归并段的最大段号
    BinaryReader FiR;                        //初始输入文件流阅读器
    BinaryWriter FmidW;                      //产生的归并段文件流写入器
```

```csharp
    public Form1()                          //构造函数
    {   InitializeComponent(); }
    private void button1_Click(object sender, EventArgs e)   //建立初始输入文件
    {   string str = textBox1.Text.Trim();
        if (str == "")
            infolabel.Text = "操作提示:必须输入元素";
        else
        {   string[] split = str.Split(new Char[] { ' ', ',', '.', ':' });
            L.CreateList(split);
            if (L.length < 6 || L.length > 100)
            {   infolabel.Text = "操作提示:输入的关键字个数必须为 6~100 之间";
                return;
            }
            SaveFile();                                 //将数据存放到初始输入文件中
            textBox2.Text = L.length.ToString();
            button3.Enabled = true;
        }
    }

    private void SaveFile()                 //将顺序表 L 信息保存在文件 Fin.dat 中
    {   int i, j;
        if (File.Exists(Finame))                       //存在该文件时删除之
            File.Delete(Finame);
        FileStream fs = File.OpenWrite(Finame);
        BinaryWriter sb = new BinaryWriter(fs, Encoding.Default);
        for (i = 0; i < L.length; i++)
            sb.Write(L.keys[i]);                        //写入关键字序列
        sb.Write(EOF);                                  //最后写入一个文件结束标记
        sb.Close();
        fs.Close();
    }

    private void button2_Click(object sender, EventArgs e)    //加载初始输入文件
    {   if (!LoadFile())
        {   infolabel.Text = "操作提示:输入的内存容量错误,请重新输入";
            return;
        }
        else infolabel.Text = "操作提示:成功加载初始输入文件";
    }

    public bool LoadFile()                          //加载一个初始输入文件
    {   string mystr = ""; int n = 0, key;
        if (!File.Exists(Finame))                          //不存在该文件时返回 false
            return false;
        else                                               //存在文件时
        {   FileStream fs = File.OpenRead(Finame);
            BinaryReader sb = new BinaryReader(fs, Encoding.Default);
            fs.Seek(0, SeekOrigin.Begin);
            key = sb.ReadInt32();                          //读出一个关键字
            while (key != EOF)
            {   L.keys[n] = key;
                n++;
                try
                {   key = sb.ReadInt32(); }                //读出下一个关键字
```

```
                catch (Exception err)                    //捕捉数据读取错误
                {    infolabel.Text = "操作提示:加载初始输入文件发生错误";
                    return false;
                }
            }
        L.length = n;
        sb.Close();
        fs.Close();
        for (int i = 0; i < L.length - 1; i++)
            mystr += L.keys[i].ToString() + ",";
        mystr += L.keys[L.length - 1].ToString();
        textBox1.Text = mystr;
        return true;
    }
}
private void button3_Click(object sender, EventArgs e)      //设置确定
{    if (textBox3.Text.Trim() == "")
    {    infolabel.Text = "操作提示:必须输入内存容量";
        return;
    }
    try
    {    w = Convert.ToInt16(textBox3.Text.Trim()); }
    catch (Exception err)                                   //捕捉数据输入错误
    {    infolabel.Text = "操作提示:输入的内存容量错误,请重新输入";
        return;
    }
    if (w < 5 ‖ w > 10)
    {    infolabel.Text = "操作提示:输入值应满足 5≤w≤10,请重新输入";
        return;
    }
    button4.Enabled = true;
    infolabel.Text = "操作提示:内存容量设置已确定";
}
private void button4_Click(object sender, EventArgs e)       //排序
{    Replace_Selection();
    textBox4.Text = DispFmid();
    infolabel.Text = "操作提示:初始归并段生成完毕";
}
public string DispFmid()                                    //输出产生的归并段
{    int key ,n = 0; string mystr = "";
    FileStream fs = File.OpenRead(Fmidname);
    BinaryReader sb = new BinaryReader(fs, Encoding.Default);
    fs.Seek(0, SeekOrigin.Begin);
    key = sb.ReadInt32();                                   //读出一个关键字
    while (key != EOF)
    {    if (key == MAXKEY)
        {    n++;
            mystr += "∞\t     //第" + n.ToString() + "个初始归并段\r\n";
        }
        else mystr += key.ToString() + ",";
        key = sb.ReadInt32();  //读出下一个关键字
```

```
        }
        mystr += "共产生" + n.ToString() + "个初始归并段";
        sb.Close();
        fs.Close();
        return mystr;
    }
    private void Form1_Load(object sender, EventArgs e)
    {   textBox1.Text = "51,49,39,46,38,29,14,61,15,30,1,48,52,3," +
            "63,27,4,13,89,24,46,58,33,76";
        textBox3.Text = "6";
        button1.Enabled = true;          button2.Enabled = true;
        button3.Enabled = false;         button4.Enabled = false;
    }
    private void Select_MiniMax(int q)                //调整败者树
    //从 wa[q]起到败者树的根比较选择最小记录,并由 q 指示它所在的归并段
    {   int p, s, t;
        for (t = (w + q) / 2, p = ls[t]; t > 0; t = t / 2, p = ls[t])
            if (wa[p].rnum < wa[q].rnum
                    || wa[p].rnum == wa[q].rnum && wa[p].key < wa[q].key)
            {   s = q;
                q = ls[t];                            //q 指示新的胜者
                ls[t] = s;
            }
        ls[0] = q;
    }

    private void Construct_Loser()                    //建立具有 k 个叶子结点的败者树
    //输入 w 个记录到内存工作区 wa,建败者树 ls,选最小的记录并由 s 指示其在 wa 中的位置
    {   int i;
        for (i = 0; i < w; i++)
            wa[i].rnum = wa[i].key = ls[i] = 0; //工作区初始化
        for (i = w - 1; i >= 0; i--)
        {   wa[i].key = FiR.ReadInt32();
            wa[i].rnum = 1;                           //其段号为 1
            Select_MiniMax(i);                        //调整败者树
        }
    }
    private void get_run()                            //求得一个初始归并段
    {   bool feof = false;
        int q; int key = 0;    int minimax;           //当前最小关键字
        while (wa[ls[0]].rnum == rc)                   //选得的当前最小记录属当前段时
        {   q = ls[0];                                 //q 指示当前最小记录在 wa 中的位置
            minimax = wa[q].key;
            FmidW.Write(wa[q].key);
            rstr += wa[q].key.ToString() + " ";
            if (!feof)
                key = FiR.ReadInt32();
            if (key == EOF)                            //输入文件结束
            {   feof = true;
                wa[q].rnum = rmax + 1;
                wa[q].key = MAXKEY;
            }
```

```
        else
        {   wa[q].key = key;
            if (wa[q].key < minimax)
            {   rmax = rc + 1;
                wa[q].rnum = rmax;
            }
            else wa[q].rnum = rc;
        }
        Select_MiniMax(q);                  //选择新的当前最小记录
    }
}
public void Replace_Selection()            //置换 - 选择排序算法求初始归并段
{   FileStream Fi = File.OpenRead(Finame);
    FiR = new BinaryReader(Fi, Encoding.Default);
    Fi.Seek(0, SeekOrigin.Begin);
    FileStream Fmid = File.OpenWrite(Fmidname);
    FmidW = new BinaryWriter(Fmid, Encoding.Default);
    ls = new int[w];                        //建立败者树
    wa = new WorkArea[w];                   //建立内存工作区
    Construct_Loser();                      //初建败者树
    rc = 1;                                 //rc 指示当前生成的初始归并段的段号
    rmax = 1;                               //rmax 指示 wa 中关键字所属初始归并段的最大段号
    while (rc <= rmax)                       //rc = rmax + 1 标志输入文件的置换 - 选择排序已完成
    {   get_run();                          //求得一个初始归并段
        FmidW.Write(MAXKEY);                 //将 ∞ 写入输出文件中
        rstr += MAXKEY.ToString() + " ";
        rc = wa[ls[0]].rnum;                //设置下一段的段号
    }
    FmidW.Write(EOF);
    FiR.Close();
    Fi.Close();
    FmidW.Close();
    Fmid.Close();
}
}
```

(4) 设计项目 2 对应的 Form2 窗体，其设计界面如图 10.8 所示。

用户可单击"显示初始归并段"命令按钮，打开所有 Fmidi.dat 文件，将其数据显示到 textBox1 文本框中，并显示归并段数 k。

用户单击"多路平衡归并"命令按钮时，采用 k 路平衡归并方法产生一个有序文件 F_{out}，并在 textBox3 文本框中显示完整的归并过程。

Form2 窗体的主要代码如下：

```
struct ExternalNode                         //外部结点类型
{   public int key;                         //存放一个关键字
    public int rnum;                        //所属归并段的段号
};
public partial class Form2 : Form
{   const int MAXKEY = 32767;               //表示最大关键字值∞
    const int MINKEY = -32768;              //表示最小关键字值 - ∞
```

数据结构实践教程（C♯语言描述）

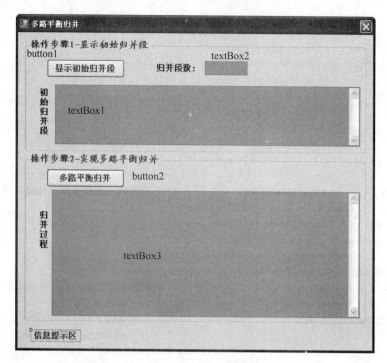

图 10.8　Form2 窗体设计界面

```
const int EOF = -32768;
const string Foutname = "Fout.dat";//最终的输出文件名
const string Fmidname = "Fmid.dat";//存放产生的若干归并段的文件名
string mergestr;
int k;                              //存放初始归并段的个数
BinaryWriter FoutW;                 //归并结果文件写入器
BinaryReader[] FmidR;               //归并段文件流读出器
int [] ls;                          //败者树数组
ExternalNode [] b;                  //外部结点数组
public Form2()                      //构造函数
{   InitializeComponent(); }
private void Form2_Load(object sender, EventArgs e)
{   button1.Enabled = true;
    button2.Enabled = false;
}
private void button1_Click(object sender, EventArgs e)      //显示初始归并段
{   if (!File.Exists(Fmidname))     //不存在该文件时提示相应信息
    {   infolabel.Text = "操作提示:没有预先产生初始归并段,不能进行归并";
        return;
    }
    textBox1.Text = DispFmid();
    textBox2.Text = k.ToString();
    groupBox2.Text = "操作步骤 2 - 实现" + k.ToString() + "路平衡归并";
    Split();
    infolabel.Text = "操作提示:成功产生初始归并段";
    button2.Enabled = true;
```

```
    }
    public string DispFmid()              //输出产生的归并段
    {   int key; string mystr = "";
        FileStream fs = File.OpenRead(Fmidname);
        BinaryReader sb = new BinaryReader(fs, Encoding.Default);
        fs.Seek(0, SeekOrigin.Begin);
        key = sb.ReadInt32();              //读出一个关键字
        k = 0;
        while (key != EOF)
        {   if (key == MAXKEY)
            {   k++;
                mystr += "∞\t         //第" + k.ToString() + "个初始归并段\r\n";
            }
            else mystr += key.ToString() + ",";
            key = sb.ReadInt32();         //读出下一个关键字
        }
        mystr += "共有" + k.ToString() + "个初始归并段";
        sb.Close();
        fs.Close();
        return mystr;
    }
    private void Split()                  //将初始归并段拆分成若干个文件
    {   int i = 0, key;
        FileStream fs = File.OpenRead(Fmidname);
        BinaryReader sb = new BinaryReader(fs, Encoding.Default);
        fs.Seek(0, SeekOrigin.Begin);
        string Fname = "Fmid" + i.ToString() + ".dat";
        if (File.Exists(Fname))           //存在该文件时删除之
            File.Delete(Fname);
        FileStream fs1 = File.OpenWrite(Fname);
        BinaryWriter sb1 = new BinaryWriter(fs1, Encoding.Default);
        key = sb.ReadInt32();             //读出一个关键字
        while (key != EOF)
        {   sb1.Write(key);               //写入一个关键字
            if (key == MAXKEY)
            {   sb1.Close();
                fs1.Close();
                i++;
                if (i < k)                //当文件个数少于 k 时建立新文件
                {   Fname = "Fmid" + i.ToString() + ".dat";
                    if (File.Exists(Fname))        //存在该文件时删除之
                        File.Delete(Fname);
                    fs1 = File.OpenWrite(Fname);
                    sb1 = new BinaryWriter(fs1, Encoding.Default);
                }
            }
            key = sb.ReadInt32();                   //读出下一个关键字
        }
        fs.Close();
        sb.Close();
        fs1.Close();
```

```
            sb1.Close();
    }
    //--------------------------------------------------------------
    private void button2_Click(object sender, EventArgs e)//多路平衡归并
    {   int i, key;
        string Fname;
        ls = new int[k];                  //ls 败者树是完全二叉树且不含叶子结点
        b = new ExternalNode[k + 1];      //b 作为败者树的叶子结点
        if (File.Exists(Foutname))        //存在最终归并文件时删除之
            File.Delete(Foutname);
        FileStream Fout = File.OpenWrite(Foutname);
        FoutW = new BinaryWriter(Fout, Encoding.Default);
        Fout.Seek(0, SeekOrigin.Begin);
        FileStream [] Fmid = new FileStream[k];
        FmidR = new BinaryReader[k];
        for (i = 0; i < k; i++)
        {   Fname = "Fmid" + i.ToString() + ".dat";
            Fmid[i] = File.OpenRead(Fname);
            FmidR[i] = new BinaryReader(Fmid[i], Encoding.Default);
        }
        K_Merge();
        for (i = 0; i < k; i++)          //关闭所有打开的文件
        {   Fmid[i].Close();
            FmidR[i].Close();
        }
        Fout.Close();
        FoutW.Close();
        mergestr += "最终产生的归并段:" + Disp("Fout.dat");
        textBox3.Text = mergestr;
        infolabel.Text = "操作提示:成功进行" + k.ToString() + "路平衡归并";
    }
    private void Adjust(int s)           //沿从叶子结点 b[s]到根结点 ls[0]的路径调整败者树
    {   int tmp, t;
        t = (s + k)/2;                   //ls[t]是 b[s]的双亲结点
        while(t > 0)
        {   if(b[s].key > b[ls[t]].key)
            {   tmp = s;
                s = ls[t];               //s 指示新的胜者
                ls[t] = tmp;
            }
            t = t/2;
        }
        ls[0] = s;
    }
    private string display()            //输出败者树
    {   string mystr = ""; int i;
        mystr += "败者树 ls[0]~ls[" + (k - 1).ToString() + "]:";
        for (i = 0;i < k; i++)
            if (b[ls[i]].key == MAXKEY)
                mystr += ls[i].ToString() + "(∞)  ";
            else if (b[ls[i]].key == MINKEY)
```

```
            mystr += ls[i].ToString() + "(-∞)   ";
        else
            mystr += ls[i].ToString() + "(" + b[ls[i]].key.ToString() + ")   ";
    mystr += "   b[0]~b[" + (k - 1).ToString() + "]:";
    for (i = 0; i < k; i++)
        if (b[i].key == MAXKEY)
            mystr += "∞  ";
        else if (b[i].key == MINKEY)
            mystr +=   " -∞  ";
        else
            mystr += b[i].key.ToString() + "  ";
    mystr += "\r\n";
    return mystr;
}
private void CreateLoserTree()          //建立败者树
{   int i;
    b[k].key = MINKEY;                   //b[k]置为最小关键字
    for (i = 0;i < k;i++)
        ls[i] = k;                       //设置 ls 中"败者"的初值,全部为最小关键字段号
    for(i = k-1;i >= 0;i--)              //依次从 b[k-1]、b[k-2]、…、b[0]出发调整败者
        Adjust(i);
}
private void K_Merge()                    //利用败者树 ls 将进行 k 路归并到输出
{   int i, q;
    mergestr = "";
    for (i = 0; i < k; i++)              //分别从 k 个输入归并段读入该段当前第一个记录的
                                         //关键字到 b
    {   b[i].key = FmidR[i].ReadInt32();
        mergestr += "从" + i.ToString() + "号段读入:" + b[i].key.ToString() + "\r\n";
    }
    CreateLoserTree();                   //建败者树 ls,选得最小关键字为 b[ls[0]].key
    mergestr += display();
    while (b[ls[0]].key != MAXKEY)
    {   q = ls[0];                        //q 指示当前最小关键字所在归并段
        FoutW.Write(b[q].key);           //输出当前最小关键字
        b[q].key = FmidR[q].ReadInt32();//从编号为 q 的输入归并段中读入下一个关键字
        if (b[q].key == MAXKEY)
            mergestr += "从" + q.ToString() + "号段读入∞:\r\n";
        else
            mergestr += "从" + q.ToString() + "号段读入:" + b[q].key.ToString() + "\r\n";
        Adjust(q);                        //调整败者树,选择新的最小关键字
        mergestr += display();
    }
    FoutW.Write(EOF);                     //在最终输出文件中写入一个 EOF
}
private string Disp(string Fname)       //输出指定文件内容
{   int key; string mystr = "";
    FileStream fs = File.OpenRead(Fname);
    BinaryReader sb = new BinaryReader(fs, Encoding.Default);
    fs.Seek(0, SeekOrigin.Begin);
    key = sb.ReadInt32();                //读出一个关键字
```

```
            while (key != EOF)
            {   mystr += key.ToString() + " ";
                key = sb.ReadInt32();  //读出下一个关键字
            }
            sb.Close();
            fs.Close();
            return mystr;
        }
    }
```

（5）设计项目 3 对应的 Form3 窗体，其设计界面如图 10.9 所示。

图 10.9 Form3 窗体设计界面

用户输入初始归并段的记录个数 m 和归并路数 k，单击"输入确定"命令按钮，项目自动产生归并段编号。

再单击"最佳归并"命令按钮在 textBox4 文本框中显示最佳归并过程。

Form3 窗体的主要代码如下：

```
public partial class Form3 : Form
{   SqListClass L = new SqListClass();
    int k;                        //归并路数
    int m;                        //归并段个数
    public Form3()                //构造函数
    {   InitializeComponent();  }
    private void Form3_Load(object sender, EventArgs e)
    {   textBox1.Text = "47,9,39,18,4,12,23,7,21,16,26";
        textBox2.Text = "4";
        button1.Enabled = true; button2.Enabled = false;
    }

    private void button1_Click(object sender, EventArgs e)    //输入确定
```

```
{   int i;
    string str = textBox1.Text.Trim();
    if (str == "")
    {   infolabel.Text = "操作提示:必须输入元素";
        return;
    }
    string[] split = str.Split(new Char[] { ' ', ',', '.', ':' });
    L.CreateList(split);
    if (L.length < 5 ‖ L.length > 20)
    {   infolabel.Text = "操作提示:输入的初始归并段个数必须为 5~20 之间";
        return;
    }
    try
    {   k = Convert.ToInt32(textBox2.Text);   }
    catch (Exception err)                           //捕捉数据输入错误
    {   infolabel.Text = "操作提示:k 值必须是数字";
        return;
    }
    m = L.length;
    if (k < 2 ‖ k > m)
    {   infolabel.Text = "操作提示:k 值必须大于等于 2 且小于归并段个数";
        return;
    }
    int s = (m - 1) % (k - 1);
    if (s != 0)
    {   infolabel.Text = "操作提示:需增加" + (k - 1 - s).ToString() + "个虚段";
        for (i = 0; i < k - 1 - s; i++)
            L.add(0, - (i + 1));
    }
    textBox3.Text = L.DispList();
    button2.Enabled = true;
}
private void button2_Click(object sender, EventArgs e)      //最佳归并
{   textBox4.Text = Mergetree();
    infolabel.Text = "操作提示:最佳归并树生成完毕";
}
private string Mergetree()                             //产生最佳归并树
{   string mystr = ""; int i, j, min, s;
    bool find = true;
    while (find)
    {   s = 0;
        mystr += "操作步骤: ";
        for (j = 0; j < k; j++)              //找 k 个最小记录个数最少的归并段
        {   min = -1;                        //min 为最小段的下标
            i = 0;
            while (i < L.length)             //找第一个 tag 为 true 的段
            {   if (L.tag[i] == true)
                {   min = i;                 //min 为最小段的下标
                    break;
                }
                i++;
```

数据结构实践教程(C#语言描述)

```
                    }
                    while (i < L.length)
                    {   if (L.tag[i] == true)
                        {   if (L.keys[i] < L.keys[min])
                                min = i;
                        }
                        i++;
                    }
                    if (min != -1)                //找到一个最小段的下标
                    {   L.tag[min] = false;
                        s += L.keys[min];
                        mystr += L.keys[min].ToString() + "(" + L.no[min].ToString() + ") ";
                    }
                    else                          //找不到最小段的下标,归并过程结束
                        find = false;
                }
                if (find)
                {   L.add(s, 0);                  //增加一个分支结点,其编号均设为0
                    mystr += "归并为" + s.ToString() + "(0)\r\n";
                }
                else mystr += " 归并结束";
            }
        return mystr;
    }
}
```

参 考 文 献

[1] 李春葆. 数据结构教程.3 版. 北京：清华大学出版社,2009.

[2] 李春葆. C♯程序设计教程. 北京：清华大学出版社,2010.

[3] 李春葆. 数据结构习题与解析.三版. 北京：清华大学出版社,2006.

[4] E Horowitz,S Sahni,S Anderson-Freed. Fundamentals of Data Structures in C,2nd Ed. Silicon Press
     2009.

[5] 严蔚敏,吴伟民. 数据结构(C 语言版). 北京：清华大学出版社,1997.

[6] 教育部高等学校计算机科学与技术教学指导委员会. 高等学校计算机科学与技术专业实践教学体系
     与规范. 北京：清华大学出版社,2008.

[7] 教育部高等学校计算机科学与技术教学指导委员会. 高等学校计算机科学与技术专业发展战略研究
     报告暨专业规范(试行). 北京：高等教育出版社,2006.

[8] 程杰. 大话数据结构. 北京：清华大学出版社,2011.

[9] 黄扬铭. 数据结构.北京：科学出版社,2001.

[10] 黄刘生. 数据结构.北京：经济科学出版社,2000.